张 艳 张 蒙 崔景安 主编

概率论与数理统计
学习指导

（第2版）

清华大学出版社

北京

内 容 简 介

本书是与清华大学出版社 2017 年出版的《概率论与数理统计(第 2 版)》(张艳、程士珍主编)教材相配套的学习辅导书.内容包括该书各章的知识点、典型例题、习题与综合练习题全解,另外,还配有大量的训练题及参考答案,以供考研学生提升解题技巧.本书注重体现概率统计的思想方法与基本内容,强调对学生解题方法与能力的培养,力求做到深入浅出,通俗易懂,便于教学与自学.

本书既可以作为高等院校概率论与数理统计的教学参考书,也可以作为数学爱好者学习概率统计的补充读物.

图书在版编目(CIP)数据

概率论与数理统计学习指导/张艳,张蒙,崔景安主编. —2 版. —北京:清华大学出版社,2019(2024.8重印)
ISBN 978-7-302-50303-3

Ⅰ.①概… Ⅱ.①张…②张…③崔… Ⅲ.①概率论—高等学校—教学参考资料②数理统计—高等学校—教学参考资料 Ⅳ.①O21

中国版本图书馆 CIP 数据核字(2018)第 112412 号

责任编辑:佟丽霞
封面设计:常雪影
责任校对:刘玉霞
责任印制:宋 林

出版发行:清华大学出版社
    网　　　址:https://www.tup.com.cn,https://www.wqxuetang.com
    地　　　址:北京清华大学学研大厦 A 座　　　　**邮　　编:**100084
    社 总 机:010-83470000　　　　**邮　　购:**010-62786544
    投稿与读者服务:010-62776969,c-service@tup.tsinghua.edu.cn
    质量反馈:010-62772015,zhiliang@tup.tsinghua.edu.cn
印 装 者:三河市铭诚印务有限公司
经　销:全国新华书店
开　本:185mm×260mm　　　**印　张:**14.75　　　**字　数:**355 千字
版　次:2011 年 12 月第 1 版　　2019 年 6 月第 2 版　　**印　次:**2024 年 8 月第 6 次印刷
定　价:42.00 元

产品编号:068584-02

前 言

FOREWORD

概率论与数理统计是工科高等院校各专业的一门重要基础课,具有独特的思维方法和计算技巧.在教学过程中,由于这门课程学时少、习题多、难度大,因此初学此课的同学往往感觉"难学",不知如何去解题.为了帮助教师解决习题课少、答疑量过大的问题,并启发学生的解题思路,帮助学生正确地理解基本概念,掌握解题方法与解题技巧,作者对《概率论与数理统计(第2版)》(张艳、程士珍主编,清华大学出版社,2017年)中的全部习题编写了解答,并配有大量的训练题形成本书以满足考研学生的需求.在本书编写中,作者力求解题方法简明扼要,步骤清楚、完整、规范,以指导学生解题的基本技巧及书写方法.本辅导教材每章内容分为五部分:

知识点——便于读者在学习时提纲挈领地掌握课程内容.

典型例题——通过例题的示范,指导读者解题,帮助读者掌握解题的方法和技巧.

习题详解——对《概率论与数理统计(第2版)》教材中习题的解题过程进行较为详细的说明和分析.

训练题——通过配备一定数量的练习题,自我评价对课程内容的掌握程度.

答案——给出训练题参考答案,便于学生自查.

全书共分8章.编写人员分工如下:张丽萍(第1章),张艳(第2章),张蒙(第3、5章),刘志强(第4章),徐志洁(第6章)、王晓静(第7章)、卢崇煜(第8章),张艳、张蒙、崔景安负责全书统稿和定稿.

本书在编写过程中,得到了北京建筑大学多位老师的大力支持,在此对他们一并表示感谢.限于编者的水平,同时编写时间也比较仓促,错谬之处在所难免,恳请广大读者批评指正.

编　者

2019 年 4 月

目 录

CONTENTS

第1章

随机事件的概率

知　识　点

一、随机现象

在自然界和人类社会中存在各种各样的现象,这些现象总的来说可以分成两类:第一类现象在一定条件下一定发生,这类现象称为**确定现象**;事先无法确切知道哪一个结果一定会出现,但大量重复试验中其结果又具有统计规律性的现象,这一类现象称为**随机现象**.

二、随机试验

满足以下三个特点的试验称为**随机试验**,记为 E.

(1) 可重复性:试验在相同条件下可以重复进行.

(2) 可知性:每次试验的可能结果不止一个,并且事先能明确试验所有可能的结果.

(3) 不确定性:进行一次试验之前不能确定哪一个结果会出现,但必然出现结果中的一个.

三、样本空间、随机事件

1. 样本空间、样本点

随机试验 E 的所有可能的结果组成的集合称为**样本空间**,记为 S. 样本空间中的元素称为**样本点**.

2. 随机事件

试验 E 的样本空间 S 的子集是这个试验的**随机事件**,简称**事件**.

由一个样本点构成的单点集,称为**基本事件**.

在每次试验中一定发生的事件称为**必然事件**,记为 S.

在每次试验中一定不发生的事件称为**不可能事件**,记为 $\varnothing$.

3. 事件间的关系

(1) **包含关系**. 如果事件 A 发生必然导致事件 B 发生,则称事件 B 包含事件 A,记为 $A \subset B$. 如果 $A \subset B$ 且 $B \subset A$,即 $A = B$,则称事件 A 与事件 B **相等**.

(2) **事件的和**. 事件 $A \cup B = \{x \mid x \in A \text{ 或 } x \in B\}$ 称为事件 A 与事件 B 的和事件,当且仅当 A,B 至少有一个发生时,事件 $A \cup B$ 发生,记作 $A \cup B$.

一般地,事件的和可以推广到多个事件的情形,所以称 $\bigcup\limits_{k=1}^{n} A_k$ 为 n 个事件 $A_1, A_2, \cdots, A_n$ 的和事件.

(3) **事件的积**. 事件 $A \cap B = \{x \mid x \in A \text{ 且 } x \in B\}$ 称为事件 A 与事件 B 的积事件,当且仅当 A,B 同时发生时,事件 $A \cap B$ 发生,记作 $A \cap B$ 或 AB.

一般地,事件的积可以推广到多个事件的情形,称 $\bigcap\limits_{k=1}^{n} A_k$ 为 n 个事件 $A_1, A_2, \cdots, A_n$ 的积事件.

(4) **事件的差**. 事件 $A - B = \{x \mid x \in A \text{ 且 } x \notin B\}$ 称为事件 A 与事件 B 的差事件,当且仅当 A 发生且 B 不发生时,事件 $A - B$ 发生.

(5) **互不相容事件**. 事件 A 与事件 B 不能同时发生,即 $AB = \varnothing$,则称事件 A 与事件 B 为互不相容事件. 互不相容事件又称为**互斥事件**.

(6) **逆事件**. 若 $A \cup B = S$ 且 $AB = \varnothing$,则称事件 A 与事件 B 互为逆事件,又称互为对立事件. 在每一次试验中,事件 A 与事件 B 中必有一个发生,且仅有一个发生. A 的对立事件记为 $\bar{A}$.

4. 事件间的运算规律

(1) 交换律:$A \cup B = B \cup A$;$A \cap B = B \cap A$.

(2) 结合律:$A \cup (B \cup C) = (A \cup B) \cup C$;$A \cap (B \cap C) = (A \cap B) \cap C$.

(3) 分配律:$A \cup (B \cap C) = (A \cup B) \cap (A \cup C)$.
$$A \cap (B \cup C) = (A \cap B) \cup (A \cap C).$$

(4) 德·摩根律:$\overline{A \cup B} = \bar{A} \cap \bar{B}$;$\overline{A \cap B} = \bar{A} \cup \bar{B}$.

四、概率

1. 概率的定义

设有随机试验 E,S 是它的样本空间,对于 E 的每一个事件 A 赋予一个实数,记为 $P(A)$,如果集合函数 $P(\cdot)$ 满足下列条件:

(1) 非负性:对于每一个事件 A,有 $P(A) \geqslant 0$;

(2) 规范性:对于必然事件 S,有 $P(S) = 1$;

(3) 可列可加性:设 $A_1, A_2, \cdots$ 是两两不相容事件,则
$$P(A_1 \cup A_2 \cup \cdots) = P(A_1) + P(A_2) + \cdots$$
则称 $P(A)$ 为事件 A 的**概率**.

2. 概率的性质

(1) $P(\varnothing) = 0$.

(2) **有限可加性**:设 $A_1, A_2, \cdots, A_n$ 是两两不相容事件,则 $P(A_1 \cup A_2 \cup \cdots \cup A_n) = P(A_1) + P(A_2) + \cdots + P(A_n)$.

(3) 对于任意两个事件 A, B,有 $P(B - A) = P(B\bar{A}) = P(B) - P(AB)$. 特别地,若 $A \subset B$,则 $P(B - A) = P(B) - P(A)$,$P(B) \geqslant P(A)$.

（4）对于任意一事件 A，有 $0 \leqslant P(A) \leqslant 1$.

（5）**逆事件的概率**：对于任意一事件 A，有 $P(\overline{A}) = 1 - P(A)$.

（6）**加法公式**：对于任意两个事件 A,B，有 $P(A \bigcup B) = P(A) + P(B) - P(AB)$.

这条性质可以推广到多个事件. 设 $A_1, A_2, \cdots, A_n$ 是任意 n 个事件，则有

$$P(A_1 \bigcup A_2 \bigcup \cdots \bigcup A_n) = \sum_{i=1}^{n} P(A_i) - \sum_{1 \leqslant i < j \leqslant n} P(A_i A_j) + \sum_{1 \leqslant i < j < k \leqslant n} P(A_i A_j A_k) + \cdots + (-1)^{n+1} P(A_1 A_2 \cdots A_n).$$

五、古典概型

若随机试验 E 具有以下两个特点：

（1）样本空间中只包含有限个样本点；

（2）试验中每个基本事件发生的可能性相同.

则这类试验称为**等可能概型**或**古典概型**.

在古典概型中，事件 A 的概率为

$$P(A) = \frac{k}{n} = \frac{A\text{ 包含的基本事件数}}{S\text{ 中基本事件总数}}.$$

六、条件概率

1. 条件概率概念

设 A, B 是两个事件，且 $P(A) > 0$，称 $P(B \mid A) = \dfrac{P(AB)}{P(A)}$ 为在事件 A 发生的条件下事件 B 发生的**条件概率**.

2. 乘法定理

设 $P(A) > 0, P(B) > 0$，则有

$$P(AB) = P(A)P(B \mid A) = P(B)P(A \mid B).$$

利用这个公式可以计算积事件的概率. 乘法公式可以推广到 n 个事件的情形：

若 $P(A_1, A_2, \cdots, A_n) > 0$，则

$$P(A_1 A_2 \cdots A_n) = P(A_1)P(A_2 \mid A_1)P(A_3 \mid A_1 A_2) \cdots P(A_n \mid A_1 \cdots A_{n-1}).$$

3. 划分的定义

设 S 为试验 E 的样本空间，$A_1, A_2, \cdots, A_n$ 为 E 的一组事件，若满足：

（1）$A_1, A_2, \cdots, A_n$ 互不相容，且 $P(A_i) > 0 (i = 1, 2, \cdots, n)$，

（2）$A_1 \bigcup A_2 \bigcup \cdots \bigcup A_n = S$，

则称 $A_1, A_2, \cdots, A_n$ 为样本空间 S 的一个**划分**.

4. 全概率公式

设 S 为试验 E 的样本空间，$A_1, A_2, \cdots, A_n$ 为样本空间 S 的一个划分，且 $P(A_i) > 0 (i = 1, 2, \cdots, n)$，则对 S 中的任意一个事件 B，都有

$$P(B) = P(A_1)P(B \mid A_1) + P(A_2)P(B \mid A_2) + \cdots + P(A_n)P(B \mid A_n).$$

5. 贝叶斯公式

设 S 为试验 E 的样本空间，$A_1, A_2, \cdots, A_n$ 为样本空间 S 的一个划分，且 $P(A_i) > 0 (i =$

$1,2,\cdots,n$),$P(B)>0$,则

$$P(A_k\mid B)=\frac{P(A_kB)}{P(B)}=\frac{P(A_k)P(B\mid A_k)}{P(A_1)P(B\mid A_1)+\cdots+P(A_n)P(B\mid A_n)},\quad k=1,2,\cdots,n.$$

七、独立性

1. 两个事件相互独立

若两事件 A,B 满足 $P(AB)=P(A)P(B)$,则称 A,B 相互独立.

2. 两个事件相互独立的性质

(1) 设 A,B 是两个事件,且 $P(A)>0$,若 A,B 相互独立,则 $P(A\mid B)=P(B)$.

(2) 必然事件 S 与任意事件 A 相互独立;不可能事件 $\varnothing$ 与任意事件 A 相互独立.

(3) 若四对事件 $\{A,B\}$,$\{\bar{A},B\}$,$\{A,\bar{B}\}$,$\{\bar{A},\bar{B}\}$ 中有一对相互独立,则另外三对也相互独立.

3. 多个事件相互独立

设 A,B,C 是三个事件,如果满足等式:

$$P(AB)=P(A)P(B),$$
$$P(BC)=P(B)P(C),$$
$$P(AC)=P(A)P(C),$$
$$P(ABC)=P(A)P(B)P(C),$$

则称 A,B,C 相互独立.

一般,设 $A_1,A_2,\cdots,A_n$ 是 $n(n\geqslant2)$ 个事件,如果对于其中任意 2 个、任意 3 个,……任意 n 个事件的积事件的概率,都等于各事件概率之积,则称事件 $A_1,A_2,\cdots,A_n$ 相互独立.

由定义,可以得到以下两点推论:

(1) 若事件 $A_1,A_2,\cdots,A_n(n\geqslant2)$ 相互独立,则其中任意 $k(2\leqslant k\leqslant n)$ 个事件也是相互独立的;

(2) 若事件 $A_1,A_2,\cdots,A_n(n\geqslant2)$ 相互独立,则将 $A_1,A_2,\cdots,A_n$ 中任意多个事件换成它们的对立事件,所得的 n 个事件仍相互独立.

典 型 例 题

一、样本空间,随机事件

例 1-1 设 A,B,C 为事件,试用 A,B,C 的运算来表示下列事件:

(1) A 发生,B,C 不发生;

(2) A,B,C 都发生;

(3) A,B,C 都不发生;

(4) A,B,C 至少一个有发生;

(5) A,B,C 恰有一个发生;

(6) A,B,C 不多于一个发生;

(7) A,B,C 至少有两个发生;

(8) A,B,C 中恰有两个发生.

解 （1）A 发生，B，C 不发生：$A\overline{B}\overline{C}$；

（2）A，B，C 都发生：ABC；

（3）A，B，C 都不发生：$\overline{A}\overline{B}\overline{C}$；

（4）A，B，C 至少一个有发生：$A\cup B\cup C$；

（5）A，B，C 恰有一个发生：$A\overline{B}\overline{C}\cup\overline{A}B\overline{C}\cup\overline{A}\overline{B}C$；

（6）A，B，C 不多于一个发生：$\overline{A}\overline{B}\cup\overline{B}\overline{C}\cup\overline{A}\overline{C}$（或 $\overline{A}\overline{B}\overline{C}\cup A\overline{B}\overline{C}\cup\overline{A}B\overline{C}\cup\overline{A}\overline{B}C$）；

（7）A，B，C 至少有两个发生：$AB\cup BC\cup AC$（或 $AB\overline{C}\cup A\overline{B}C\cup\overline{A}BC\cup ABC$）；

（8）A，B，C 中恰有两个发生：$AB\overline{C}\cup A\overline{B}C\cup\overline{A}BC$.

例 1-2 掷一颗骰子的试验，观察出现的点数．事件 A 表示"出现奇数点"，B 表示"点数小于 5"，C 表示"小于 5 的偶数点"．试表示下列各事件：

$$S,A,B,C,A\cup B,A-B,AB,AC,\overline{A}\cup B.$$

解 $S=\{1,2,3,4,5,6\}$，$A=\{1,3,5\}$，$B=\{1,2,3,4\}$，$C=\{2,4\}$，$A\cup B=\{1,2,3,4,5\}$，$A-B=\{5\}$，$AB=\{1,3\}$，$AC=\varnothing$，$\overline{A}\cup B=\{1,2,3,4,6\}$.

例 1-3 设 A，B，C 为三个事件，已知 $P(A)=P(B)=P(C)=\dfrac{1}{4}$，$P(AB)=0$，$P(AC)=P(BC)=\dfrac{1}{16}$，则 A，B，C 都不发生的概率是多少？

解 因为 $ABC\subset AB$，所以有 $0\leqslant P(ABC)\leqslant P(AB)=0$，因此 $P(ABC)=0$.

A，B，C 都不发生的对立事件是 A，B，C 至少有一个发生．

$$\begin{aligned}P(\overline{ABC})&=1-P(A\cup B\cup C)\\&=1-[P(A)+P(B)+P(C)-P(AB)-P(BC)-P(AC)+P(ABC)]\\&=1-\left(\frac{1}{4}\times 3-\frac{1}{16}\times 2\right)=\frac{3}{8}.\end{aligned}$$

二、古典概型

例 1-4 两封信随机地投入到标号为 1，2，3，4 的 4 个邮筒中，求第二个邮筒恰好投入一封信的概率．

解 设 $A=$"第二个邮筒恰好投入一封信"，两封信随机地投入 4 个邮筒，共有 4^2 种可能投法，若第二个邮筒恰好投入一封信，则共有 $C_2^1 C_3^1$ 种投法．由古典概型计算公式得

$$P(A)=\frac{C_2^1 C_3^1}{4^2}=\frac{3}{8}.$$

例 1-5 口袋中装有 5 只白球和 4 只黑球，从中不放回地任取 3 只，求下列事件的概率：

（1）取到的都是白球；

（2）取到 2 只白球、1 只黑球．

解 从 9 只球中任取 3 只，共有 C_9^3 种不同的取法．

（1）设 $A=$"取到的都是白球"，事件 A 包含的样本点数为 C_5^3，$P(A)=\dfrac{C_5^3}{C_9^3}=\dfrac{5}{42}$.

（2）设 $B=$"取到 2 只白球、1 只黑球"，B 所包含的样本点数 $C_5^2 C_4^1$，$P(B)=\dfrac{C_5^2 C_4^1}{C_9^3}=\dfrac{10}{21}$.

本例的取球方式是"不放回式"，若将其改为"放回式"抽取，则

$$P(A) = \frac{C_5^3 \times 5^3}{9^3}, \quad P(B) = \frac{C_5^2 \cdot C_4^1 \cdot 5^2 \cdot 4}{9^3}.$$

请读者自己思考.

例 1-6 将 3 个球随机地放入 3 个盒子中去,问:

(1) 每盒恰有一球的概率是多少?

(2) 空一盒的概率是多少?

解 设 A = "每盒恰有一球",B = "空一盒".

(1) 样本空间中的样本点总数是 3^3,事件 A 包含的样本点数是 3!,故每盒恰有一球的概率是

$$P(A) = \frac{3!}{3^3} = \frac{2}{9}.$$

(2) 方法一(用对立事件)

$$P(B) = 1 - P\{空两盒\} - P\{全有球\} = 1 - \frac{3}{3^3} - \frac{2}{9} = \frac{2}{3}.$$

方法二(空一盒相当于两球一起放在一个盒子中,另一球单独放在另一个盒子中)

$$P(B) = \frac{C_3^2 \times 3 \times 2}{3^3} = \frac{2}{3}.$$

方法三(空一盒包括 1 号盒空、2 号盒空、3 号盒空且其余两盒全满这三种情况)

$$P(B) = \frac{3 \times (2^3 - 2)}{3^3} = \frac{2}{3}.$$

所以每盒恰有一球的概率为 2/9;空一盒的概率是 2/3.

例 1-7 从 6 双不同的鞋子中任取 4 只,则这 4 只鞋子中至少有两只配成一双的概率是多少?

解 设事件 A = "4 只鞋子中至少有两只配成一双",考虑其对立事件 $\overline{A}$ = "4 只鞋子全配不成对",从 6 双鞋子中任取 4 双,再从每双中任取一只,有 $C_6^4 \cdot 2^4$ 种取法,从 6 双鞋子中取 4 只有 C_{12}^4 种取法.

$$P(A) = 1 - P(\overline{A}) = 1 - \frac{C_6^4 \cdot 2^4}{C_{12}^4} = \frac{17}{33}.$$

例 1-8 从 1～10 这 10 个整数中任取 3 个数,求:

(1) 最小号码是 5 的概率;

(2) 最大号码是 5 的概率.

解 从 1～10 这 10 个整数中任取 3 个数共有 C_{10}^3 种取法,记 A = "最小号码是 5",B = "最大号码是 5".

(1) 因选到的最小号码是 5,则其余的两个号码都大于 5,它们可以从 6～10 这 5 个数中选取,共有 C_5^2 种取法,所以

$$P(A) = \frac{C_5^2}{C_{10}^3}.$$

(2) 同理 $P(B) = \dfrac{C_4^2}{C_{10}^3}$.

例 1-9 把 C,C,E,E,I,N,S 7 个字母分别写在 7 张同样的卡片上,并且将卡片放入同一盒中,现从盒中任意一张一张地将卡片取出,并将其按取到的顺序排成一列,假设排列结

果恰好拼成一个英文单词 SCIENCE,那么该结果出现的概率是多少?

解 7 个字母的排列总数为 7!,拼成英文单词 SCIENCE 的情况数为

$$2 \times 2 = 4,$$

故该结果出现的概率为

$$P = \frac{4}{7!} = \frac{1}{1260} \approx 0.00079.$$

这个概率很小,这里算出的概率有如下的实际意义:如果多次重复这一抽卡试验,则我们所关心的事件在 1260 次试验中大约出现 1 次.

这样小概率的事件在一次抽卡的试验中就发生了,人们有比较大的把握怀疑这是魔术.

例 1-10 现有 20 名运动员,任意分成甲乙两组(每组 10 人)进行比赛,已知 20 名运动员中有 2 名种子选手,求这 2 名选手被分到不同组的概率.

解 20 名运动员平均分成两组,共有 C_{20}^{10} 种分法,若使两名种子选手分到不同的小组,共有 $C_2^1 C_{18}^9$ 种分法,所以

$$P = \frac{C_2^1 C_{18}^9}{C_{20}^{10}}.$$

例 1-11 设有 n 个人,每个人都等可能地被分配到 N 个房间中的任何一间去住($n \leqslant N$),求下列事件的概率:

(1) 指定的 n 个房间各有一个人住;

(2) 恰好有 n 个房间,其中各住一人.

解 设事件 $A=$ "指定的 n 个房间各有一个人住",事件 $B=$ "恰好有 n 个房间,其中各住一人". n 个人分配到 N 个房间中,每个人都有 N 个房间可供选择,n 个人可住的方式共有 N^n 种.

(1) 指定的 n 个房间各有一个人住,其可能总数为 n 个人的全排列 $n!$,所以

$$P(A) = \frac{n!}{N^n}.$$

(2) 在 N 个房间中任意选取 n 个,共有 C_N^n 种,对于选定的 n 个房间,有 $n!$ 种分配方式,由乘法原理得事件 B 数目为 $C_N^n \cdot n!$,所以

$$P(B) = \frac{C_N^n \cdot n!}{N^n}.$$

三、条件概率

例 1-12 设某种动物由出生算起活到 20 年以上的概率为 0.8,活到 25 年以上的概率为 0.4.那么,现年 20 岁的这种动物,它能活到 25 岁以上的概率是多少?

解 设 $A=$ "能活 20 年以上",$B=$ "能活 25 年以上",显然 $AB=B$.依题意,有

$$P(A) = 0.8, P(B) = 0.4.$$

由条件概率公式得

$$P(B \mid A) = \frac{P(AB)}{P(A)} = \frac{P(B)}{P(A)} = \frac{0.4}{0.8} = 0.5.$$

例 1-13 已知 $P(\bar{B}|A) = \frac{1}{3}$,$P(AB) = \frac{1}{5}$,求 $P(A)$.

解　由条件概率得定义 $P(\bar{B}|A)=\dfrac{P(A\bar{B})}{P(A)}$,而 $A\bar{B}=A-AB$,所以

$$P(\bar{B}\mid A)=\frac{P(A)-P(AB)}{P(A)},$$

代入数值得

$$\frac{P(A)-\dfrac{1}{5}}{P(A)}=\frac{1}{3}.$$

解得 $P(A)=\dfrac{3}{10}$.

例 1-14　某商店搞抽奖活动,顾客需过三关,第 i 关从装有 $i+1$ 个白球和一个黑球的袋子中抽取一只,抽到黑球即过关,连过三关者可拿到一等奖.求顾客能拿到一等奖的概率.

解　设 $A_i=$"顾客在第 i 关通过";$B=$"顾客能拿到一等奖",所以

$$P(B)=P(A_1A_2A_3)=P(A_1)P(A_2/A_1)P(A_3/A_1A_2)$$
$$=\frac{1}{3}\times\frac{1}{4}\times\frac{1}{5}=\frac{1}{60},$$

即顾客能拿到一等奖的概率为 $\dfrac{1}{60}$.

例 1-15　设某公司库存的一批产品,已知其中 $50\%,30\%,20\%$ 依次是甲、乙、丙厂生产的,且甲、乙、丙厂生产的次品率分别为 $\dfrac{1}{10},\dfrac{1}{15},\dfrac{1}{20}$,现从这批产品中任取一件,求取得次品的概率.

解　设 A_1,A_2,A_3 分别表示取得的这箱产品是甲、乙、丙厂生产;设 B 表示取得的产品为次品,于是

$$P(A_1)=\frac{5}{10},\quad P(A_2)=\frac{3}{10},\quad P(A_3)=\frac{2}{10},$$
$$P(B\mid A_1)=\frac{1}{10},\quad P(B\mid A_2)=\frac{1}{15},\quad P(B\mid A_3)=\frac{1}{20}.$$

由全概率公式得

$$P(B)=P(A_1)P(B\mid A_1)+P(A_2)P(B\mid A_2)+P(A_3)P(B\mid A_3)$$
$$=\frac{1}{10}\cdot\frac{5}{10}+\frac{1}{15}\cdot\frac{3}{10}+\frac{1}{20}\cdot\frac{2}{10}=0.08.$$

例 1-16　某小组有 20 名射手,其中一、二、三、四级射手分别为 2,6,9,3 名.又若选一、二、三、四级射手参加比赛,则在比赛中射中目标的概率分别为 0.85,0.64,0.45,0.32,今随机选一人参加比赛,试求该小组在比赛中射中目标的概率.

解　设 $B=$"该小组在比赛中射中目标",$A_i=$"选 i 级射手参加比赛",$i=1,2,3,4$,由全概率公式,有

$$P(B)=\sum_{i=1}^{4}P(A_i)\ P(B\mid A_i)=\frac{2}{20}\times0.85+\frac{6}{20}\times0.64+\frac{9}{20}\times0.45+\frac{3}{20}\times0.32$$
$$=0.5275.$$

例 1-17　已知 $P(A)=0.4,P(B\mid A)=0.5,P(B\mid\bar{A})=0.3$,求 $P(B)$.

解 A 可以看作样本空间 S 的一个划分,对于某个事件 B,由全概率公式得

$$P(B) = P(B \mid A)P(A) + P(B \mid \bar{A})P(\bar{A})$$
$$= 0.4 \times 0.5 + (1 - 0.4) \times 0.3 = 0.38.$$

例 1-18 已知某种疾病的发病率为 0.1%,该种疾病患者一个月内的死亡率为 90%;且知未患该种疾病的人一个月以内的死亡率为 0.1%;现从人群中任意抽取一人,此人在一个月内死亡的概率是多少? 若已知此人在一个月内死亡,则此人是因该种疾病致死的概率为多少?

解 设 $A=$"某人在一个月内死亡",$B=$"某人患有该种疾病",则

由全概率公式得

$$P(A) = P(A \mid B)P(B) + P(A \mid \bar{B})P(\bar{B}) \approx 0.002.$$

由贝叶斯公式得

$$P(B \mid A) = \frac{P(AB)}{P(A)} = \frac{P(A \mid B)P(B)}{P(A \mid B)P(B) + P(A \mid \bar{B})P(\bar{B})}$$

$$= \frac{0.9 \times 0.001}{0.002} = 0.45.$$

四、独立性

例 1-19 三人独立地去破译一份密码,已知每人能译出的概率分别为 $1/5, 1/3, 1/4$,则三人中至少有一人能将密码译出的概率是多少?

解 将三人编号为 $1, 2, 3$,记 $A_i=$"第 i 个人破译出密码",$i=1, 2, 3$,则

$$P(A_1) = \frac{1}{5}, \quad P(A_2) = \frac{1}{3}, \quad P(A_3) = \frac{1}{4},$$

$$P(A_1 \bigcup A_2 \bigcup A_3) = 1 - P(\bar{A}_1 \bar{A}_2 \bar{A}_3)$$
$$= 1 - [1 - P(A_1)][1 - P(A_2)][1 - P(A_3)]$$
$$= 1 - \frac{4}{5} \times \frac{2}{3} \times \frac{3}{4} = \frac{3}{5}.$$

例 1-20 甲、乙、丙三人同时对飞机进行射击,三人击中的概率分别为 $0.4, 0.5, 0.7$. 飞机被一人击中而击落的概率为 0.2,被两人击中而击落的概率为 0.6,若三人都击中,飞机必定被击落,求飞机被击落的概率.

解 设 A_i 表示"有 i 个人击中飞机",$i=1, 2, 3$,A, B, C 分别表示甲、乙、丙击中飞机,则

$$P(A) = 0.4, \quad P(B) = 0.5, \quad P(C) = 0.7.$$

由 $A_1 = A\bar{B}\bar{C} \bigcup \bar{A}B\bar{C} \bigcup \bar{A}\bar{B}C$ 得

$$P(A_1) = P(A)P(\bar{B})P(\bar{C}) + P(\bar{A})P(B)P(\bar{C}) + P(\bar{A})P(\bar{B})P(C)$$
$$= 0.4 \times 0.5 \times 0.3 + 0.6 \times 0.5 \times 0.3 + 0.6 \times 0.5 \times 0.7 = 0.36.$$

由 $A_2 = AB\bar{C} \bigcup A\bar{B}C \bigcup \bar{A}BC$,得

$$P(A_2) = P(AB\bar{C} + A\bar{B}C + \bar{A}BC)$$
$$= P(A)P(B)P(\bar{C}) + P(A)P(\bar{B})P(C) + P(\bar{A})P(B)P(C) = 0.41.$$

由 $A_3 = ABC$,得

$$P(A_3) = P(ABC) = P(A)P(B)P(C)$$
$$= 0.4 \times 0.5 \times 0.7 = 0.14.$$

因而,由全概率公式得飞机被击落的概率为

$$P = 0.2 \times 0.36 + 0.6 \times 0.41 + 1 \times 0.14 = 0.458.$$

例 1-21 一个均匀的正四面体,其第一面染成红色,第二面染成白色,第三面染成黑色,而第四面同时染上红、白、黑三种颜色.现以 A,B,C 分别记投一次四面体出现红、白、黑颜色朝下的事件,问 A,B,C 是否相互独立?

解 由于在四面体中红、白、黑分别出现两面,所以

$$P(A) = P(B) = P(C) = \frac{1}{2}.$$

又由题意知 $P(AB) = P(BC) = P(AC) = \frac{1}{4}$,故有

$$\begin{cases} P(AB) = P(A)P(B) = \dfrac{1}{4}, \\ P(BC) = P(B)P(C) = \dfrac{1}{4}, \\ P(AC) = P(A)P(C) = \dfrac{1}{4}, \end{cases}$$

则三事件 A,B,C 两两独立.

而

$$P(ABC) = \frac{1}{4} \neq \frac{1}{8} = P(A)P(B)P(C),$$

因此 A,B,C 不相互独立.

习 题 详 解

习题 1-1

1. 多项选择题

(1) 以下命题正确的是(   ).

    A. $(AB) \bigcup (A\bar{B}) = A$ B. 若 $A \subset B$,则 $AB = A$

    C. 若 $A \subset B$,则 $\bar{B} \subset \bar{A}$ D. 若 $A \subset B$,则 $A \bigcup B = B$

解 ABCD.

(2) 某大学的学生做了三道概率题,以 $A_i =$ "第 i 题做对了", $i = 1,2,3$,则该学生至少做对了两道题的事件可表示为(   ).

    A. $\bar{A}_1 A_2 A_3 \bigcup A_1 \bar{A}_2 A_3 \bigcup A_1 A_2 \bar{A}_3$

    B. $A_1 A_2 \bigcup A_2 A_3 \bigcup A_3 A_1$

    C. $\overline{A_1 A_2 \bigcup A_2 A_3 \bigcup A_3 A_1}$

    D. $A_1 A_2 \bar{A}_3 \bigcup A_1 \bar{A}_2 A_3 \bigcup \bar{A}_1 A_2 A_3 \bigcup A_1 A_2 A_3$

解 BD.

2. A,B,C 为三个事件,说明下述运算关系的含义:

(1) A;   (2) $\bar{B}C$;   (3) $A\bar{B}\bar{C}$;   (4) $\bar{A}\,\bar{B}\,\bar{C}$;   (5) $A \bigcup B \bigcup C$;   (6) $\overline{ABC}$.

解　(1) A 事件发生；(2) B,C 事件不发生；(3) A 事件发生，而 B,C 事件不发生；(4) A,B,C 都不发生；(5) A,B,C 至少有一个发生；(6) A,B,C 不同时发生.

3. 某机械厂生产的三个零件，以 A_i 与 $\overline{A}_i(i=1,2,3)$ 分别表示它生产的第 i 个零件为正品、次品.试用 A_i 与 $\overline{A}_i(i=1,2,3)$ 表示以下事件：

(1) 全是正品；

(2) 至少有一个零件是次品；

(3) 恰有一个零件是次品；

(4) 至少有两个零件是次品.

解　(1) 三个零件全是正品表示为 $A_1 A_2 A_3$；

(2) 至少有一个零件是次品表示为 $\overline{A}_1 \cup \overline{A}_2 \cup \overline{A}_3$；

(3) 恰有一个零件是次品表示为 $\overline{A}_1 A_2 A_3 \cup A_1 \overline{A}_2 A_3 \cup A_1 A_2 \overline{A}_3$；

(4) 至少有两个零件是次品表示为 $\overline{A}_1 \overline{A}_2 \cup \overline{A}_2 \overline{A}_3 \cup \overline{A}_1 \overline{A}_3$.

4. 从 4 个白球、6 个黄球、3 个黑球中任取 2 白、2 黄、1 黑共 5 个球，其取法有多少种？

解　从 4 个白球中取 2 个球有 C_4^2 种取法，从 6 个黄球中取 2 个球有 C_6^2 种取法，从 3 个黑球中取 1 个球有 C_3^1 种取法.由乘法原理知从 4 个白球、6 个黄球、3 个黑球中任取 2 白、2 黄、1 黑共 5 个球的取法有 $C_4^2 C_6^2 C_3^1$ 种.

5. 将 3 个小球任意放入 5 个口袋中，不同的放法共有多少种？

解　将 3 个小球任意放入 5 个口袋中，每只球都有 5 种不同的放法，3 只球放入 5 个口袋中共有 5^3 种放法.

6. 6 件产品中有 3 件次品，每次从中任取 1 件，直到取到次品为止，可能需要取几件？

解　6 件产品中有 3 件次品，每次从中任取 1 件，直到取到次品为止，需要取的产品件数为 1、2、3、4 这四种可能的情况.

习题 1-2

1. 选择题

(1) 下列命题中，正确的是(　　　　).

    A. $A \cup B = A\overline{B} \cup B$　　　　　　　　　　B. $\overline{AB} = A \cup B$

    C. $\overline{A \cup BC} = \overline{A}\ \overline{B}\ \overline{C}$　　　　　　　　　　D. $(AB)(A\overline{B}) = \varnothing$

解　AD.

(2) 对于事件 A 与 B，有(　　　　).

    A. $P(A \cup B) = P(A) + P(B)$　　　　　　B. $P(A \cup B) = P(A) + P(B) - P(AB)$

    C. $P(A \cup B) = 1 - P(\overline{A}) - P(\overline{B})$　　　　D. $P(A \cup B) = 1 - P(\overline{A})P(\overline{B})$

解　B.

(3) 事件 A 与 B 互为对立事件的充要条件是(　　　　).

    A. $P(AB) = P(A)P(B)$　　　　　　　　　B. $P(AB) = 0$ 且 $P(A \cup B) = 1$

    C. $AB = \varnothing$ 且 $A \cup B = S$　　　　　　　D. $AB = \varnothing$

解　C.

(4) 设 A,B 为随机事件，且 $P(B) > 0, P(A|B) = 1$，则必有(　　　　).

    A. $P(A \cup B) > P(A)$　　　　　　　　　　B. $P(A \cup B) > P(B)$

    C. $P(A \cup B) = P(A)$ D. $P(A \cup B) = P(B)$

解：C.

（5）设随机事件 A, B 相互独立，$P(B) = 0.5$，$P(A-B) = 0.3$，则 $P(B-A) = ($ $)$.

    A. 0.1   B. 0.2   C. 0.3   D. 0.4

解 B.

2. 设 $P(A) = 0.1$，$P(A \cup B) = 0.3$，$A \cap B = \varnothing$，求 $P(B)$.

解 根据加法公式 $P(A \cup B) = P(A) + P(B) - P(AB)$，而

$$P(A) = 0.1, \quad P(A \cup B) = 0.3, \quad A \cap B = \varnothing, \quad P(AB) = 0,$$

所以 $P(B) = 0.3 - 0.1 = 0.2$.

3. 设 $P(A) = \dfrac{1}{3}$，$P(B) = \dfrac{1}{4}$，$P(A \cup B) = \dfrac{1}{2}$，求 $P(\overline{A} \cup \overline{B})$.

解 由德·摩根律得 $P(\overline{A} \cup \overline{B}) = 1 - P(AB)$，根据加法公式有

$$P(A \cup B) = P(A) + P(B) - P(AB),$$

其中

$$P(A) = \frac{1}{3}, \quad P(B) = \frac{1}{4}, \quad P(A \cup B) = \frac{1}{2}.$$

而

$$P(AB) = \frac{1}{3} + \frac{1}{4} - \frac{1}{2} = \frac{1}{12},$$

所以

$$P(\overline{A} \cup \overline{B}) = 1 - \frac{1}{12} = \frac{11}{12}.$$

4. 设 $P(A) = 0.5$，$P(B) = 0.4$，$P(A-B) = 0.3$，求 $P(A \cup B)$ 和 $P(\overline{A} \cup \overline{B})$.

解 由 $P(A-B) = P(A) - P(AB)$，得

$$P(AB) = P(A) - P(A-B) = 0.5 - 0.3 = 0.2,$$
$$P(A \cup B) = P(A) + P(B) - P(AB) = 0.5 + 0.4 - 0.2 = 0.7,$$
$$P(\overline{A} \cup \overline{B}) = 1 - P(AB) = 1 - 0.2 = 0.8.$$

习题 1-3

1. 两封信随机地投入 4 个邮筒，求：

（1）前两个邮筒内没有信的概率；

（2）第一个邮筒只有一封信的概率.

解 两封信随机地投入 4 个邮筒共有 4^2 种投法.

（1）若前两个邮筒内没有信，则两封信只能投到后两个邮筒中，有 2^2 种投法. 所以两封信随机地投入 4 个邮筒，前两个邮筒内没有信的概率为

$$\frac{2^2}{4^2} = \frac{1}{4}.$$

（2）若第一个邮筒只有一封信，从两封信中选一封投入其中有 C_2^1 种投法，剩下的一封信有 C_3^1 只邮筒可选，所以共有 $C_2^1 C_3^1$ 种投递的方法.

因此，两封信随机地投入 4 个邮筒，第一个邮筒只有一封信的概率为

$$\frac{C_2^1 C_3^1}{4^2} = \frac{3}{8}.$$

2. 盒子中有 12 只球,其中红球 5 只,白球 4 只,黑球 3 只. 从中任取 9 只,求其中恰好有 4 只红球、3 只白球、2 只黑球的概率.

解 从 12 只球中取 9 只共有 C_{12}^9 种取法,从 5 只红球中取 4 只球有 C_5^4 种取法,从 4 只白球中取 3 只球有 C_4^3 种取法,从 3 只黑球中取 2 只球有 C_3^2 种取法.

所以从 12 只球(其中红球 5 只,白球 4 只,黑球 3 只)中任取 9 只,其中恰好有 4 只红球、3 只白球、2 只黑球的取法共有 $C_5^4 C_4^3 C_3^2$ 种,其概率为

$$\frac{C_5^4 C_4^3 C_3^2}{C_{12}^9} = \frac{3}{11}.$$

3. 有 20 名运动员,分成人数相等的两组进行比赛,已知 20 名运动员中有两名种子选手,求这两名种子选手被分到不同组的概率.

解 20 名运动员平均分成两组,共有 C_{20}^{10} 种分法,若两名种子选手分到不同组共有 $C_2^1 C_{18}^9$ 种分法. 所以概率为

$$p = \frac{C_2^1 C_{18}^9}{C_{20}^{10}}.$$

4. 设 10 把钥匙中有 3 把能将门打开,今任取两把,求能将门打开的概率.

解 取两把钥匙,至少有一把能打开门即可把门打开,考虑其对立事件就是两把钥匙均不能打开门.

从 10 把钥匙中取两把有 C_{10}^2 种取法,从 7 把打不开门的钥匙中取两把有 C_7^2 种取法,所以从 10 把钥匙中任取两把,能将门打开的概率为

$$1 - \frac{C_7^2}{C_{10}^2} = \frac{8}{15}.$$

5. 将三封信随机地放入标号为 1,2,3,4 的 4 个空邮筒中,求以下概率:
(1) 第二个邮筒恰有两封信;
(2) 恰好有一个邮筒有三封信.

解 设 A＝"第二个邮筒恰有两封信",B＝"恰好有一个邮筒有三封信". 将三封信放入 4 个空邮筒中共有 4^3 种放法.

(1) 若第二个邮筒恰有两封信,则从 3 封信中取 2 封有 C_3^2 种取法,将它们放入第二个邮筒,再把剩余的一封信放入另外 3 只邮筒中的任一个有 C_3^1 种放法,所以第二个邮筒恰有两封信有 $C_3^2 C_3^1$ 种放法. 其概率为

$$P(A) = \frac{C_3^2 C_3^1}{4^3} = \frac{9}{64}.$$

(2) 若是恰好有一个邮筒有 3 封信,从 4 个邮筒中选一个将 3 封信放入即可,有 C_4^1 种放法,所以其概率为

$$P(B) = \frac{C_4^1}{4^3} = \frac{1}{16}.$$

6. 从 5 双不同的鞋子中任取 4 只,则这 4 只鞋子中至少有两只配成一双的概率是多少?

解 设事件 A＝"4 只鞋子中至少有两只配成一双",考虑其对立事件 $\overline{A}$＝"4 只鞋子全

配不成对",从 5 双鞋子中任取 4 双,再从每双中任取一只,有 $C_5^4 \cdot 2^4$ 种取法,从 5 双鞋子中取 4 只有 C_{10}^4 种取法. 所以

$$P(A) = 1 - P(\bar{A}) = 1 - \frac{C_5^4 \cdot 2^4}{C_{10}^4} = \frac{13}{21}.$$

7. 30 名学生中有 3 名运动员,将这 30 名学生平均分成 3 组,求:

(1) 每组有一名运动员的概率;

(2) 3 名运动员集中在一个组的概率.

解 设 A="每组有一名运动员";B="3 名运动员集中在一组".

(1) 把 30 名学生平均分成 3 组可能的分法共有 $C_{30}^{10} C_{20}^{10} C_{10}^{10}$ 种;每组有一名运动员的分法共有 $C_3^1 C_2^1 C_1^1 C_{27}^9 C_{18}^9 C_9^9$ 种.

$$P(A) = \frac{C_3^1 C_2^1 C_1^1 C_{27}^9 C_{18}^9 C_9^9}{C_{30}^{10} C_{20}^{10} C_{10}^{10}} = \frac{50}{203}.$$

(2) **解法一** "3 名运动员集中在一个组"包括"3 名运动员都在第一组""3 名运动员都在第二组""3 名运动员都在第三组"3 种情况,

$$P(B) = \frac{C_{27}^7 C_{20}^{10} C_{10}^{10} + C_{27}^{10} C_{17}^7 C_{10}^{10} + C_{27}^{10} C_{17}^{10} C_7^7}{C_{30}^{10} C_{20}^{10} C_{10}^{10}} = \frac{18}{203}.$$

解法二 "3 名运动员集中在一个组"相当于"取一组 3 名运动员、7 名普通队员,其余两组分配剩余的 20 名普通队员",

$$P(B) = \frac{3 \times C_{27}^7 C_{20}^{10} C_{10}^{10}}{C_{30}^{10} C_{20}^{10} C_{10}^{10}} = \frac{18}{203}.$$

所以每组有一名运动员的概率为 $\frac{50}{203}$;3 名运动员集中在一个组的概率为 $\frac{18}{203}$.

8. 在 1~2000 的整数中随机地取一个数,则取到的整数既不能被 6 整除,又不能被 8 整除的概率是多少?

解 设 A="取到的数能被 6 整除",B="取到的数能被 8 整除",则所求概率为

$$P(\overline{AB}) = P(\overline{A \bigcup B}) = 1 - P(A \bigcup B)$$
$$= 1 - [P(A) + P(B) - P(AB)].$$

由于 $333 < \frac{2000}{6} < 334$,故得

$$P(A) = \frac{333}{2000}.$$

由于 $\frac{2000}{8} = 250$,故得

$$P(B) = \frac{250}{2000}.$$

又由于一个数同时能被 6 与 8 整除,就相当于能被 24 整除. 由 $83 < \frac{2000}{24} < 84$,得

$$P(AB) = \frac{83}{2000}.$$

于是所求概率为

$$p = 1 - \left(\frac{333}{2000} + \frac{250}{2000} - \frac{83}{2000} \right) = \frac{3}{4}.$$

9. 从 0～9 这 10 个数码中任意取出 4 个排成一串数码,求:

(1) 所取 4 个数码排成 4 位偶数的概率;

(2) 所取 4 个数码排成 4 位奇数的概率;

(3) 没有排成 4 位数的概率.

解 (1) 设 A 事件:排成 4 位偶数(末尾是 2、4、6、8 或者 0),则

$$P(A) = \frac{C_8^1 A_8^2 C_4^1 + A_9^3 C_1^1}{A_{10}^4} = \frac{41}{90}.$$

(2) 设 B 事件:排成 4 位奇数,则

$$P(B) = \frac{C_8^1 A_8^2 C_5^1}{A_{10}^4} = \frac{4}{9}.$$

(3) 设 C 事件:没有排成 4 位数,则

$$P(C) = \frac{A_1^1 A_9^3}{A_{10}^4} = \frac{1}{10}.$$

习题 1-4

1. 多项选择题

(1) 已知 $P(B) > 0$ 且 $A_1 A_2 = \varnothing$,则( )成立.

    A. $P(A_1 | B) \geqslant 0$ B. $P[(A_1 \bigcup A_2) | B] = P(A_1 | B) + P(A_2 | B)$

    C. $P(A_1 A_2 | B) = 0$ D. $P(\overline{A_1} \bigcap \overline{A_2} | B) = 1$

解 ABC.

(2) 若 $P(A) > 0, P(B) > 0$ 且 $P(A | B) = P(A)$,则( )成立.

    A. $P(B | A) = P(B)$ B. $P(\overline{A} | B) = P(\overline{A})$

    C. A, B 相容   D. A, B 互不相容

解 ABC.

2. 已知 $P(A) = \frac{1}{3}, P(B | A) = \frac{1}{4}, P(A | B) = \frac{1}{6}$,求 $P(A \bigcup B)$.

解 由 $P(AB) = P(A)P(B | A)$,而 $P(A) = \frac{1}{3}, P(B | A) = \frac{1}{4}$,得

$$P(AB) = \frac{1}{12}.$$

又由 $P(AB) = P(B)P(A | B), P(AB) = \frac{1}{12}, P(A | B) = \frac{1}{6}$,得

$$P(B) = \frac{1}{2}.$$

根据加法公式 $P(A \bigcup B) = P(A) + P(B) - P(AB)$ 得

$$P(A \bigcup B) = \frac{1}{3} + \frac{1}{2} - \frac{1}{12} = \frac{3}{4}.$$

3. 某种灯泡能用到 3000h 以上的概率为 0.8,能用到 3500h 以上的概率为 0.7.求一只已用到了 3000h 仍未损坏的此种灯泡,还可以再用 500h 以上的概率.

解 设事件 A = "灯泡能用到 3000h 以上",事件 B = "灯泡能用到 3500h 以上".显然 $B \subset A$,所以 $AB = B, P(AB) = P(B) = 0.7, P(A) = 0.8$.

该问题所求得条件概率为

$$P(A \mid B) = \frac{P(AB)}{P(A)} = \frac{0.7}{0.8} = \frac{7}{8}.$$

4. 设甲袋子中装有 n 只白球、m 只红球;乙袋子中装有 N 只白球、M 只红球. 今从甲袋子中任取一只球放入乙袋子中,再从乙袋子中任取一只球. 则取到白球的概率是多少?

解   设事件 A="从甲袋子中取出白球",事件 B="取到白球";则 $\overline{A}$="从甲袋子中取出红球".

由全概率公式得

$$P(B) = P(A)P(B|A) + P(\overline{A})P(B|\overline{A}),$$

其中

$$P(A) = \frac{n}{m+n}, \quad P(B|A) = \frac{N+1}{N+M+1},$$

$$P(\overline{A}) = \frac{m}{m+n}, \quad P(B|\overline{A}) = \frac{N}{N+M+1},$$

所以

$$P(B) = \frac{n}{m+n} \cdot \frac{N+1}{N+M+1} + \frac{m}{m+n} \cdot \frac{N}{N+M+1} = \frac{(m+n)N+n}{(m+n)(N+M+1)}.$$

5. 设某光学仪器厂制造的透镜,第一次落下时打破的概率为 1/2,若第一次落下未打破第二次落下打破的概率为 7/10,若前两次落下未打破,第三次落下打破的概率为 9/10. 试求透镜落下三次而未打破的概率.

解   设 $A_i(i=1,2,3)$="透镜第 i 次落下打破",以 B="透镜落下三次而未打破".

因为 $B = \overline{A_1}\ \overline{A_2}\ \overline{A_3}$,所以

$$P(B) = P(\overline{A_1}\ \overline{A_2}\ \overline{A_3}) = P(\overline{A_3} \mid \overline{A_1}\ \overline{A_2})P(\overline{A_2} \mid \overline{A_1})P(\overline{A_1})$$

$$= \left(1 - \frac{9}{10}\right)\left(1 - \frac{7}{10}\right)\left(1 - \frac{1}{2}\right) = \frac{3}{200}.$$

6. 盒中有 3 个红球、2 个白球,每次从盒中任取一只,观察其颜色后放回,并再放入一只与所取之球颜色相同的球,若从盒中连续取球 4 次,试求第 1、2 次取得白球和第 3、4 次取得红球的概率.

解   设 A_i 为第 i 次取球时取到白球,则

$$P(A_1 A_2 \overline{A_3}\ \overline{A_4}) = P(A_1)P(A_2 \mid A_1)P(\overline{A_3} \mid A_1 A_2)P(\overline{A_4} \mid A_1 A_2 \overline{A_3}).$$

由 $P(A_1) = \frac{2}{5}, P(A_2|A_1) = \frac{3}{6}, P(\overline{A_3}|A_1 A_2) = \frac{3}{7}, P(\overline{A_4}|A_1 A_2 \overline{A_3}) = \frac{4}{8}$,得

$$P(A_1 A_2 \overline{A_3}\ \overline{A_4}) = \frac{2}{5} \times \frac{3}{6} \times \frac{3}{7} \times \frac{4}{8} = \frac{3}{70}.$$

7. 甲、乙两台机器制造大量的同一类型零件,根据长期资料的总结,甲机器制造出的零件次品率为 1%,乙机器制造出的零件次品率为 2%. 现有一批此类零件,已知乙机器制造的零件数量比甲大一倍,今从该批零件中任意取一件,经检查恰好是次品,试由此检查结果计算这个零件为甲机器制造的概率.

解   设 A="机器零件为次品",B="零件是甲机器制造出的",则 $\overline{B}$="零件是乙机器制造出的". 由贝叶斯公式得

$$P(B|A) = \frac{P(A|B)P(B)}{P(A|B)P(B) + P(A|\bar{B})P(\bar{B})},$$

其中 $P(A|B) = 1\%$，$P(B) = \frac{1}{3}$，$P(A|\bar{B}) = 2\%$，$P(\bar{B}) = \frac{2}{3}$. 所以

$$P(B|A) = \frac{1}{5}.$$

即从该批零件中任意取一件，经检查恰好是次品，则这批零件为甲机器制造的概率是 $\frac{1}{5}$.

8. 两个袋子中装有同类型的零件，第一个袋子中装有 60 只，其中 15 只是一等品；第二个袋子中装有 40 只，其中 15 只是一等品. 在以下两种取法下，求恰好取到一只一等品的概率：

(1) 将两个袋子都打开，取出所有的零件混放在一堆，从中任取一只零件；

(2) 先从两个袋子中任意挑出一个袋子，然后再从该袋子中随机地取出一只零件.

解 设事件 A＝"取到一只一等品"，B＝"零件是从第一只袋子中取出的"，则 $\bar{B}$＝"零件是从第二只袋子中取出的".

(1) 若将两个袋子都打开，取出所有的零件混放在一堆，从中任取一只零件，恰好取到一只一等品的概率：

$$P(A) = \frac{15 + 15}{60 + 40} = \frac{3}{10}.$$

(2) 若先从两个袋子中任意挑出一个袋子，然后再从该袋子中随机地取出一只零件. 则由全概率公式得

$$P(A) = P(B)P(A|B) + P(\bar{B})P(A|\bar{B}),$$

其中 $P(B) = P(\bar{B}) = \frac{1}{2}$，$P(A|B) = \frac{1}{4}$，$P(A|\bar{B}) = \frac{3}{8}$，所以

$$P(A) = \frac{5}{16}.$$

9. 某市 2008 年调查显示：男性的色盲发病率为 7%，女性的色盲发病率为 0.5%. 今有一人到医院求治色盲，求此人为女性的概率. （男：女＝0.502：0.498）

解 设 A＝"此人为色盲患者"，B＝"此人为女性"，则 $\bar{B}$＝"此人为男性". 由贝叶斯公式得

$$P(B|A) = \frac{P(A|B)P(B)}{P(A|B)P(B) + P(A|\bar{B})P(\bar{B})},$$

其中 $P(A|B) = 0.5\%$，$P(B) = 0.498$，$P(A|\bar{B}) = 7\%$，$P(\bar{B}) = 0.502$，代入得

$$P(B|A) \approx 6.6\%,$$

即若有一人到医院求治色盲，求此人为女性的概率约为 6.6%.

10. 一道考题同时列出了 4 个答案，要求学生把其中一个正确答案选择出来. 某考生可能知道哪个是正确答案，也可能乱猜一个. 若他知道正确答案的概率是 $\frac{1}{2}$，而乱猜的概率是 $\frac{1}{2}$，设他乱猜答案猜对的概率是 $\frac{1}{4}$，如果已知他答对了，则他确实知道哪个是考题正确答案的概率是多少？

解　设事件 $A=$"考生知道正确答案",事件 $B=$"答对了",则依题意可知 $P(A)=\dfrac{1}{2}$, $P(\overline{A})=\dfrac{1}{2}$, $P(B|\overline{A})=\dfrac{1}{4}$, $P(B|A)=1$,由贝叶斯公式有

$$P(A\mid B)=\frac{P(A)P(B\mid A)}{P(A)P(B\mid A)+P(\overline{A})P(B\mid\overline{A})}=\frac{\dfrac{1}{2}\times1}{\dfrac{1}{2}\times1+\dfrac{1}{2}\times\dfrac{1}{4}}=0.8.$$

习题 1-5

1. 多项选择题

(1) 对于事件 A 与 B,以下命题正确的是(　　　).

　　A. 若 A,B 互不相容,则 $\overline{A},\overline{B}$ 也互不相容

　　B. 若 A,B 相容,则 $\overline{A},\overline{B}$ 也相容

　　C. 若 A,B 独立,则 $\overline{A},\overline{B}$ 也独立

　　D. 若 A,B 对立,则 $\overline{A},\overline{B}$ 也对立

解　CD.

(2) 若事件 A 与 B 独立,且 $P(A)>0$, $P(B)>0$,则(　　　)成立.

　　A. $P(B|A)=P(B)$　　　　　　　　　　B. $P(\overline{A}|\overline{B})=P(\overline{A})$

　　C. A,B 相容　　　　　　　　　　　　D. A,B 不相容

解　ABC.

2. 一射击选手在 2008 年北京奥运会上对同一目标进行 4 次独立的射击,若至少射中一次的概率为 $80/81$,求此射手每次射击的命中率.

解　设此射手每次射击的命中率为 p,则他对同一目标进行 4 次独立的射击,至少射中一次的概率为 $1-(1-p)^4=\dfrac{80}{81}$,即

$$(1-p)^4=\frac{1}{81},\quad p=\frac{2}{3}.$$

3. 甲、乙、丙三人各自独立地向同一目标射击一次,已知甲、乙、丙击中目标的概率分别是 $0.7,0.5,0.6$,求:

(1) 只有甲击中目标的概率;

(2) 至少有一人击中目标的概率.

解　设事件 $A=$"只有甲击中目标",$B=$"至少有一人击中目标",A_1,A_2,A_3 分别表示甲、乙、丙击中目标,由于甲、乙、丙各自独立地射击目标,所以事件 A_1,A_2,A_3 相互独立,而 $A=A_1\overline{A_2}\overline{A_3}$,$B=A_1\bigcup A_2\bigcup A_3$.

(1) 由 A_1,A_2,A_3 相互独立得 $A_1,\overline{A_2},\overline{A_3}$ 也相互独立,

$$P(A)=P(A_1\overline{A_2}\overline{A_3})=P(A_1)P(\overline{A_2})P(\overline{A_3})$$
$$=0.7\times(1-0.5)\times(1-0.6)=0.14.$$

(2) 由 A_1,A_2,A_3 相互独立得 $\overline{A_1},\overline{A_2},\overline{A_3}$ 也相互独立,得

$$P(B)=P(A_1\bigcup A_2\bigcup A_3)=1-P(\overline{A_1}\overline{A_2}\overline{A_3})=1-P(\overline{A_1})P(\overline{A_2})P(\overline{A_3})$$
$$=1-(1-0.7)\times(1-0.5)\times(1-0.6)=0.94.$$

4. 已知 $P(A)=p$，$P(B)=q$，$P(A \bigcup \bar{B})=1-q+pq$，证明 $A,\bar{B}$ 相互独立.

证明 由加法公式得

$$P(A \bigcup \bar{B}) = P(A) + P(\bar{B}) - P(A\bar{B}) = 1-q+pq,$$

而 $P(A)=p$，$P(B)=q$，即

$$p+1-q-P(A\bar{B}) = 1-q+pq,$$

整理得

$$P(A\bar{B}) = p-pq = p(1-q) = P(A)P(\bar{B}).$$

所以 $A,\bar{B}$ 相互独立.

5. 证明：事件 A 与 B 相互独立的充要条件是 $P(A|B)=P(A|\bar{B})$.

证明 （1）必要性.

设 A,B 相互独立，则

$$P(A \mid B) = \frac{P(AB)}{P(B)} = \frac{P(A)P(B)}{P(B)} = P(A),$$

$$P(A \mid \bar{B}) = \frac{P(A\bar{B})}{P(\bar{B})} = \frac{P(A)P(\bar{B})}{P(\bar{B})} = P(A),$$

即 $P(A|B)=P(A|\bar{B})$.

（2）充分性.

若 $P(A|B)=P(A|\bar{B})$，根据条件概率的定义得

$$\frac{P(AB)}{P(B)} = \frac{P(A\bar{B})}{P(\bar{B})},$$

而 $P(A\bar{B})=P(A)-P(AB)$，$P(\bar{B})=1-P(B)$，所以有

$$\frac{P(AB)}{P(B)} = \frac{P(A)-P(AB)}{1-P(B)}.$$

整理得 $P(AB)=P(A)P(B)$，即事件 A、B 相互独立.

6. 甲、乙、丙三人同时各用一发子弹对目标进行射击，三人各自击中目标的概率分别是 $0.4,0.5,0.7$. 目标被击中一发而冒烟的概率为 0.2，被击中两发而冒烟的概率为 0.6，被击中三发则必定冒烟，求目标冒烟的概率.

解 设 A_1,A_2,A_3 分别表示目标被击中一、二、三发子弹，B 表示目标冒烟，C_1,C_2,C_3 分别表示目标被甲、乙、丙击中.

$$\begin{aligned}
P(A_1) &= P(C_1\bar{C}_2\bar{C}_3) + P(\bar{C}_1C_2\bar{C}_3) + P(\bar{C}_1\bar{C}_2C_3) \\
&= P(C_1)P(\bar{C}_2)P(\bar{C}_3) + P(\bar{C}_1)P(C_2)P(\bar{C}_3) + P(\bar{C}_1)P(\bar{C}_2)P(C_3) \\
&= 0.4 \times 0.5 \times 0.3 + 0.6 \times 0.5 \times 0.3 + 0.6 \times 0.5 \times 0.7 \\
&= 0.36,
\end{aligned}$$

$$\begin{aligned}
P(A_2) &= P(C_1C_2\bar{C}_3) + P(C_1\bar{C}_2C_3) + P(\bar{C}_1C_2C_3) \\
&= P(C_1)P(C_2)P(\bar{C}_3) + P(C_1)P(\bar{C}_2)P(C_3) + P(\bar{C}_1)P(C_2)P(C_3) \\
&= 0.4 \times 0.5 \times 0.3 + 0.4 \times 0.5 \times 0.7 + 0.6 \times 0.5 \times 0.7 \\
&= 0.41,
\end{aligned}$$

$$P(A_3) = P(C_1C_2C_3) = 0.4 \times 0.5 \times 0.7 = 0.14.$$

由全概率公式可知

$$\begin{aligned}
P(B) &= P(A_1)P(B|A_1) + P(A_2)P(B|A_2) + P(A_3)P(B|A_3) \\
&= 0.2 \times 0.36 + 0.6 \times 0.41 + 1 \times 0.14 = 0.458.
\end{aligned}$$

7. 某人向同一目标独立重复射击,每次射击命中目标的概率为 $p(0<p<1)$,则此人第 4 次射击恰好第 2 次命中目标的概率是多少?

解　第 4 次射击命中目标,而前 3 次射击中只有 1 次命中目标,前 3 次射击中只有 1 次命中目标的概率为 $C_3^1 p(1-p)^2$,所以所求的概率为 $C_3^1 p(1-p)^2 \cdot p = 3p^2(1-p)^2$.

总习题 1

1. 房间里有 12 个人,分别佩戴从 1 号到 12 号的纪念章,任选 3 人记录其纪念章号码.

(1) 求最小号码是 4 的概率;

(2) 求最大号码是 4 的概率.

解　设 $A=$"最小号码是 4",$B=$"最大号码是 4". 房间里有 12 个人,任选 3 人共有 C_{12}^3 种选法.

(1) 若选到的人纪念章号码最小号码是 4,则剩余的 2 人的纪念章号码应从 5,6,7,8,9,10,11,12 中选出,共有 C_8^2 种选法. 所以

$$P(A) = \frac{C_8^2}{C_{12}^3} = \frac{7}{55}.$$

(2) 若选到的人纪念章号码最大号码是 4,剩余 2 人的纪念章号码应从 1,2,3 中选出,共有 C_3^2 种选法. 所以

$$P(A) = \frac{C_3^2}{C_{12}^3} = \frac{3}{220}.$$

2. 从 4 双不同鞋子中任取 3 只,求这 3 只鞋子中有两只配成一双的概率.

解　设 $A=$"3 只鞋子中有两只配成一双",考虑其对立事件 $\overline{A}=$"3 只鞋子全配不成对",从 4 双鞋子中任取 3 双,再从每双中任取一只,有 $C_4^3 \cdot 2^3$ 种取法,从 4 双鞋子中取 3 只有 C_8^3 种取法. 所以

$$P(A) = 1 - P(\overline{A}) = 1 - \frac{C_4^3 \cdot 2^3}{C_8^3} = \frac{3}{7}.$$

3. 根据国家统计资料,三口之家患有 AIDS 病有如下规律:$P\{孩子得病\}=0.6$,$P\{母亲得病|孩子得病\}=0.5$,$P\{父亲得病|母亲及孩子得病\}=0.4$,求母亲及孩子得病但父亲未得病的概率.

解　设 $A=$"孩子得病",$B=$"母亲得病",$C=$"父亲得病". 根据已知

$$P(A) = 0.6, P(B \mid A) = 0.5,$$
$$P(\overline{C} \mid AB) = 1 - P(C \mid AB) = 1 - 0.4 = 0.6.$$

由条件概率公式得

$$P(AB\overline{C}) = P(A)P(B \mid A)P(\overline{C} \mid AB) = 0.6 \times 0.5 \times 0.6 = 0.18,$$

即母亲及孩子得病但父亲未得病的概率为 0.18.

4. 用 3 个机床加工同一种零件,3 个机床加工的零件分别占总产品的 50%,30%,20%,各机床加工的零件中合格品的概率分别为 0.94,0.9,0.95,求从总产品中任意取一件产品为合格品的概率.

解　设 $A=$"产品为合格品",$B_i=$"产品由第 i 个机床生产",$i=1,2,3$,其中

$$P(B_1) = 50\%, P(B_2) = 30\%, P(B_3) = 20\%,$$

$$P(A \mid B_1) = 0.94, P(A \mid B_2) = 0.9, P(A \mid B_3) = 0.95.$$

由全概率公式得

$$P(A) = \sum_{i=1}^{3} P(A \mid B_i) P(B_i)$$
$$= 50\% \times 0.94 + 30\% \times 0.9 + 20\% \times 0.95 = 0.93.$$

5. 甲、乙、丙 3 部机床独立地工作,由 1 个人照管,某段时间,它们不需要照管的概率分别是 0.9,0.8,0.85,求在这段时间内,机床因无人照管而停工的概率.

解 设 A="甲机床不需要照管能正常工作",B="乙机床不需要照管能正常工作",C="丙机床不需要照管能正常工作".

由已知 $P(A) = 0.9, P(B) = 0.8, P(C) = 0.85$,甲,乙,丙 3 部机床能独立地工作,故

$$P(A \cap B \cap C) = P(A)P(B)P(C).$$

机床因无人照管而停工的概率为

$$P(\bar{A} \cup \bar{B} \cup \bar{C}) = 1 - P(A \cap B \cap C) = 1 - P(A)P(B)P(C)$$
$$= 1 - 0.9 \times 0.8 \times 0.85 = 0.388.$$

训 练 题

1. 填空题

(1) A, B 相互独立,$P(A) = 0.3, P(B) = 0.4$,则 $P(A \cup B) = $ _____.

(2) A, B 相互独立,$P(A) = 0.3, P(B) = 0.5$,则 $P(A - B) = $ _____.

(3) 已知 $P(B \mid \bar{A}) = \dfrac{4}{7}, P(AB) = \dfrac{1}{5}, P(A) = \dfrac{3}{10}$,则 $P(B) = $ _____.

(4) 已知 $P(A) = 0.5, P(B \mid A) = 0.9, P(B \mid \bar{A}) = 0.4$,则 $P(B) = $ _____.

(5) 已知 $P(A) = P(B) = P(C) = \dfrac{1}{4}, P(AB) = 0, P(AC) = P(BC) = \dfrac{1}{12}$,则 A, B, C 3 个事件全都不发生的概率为 _____.

(6) 甲、乙、丙 3 个人独立地对同一目标进行射击,其命中率分别为 0.5,0.6,0.8,每人射击一次,则目标被击中的概率为 _____.

(7) 袋中装有 5 个红球,3 个白球,2 个黑球,任取 3 只球恰为一红、一白、一黑的概率为 _____.

2. 统计表明,某地区 4 月份下雨(事件 A)的概率是 $\dfrac{4}{15}$,刮风(事件 B)的概率是 $\dfrac{7}{15}$,既刮风又下雨的概率为 $\dfrac{1}{10}$,求 $P(A \mid B), P(B \mid A), P(A \cup B)$.

3. 袋中有 5 只黑球和 4 只白球,随机地从中取出 2 只,求取出的两只球颜色相同的概率.

4. 1000 件产品中有 200 件次品,任取 100 件,求恰有 90 件次品的概率及至少有 2 件次品的概率.

5. 10 把钥匙中有 3 把能打开门,今任取两把,求能打开门的概率.

6. 已知 $P(A)=\dfrac{1}{4},P(B\mid A)=\dfrac{1}{5},P(A\mid B)=\dfrac{1}{2}$,求 $P(A\cup B)$.

7. 一批零件共有 100 个,其中有 10 个次品,从中不放回地取出,求第三次才取到正品的概率.

8. 一台机床有 $\dfrac{1}{3}$ 的时间加工零件 A,其余的时间加工零件 B,加工零件 A 时,停机的概率是 0.3,加工零件 B 时,停机的概率是 0.4,求这个机床停机的概率.

9. 某人从天津到北京开会,他乘飞机、长途车、出租车、火车的概率分别是 $10\%,20\%$,$15\%,55\%$,四种方式迟到的概率分别是 $0\%,10\%,6\%,5\%$.

(1) 求他迟到的概率;

(2) 若他迟到了,则他乘坐哪种交通工具的可能性最大?

10. 设三门高射炮击中敌机的概率分别是 $\dfrac{1}{2},\dfrac{1}{3},\dfrac{1}{4}$,若三门炮同时射击,求敌机被击中的概率.

答　案

1. (1) 0.58;　(2) 0.15;　(3) $\dfrac{3}{5}$;　(4) 0.65;　(5) $\dfrac{5}{12}$;　(6) 0.96;　(7) $\dfrac{1}{4}$.

2. $\dfrac{3}{14},\dfrac{3}{8},\dfrac{19}{30}$.　　　　3. $\dfrac{4}{9}$.　　　　4. $\dfrac{C_{200}^{90}C_{800}^{10}}{C_{1000}^{100}},1-\dfrac{C_{800}^{100}}{C_{1000}^{100}}-\dfrac{C_{800}^{99}C_{200}^{1}}{C_{1000}^{100}}$.　　　　5. $1-\dfrac{C_{7}^{2}}{C_{10}^{2}}$.

6. $\dfrac{1}{4}$.　　　　7. 0.0826.　　　　8. 0.367.　　　　9. 0.057,火车.　　　　10. $\dfrac{3}{4}$.

第2章

随机变量及其分布

知　识　点

一、离散型随机变量及其分布

1. 随机变量

（1）**定义**：设随机试验 E 的样本空间为 $S=\{e\}$，若对任意的 $e \in S$，有唯一的实数 $X(e)$ 与之对应，则称 $X(e)$ 为**随机变量**.

（2）**目的**：随机变量的引入，使得随机试验中的各种事件可以通过随机变量的关系式表达出来. 进一步把对随机事件的研究转化为对随机变量在某一范围内取值的研究，从而使我们可以利用数学分析作为工具去研究随机试验的整体概率规律.

2. 离散型随机变量及其常见的分布

（1）**定义**：如果随机变量 X 的所有可能取值可以一一列举，则称此随机变量为**离散型随机变量**.

（2）**分布律的形式和性质**. 一般用分布律来描述离散型随机变量的取值规律性. 分布律有两种形式，一种是公式形式：

$$P\{X = x_k\} = p_k, \quad k = 1,2,\cdots$$

另一种是表格形式：

X	x_1	x_2	$\cdots$	x_k	$\cdots$
p_k	p_1	p_2	$\cdots$	p_k	$\cdots$

离散型随机变量的分布律满足如下两条基本性质：

① **非负性**：$p_k \geqslant 0$，$k = 1,2,\cdots$；

② **规范性**：$\sum_k p_k = 1$.

（3）**常见的离散型随机变量的分布**

① **两点分布（0-1 分布）**

定义：设离散型随机变量 X 的分布律为

$$P\{X=0\}=1-p, \quad P\{X=1\}=p,$$

或

X	0	1
p_k	$1-p$	p

其中，$0<p<1$，则称随机变量 X 服从两点分布，也称 0-1 分布.

两点分布可用来描述一切只有两个可能结果的随机试验. 对于随机试验 E，如果我们关心的只有两个相互对立的可能结果，即样本空间可以表示为 $S=\{e_1,e_2\}$，定义

$$X=\begin{cases}1, & \text{当 } e_1 \text{ 出现,}\\0, & \text{当 } e_2 \text{ 出现,}\end{cases}$$

则 X 服从两点分布.

② 二项分布

定义：设随机试验 E 只有两个可能出现的结果 A 与 $\bar{A}$，则称 E 为伯努利试验. 设 $P(A)=p$（$0<p<1$），此时 $P(\bar{A})=1-p$. 将伯努利试验独立地重复地进行 n 次，称为 n **重伯努利试验.**

以 X 表示 n 重伯努利试验中事件 A 出现的次数，则 X 的分布律为

$$P\{X=k\}=C_n^k p^k q^{n-k}, \quad k=0,1,2,\cdots,n.$$

称 X 服从参数为 n,p 的二项分布，简称 X 服从二项分布，记为 $X\sim B(n,p)$.

显然，当 $n=1$ 时，二项分布就退化为两点分布，即

$$P\{X=k\}=p^k q^{1-k}, \quad k=0,1.$$

从而两点分布是二项分布的特殊情况.

③ 泊松分布

定义：设离散型随机变量 X 的所有可能取值为 $0,1,2,\cdots$，且取各个值的概率为

$$P\{X=k\}=\frac{\lambda^k e^{-\lambda}}{k!}, \quad k=0,1,2,\cdots,$$

其中 $\lambda>0$ 为常数，则称随机变量 X 服从参数为 λ 的泊松分布，记作 $X\sim\pi(\lambda)$.

二、随机变量的分布函数

1. 定义

设 X 是一个随机变量，x 是任意实数，函数

$$F(x)=P\{X\leqslant x\},$$

称为 X 的**分布函数**.

2. 意义

若随机变量 X 的分布函数 $F(x)$ 是已知的，则

$$P\{X>x\}=1-P\{X\leqslant x\}=1-F(x).$$

对于任意实数 $x_1,x_2(x_1<x_2)$，有

$$P\{x_1<X\leqslant x_2\}=P\{X\leqslant x_2\}-P\{X\leqslant x_1\}=F(x_2)-F(x_1).$$

因此，若已知随机变量 X 的分布函数 $F(x)$，则可知 X 在任意形如 $(-\infty,x]$，$(x,+\infty)$，$(x_1,x_2]$ 的区间上取值的概率，从这个意义上说，分布函数完整地描述了随机变

量取值的概率规律.

3. 性质

(1) $F(x)$ 是一个不减函数,即若 $x_1 < x_2$,则 $F(x_1) \leqslant F(x_2)$.

(2) $0 \leqslant F(x) \leqslant 1$,且 $F(-\infty)=0$, $F(+\infty)=1$.

(3) $F(x)$ 是右连续的,即 $F(x+0)=F(x)$.

4. 分布律和分布函数之间的关系

$$F(x) = P\{X \leqslant x\} = \sum_{x_k \leqslant x} P\{X = x_k\} = \sum_{x_k \leqslant x} p_k.$$

三、连续型随机变量及其概率密度

1. 定义

对于随机变量 X 的分布函数 $F(x)$,如果存在非负可积函数 $f(x)$,使得对任意实数 x,有

$$F(x) = \int_{-\infty}^{x} f(t)\mathrm{d}t,$$

则称 X 为**连续型随机变量**,称 $f(x)$ 为 X 的**概率密度函数**,简称为**概率密度**.

2. 概率密度的性质

(1) 非负性:$f(x) \geqslant 0$, $x \in (-\infty, +\infty)$.

(2) 规范性:$\int_{-\infty}^{+\infty} f(x)\mathrm{d}x = 1$.

(3) 对任意实数 $a,b(a \leqslant b)$,有 $P\{a < X \leqslant b\} = \int_a^b f(x)\mathrm{d}x$.

(4) 若 $f(x)$ 在 x 点处连续,则有 $F'(x) = f(x)$.

连续型随机变量与离散型随机变量的本质区别:**连续型随机变量取任意指定值的概率为零.**

3. 常见的连续型随机变量的分布

(1) 均匀分布

设连续型随机变量 X 具有概率密度

$$f(x) = \begin{cases} \dfrac{1}{b-a}, & a < x < b, \\ 0, & \text{其他}, \end{cases}$$

则称 X 服从区间 (a,b) 上的均匀分布,记作:$X \sim U(a,b)$.

特点:X 在 (a,b) 内任一小区间取值的概率与该小区间的长度成正比,而与该区间的起点无关,故 X 在等长度的子区间内取值的概率相等.

设 X 在区间 (a,b) 上服从均匀分布,则 X 的分布函数为

$$F(x) = \begin{cases} 0, & x \leqslant a, \\ \dfrac{x-a}{b-a}, & a < x < b, \\ 1, & x \geqslant b. \end{cases}$$

(2) 指数分布

设连续型随机变量 X 具有概率密度

$$f(x) = \begin{cases} \dfrac{1}{\theta}\mathrm{e}^{-\frac{x}{\theta}}, & x > 0, \\ 0, & 其他, \end{cases}$$

其中,$\theta > 0$ 为常数,则称 X 服从参数为 θ 的指数分布. 记作:$X \sim E(\theta)$.

若 $X \sim E$,则 X 的分布函数为

$$F(x) = \begin{cases} 1 - \mathrm{e}^{-\frac{x}{\theta}}, & x \geqslant 0, \\ 0, & x < 0. \end{cases}$$

指数分布常用于可靠性统计研究,如元件的寿命.

(3) 正态分布

设连续型随机变量 X 具有概率密度

$$f(x) = \frac{1}{\sigma\sqrt{2\pi}}\mathrm{e}^{-\frac{(x-\mu)^2}{2\sigma^2}}, \quad -\infty < x < +\infty,$$

其中,μ 和 $\sigma(\sigma > 0)$ 为常数,称 X 服从参数为 μ,σ^2 的正态分布. 记作:$X \sim N(\mu,\sigma^2)$.

正态分布的分布函数为

$$F(x) = \frac{1}{\sigma\sqrt{2\pi}}\int_{-\infty}^{x}\mathrm{e}^{-\frac{(t-\mu)^2}{2\sigma^2}}\mathrm{d}t, \quad -\infty < x < +\infty,$$

这是一个超越定积分,无法用牛顿-莱布尼茨公式计算.

(4) 标准正态分布

通常称 $\mu = 0,\sigma = 1$ 的正态分布称为标准正态分布,其概率密度和分布函数分别用 $\varphi(x),\Phi(x)$ 表示,即有

$$\varphi(x) = \frac{1}{\sqrt{2\pi}}\mathrm{e}^{-\frac{x^2}{2}}, \quad -\infty < x < +\infty,$$

$$\Phi(x) = \frac{1}{\sqrt{2\pi}}\int_{-\infty}^{x}\mathrm{e}^{-\frac{t^2}{2}}\mathrm{d}t, \quad -\infty < x < +\infty.$$

主教材书末附有标准正态分布函数值表,有了它,可以解决标准正态分布的概率计算.

性质:$\Phi(-x) = 1 - \Phi(x),\Phi(0) = \dfrac{1}{2}$.

两种正态分布之间的联系:设 $X \sim N(\mu,\sigma^2)$,则 $Y = \dfrac{X-\mu}{\sigma} \sim N(0,1)$.

若 $X \sim N(\mu,\sigma^2)$,则 $P\{x_1 < X < x_2\} = \Phi\left(\dfrac{x_2-\mu}{\sigma}\right) - \Phi\left(\dfrac{x_1-\mu}{\sigma}\right)$.

4. 标准正态分布的上 α 分位点

定义:设随机变量 $X \sim N(0,1)$,若 z_α 满足条件

$$P\{X > z_\alpha\} = \alpha, \quad 0 < \alpha < 1,$$

则称点 z_α 为标准正态分布的上 α 分位点.

计算:利用 $\Phi(z_\alpha) = P\{X \leqslant z_\alpha\} = 1 - \alpha$,查标准正态分布函数值表,求 z_α.

四、随机变量函数的分布

1. 离散型随机变量函数的分布

已知离散型随机变量 X 的分布律，求 $Y=g(X)$ 的分布律.

设离散型随机变量 X 的分布律为

X	x_1	x_2	$\cdots$	x_k	$\cdots$
p_k	p_1	p_2	$\cdots$	p_k	$\cdots$

则 Y 的分布律为

Y	$g(x_1)$	$g(x_2)$	$\cdots$	$g(x_k)$	$\cdots$
p_k	p_1	p_2	$\cdots$	p_k	$\cdots$

如果 $g(x_1),g(x_2),\cdots$ 中有相等的，则把相同的取值合并为一个，其概率为相应的概率之和.

2. 连续型随机变量函数的分布

已知连续型随机变量 X 的概率密度 $f_X(x)$，求 $Y=g(X)$ 的概率密度 $f_Y(y)$.

（1）过渡法

为求 Y 的概率密度，先求 Y 的分布函数：
$$F_Y(y)=P\{Y\leqslant y\}=P\{g(X)\leqslant y\}.$$
从 $\{g(X)\leqslant Y\}$ 中解出 X，从而得到 X 的不等式.这样做是为了用 X 的分布函数表示 Y 的分布函数；然后对等式两边同时求导，利用分布函数的导数是概率密度这一性质，从而得到 Y 的概率密度.

（2）公式法

设 X 是一个取值于区间 $[a,b]$、具有概率密度 $f_X(x)$ 的连续型随机变量，又设 $y=g(x)$ 处处可导，且对于任意 $x\in[a,b]$，恒有 $g'(x)>0$ 或恒有 $g'(x)<0$，则 $Y=g(X)$ 是一个连续型随机变量，它的概率密度为
$$f_Y(y)=\begin{cases} f_X[h(y)]\cdot|h'(y)|, & a\leqslant h(y)\leqslant b,\\ 0, & \text{其他}, \end{cases}$$
其中，$x=h(y)$ 是 $y=g(x)$ 的反函数.

典 型 例 题

一、求随机变量的分布律、分布函数、概率密度中的未知参数

1. 求分布律中的未知参数（常用性质 $\sum\limits_k p_k=1$ 计算）

例 2-1 已知随机变量 X 的分布律为

X	0	1	2	3
p_k	$2a$	0.1	0.3	a

求未知常数 a 的值.

解：由 $\sum\limits_{k=1}^{5} p_k = 1$，即

$$2a + 0.1 + 0.3 + a = 1,$$

可得 $a = 0.2$.

2. 求分布函数中的未知参数(常用性质 $F(-\infty) = 0$,$F(+\infty) = 1$ 计算)

例 2-2　设随机变量 X 的分布函数为

$$F(x) = A + B\arctan\frac{x}{2}, \quad -\infty < x < +\infty,$$

求未知常数 A 和 B.

解　由 $F(-\infty) = 0$, $F(+\infty) = 1$,即

$$\lim_{x \to -\infty}\left(A + B\arctan\frac{x}{2}\right) = A - \frac{\pi}{2}B = 0,$$

$$\lim_{x \to +\infty}\left(A + B\arctan\frac{x}{2}\right) = A + \frac{\pi}{2}B = 1,$$

解出 $A = \dfrac{1}{2}$,$B = \dfrac{1}{\pi}$.

3. 求概率密度中的未知参数$\left(\text{常用性质} \displaystyle\int_{-\infty}^{+\infty} f(x)\mathrm{d}x = 1 \text{ 计算}\right)$

例 2-3　设随机变量 X 的概率密度为

$$f(x) = \begin{cases} ax^2 + \dfrac{x}{3}, & 1 \leqslant x \leqslant 2, \\ 0, & \text{其他}, \end{cases}$$

求未知常数 a 的值.

解　由 $\displaystyle\int_{-\infty}^{+\infty} f(x)\mathrm{d}x = 1$ 可得

$$\int_1^2 \left(ax^2 + \frac{x}{3}\right)\mathrm{d}x = 1, \quad \text{即} \quad \frac{7}{3}a + \frac{1}{2} = 1.$$

故

$$a = \frac{3}{14}.$$

二、求分布律

首先确定随机变量 X 的所有可能取值,然后再求出 X 取每一个值的概率.

例 2-4　盒中有 10 只产品,其中有 2 只次品,8 只正品,先从盒中任取 3 只产品,求取出的产品中所含次品数 X 的分布律.

解　由题意知 X 的可能取值为 $0,1,2$. 由古典概型的计算公式易知

$$P\{X = k\} = \frac{C_2^k C_8^{3-k}}{C_{10}^3}, \quad k = 0,1,2,$$

即 X 的分布律为

X	0	1	2
p_k	$\dfrac{7}{15}$	$\dfrac{7}{15}$	$\dfrac{1}{15}$

例 2-5　某射手每次射击击中目标的概率为 0.8,他连续射击,直至第一次击中目标为止,求他射击次数 X 的分布律.

解　设 $A_i = \{第\ i\ 次射击时,击中目标\}$,则
$$P\{X=k\} = P(\overline{A}_1 \overline{A}_2 \cdots \overline{A}_{k-1} A_k) = P(\overline{A}_1) P(\overline{A}_2) \cdots P(\overline{A}_{k-1}) P(A_k)$$
$$= (1-0.8)^{k-1} \times 0.8,$$
故 X 的分布律为
$$P\{X=k\} = (1-0.8)^{k-1} \times 0.8, \quad k=1,2,\cdots.$$

例 2-6　设某机器加工一种零件的次品率为 0.2,检验员每天检验 4 次,每次随机取 3 件产品进行检验,如果发现次品就要调整机器,求一天中调整机器次数的分布律.

解　取 3 件产品进行检验可以看作 3 重伯努利试验.

设 3 件产品中的次品数为 X,则
$$X \sim B(3,0.2),$$
故
$$P\{X \geqslant 1\} = 1 - P\{X=0\} = 1 - 0.8^3 = 0.488,$$
即检验员每次检验时调整机器的概率为 0.488.

检验员每天检验 4 次机器可以看作 4 重伯努利试验.

设一天中调整机器的次数为 Y,则
$$Y \sim B(4,0.488),$$
故 Y 的分布律为
$$P\{Y=k\} = C_4^k \, 0.488^k \, 0.512^{4-k}, \quad k=0,1,2,3,4.$$

例 2-7　设随机变量 X 的分布函数为
$$F(x) = \begin{cases} 0, & x < -1, \\ 0.2, & -1 \leqslant x < 1, \\ 0.8, & 1 \leqslant x < 2, \\ 1, & x \geqslant 2, \end{cases}$$
求 X 的分布律.

解　根据离散型随机变量分布函数的跳跃点即 X 的所有可能取值点,在每一个跳跃点的跳跃值即随机变量在该点取值的概率. 故 X 的可能取值为 $-1, 1, 2$.
$$P\{X=-1\} = 0.2 - 0 = 0.2,$$
$$P\{X=1\} = 0.8 - 0.2 = 0.6,$$
$$P\{X=2\} = 1 - 0.8 = 0.2,$$
故 X 的分布律为

X	-1	1	2
p_k	0.2	0.6	0.2

三、求分布函数

1. 已知分布律求分布函数(利用公式 $F(x) = \sum\limits_{x_k \leqslant x} p_k$ 计算)

例 2-8 设随机变量 X 的分布律为

X	0	1	2
p_k	$\dfrac{1}{3}$	$\dfrac{1}{6}$	$\dfrac{1}{2}$

求:(1) X 的分布函数;

(2) $P\{X \leqslant 1\}, P\left\{\dfrac{1}{2} < X \leqslant \dfrac{3}{2}\right\}, P\{1 \leqslant X \leqslant 2\}, P\{X \geqslant 1\}$.

解 根据分布函数的定义 $F(x) = P\{X \leqslant x\}$.

当 $x < 0$ 时,$\{X \leqslant x\} = \varnothing$,故 $F(x) = 0$;

当 $0 \leqslant x < 1$ 时,$F(x) = P\{X = 0\} = \dfrac{1}{3}$;

当 $1 \leqslant x < 2$ 时,$F(x) = P\{X = 0\} + P\{X = 1\} = \dfrac{1}{3} + \dfrac{1}{6} = \dfrac{1}{2}$;

当 $x \geqslant 2$ 时,$F(x) = P\{X = 0\} + P\{X = 1\} + P\{X = 2\} = \dfrac{1}{3} + \dfrac{1}{6} + \dfrac{1}{2} = 1$.

故 X 的分布函数为

$$F(x) = \begin{cases} 0, & x < 0, \\ \dfrac{1}{3}, & 0 \leqslant x < 1, \\ \dfrac{1}{2}, & 1 \leqslant x < 2, \\ 1, & x \geqslant 2. \end{cases}$$

利用分布函数可以计算

$$P\{X \leqslant 1\} = F(1) = \dfrac{1}{2},$$

$$P\left\{\dfrac{1}{2} < X \leqslant \dfrac{3}{2}\right\} = F\left(\dfrac{3}{2}\right) - F\left(\dfrac{1}{2}\right) = \dfrac{1}{2} - \dfrac{1}{3} = \dfrac{1}{6},$$

$$P\{1 \leqslant X \leqslant 2\} = F(2) - F(1) + P\{X = 1\} = 1 - \dfrac{1}{2} + \dfrac{1}{6} = \dfrac{2}{3},$$

$$P\{X \geqslant 1\} = 1 - F(1) + P\{X = 1\} = 1 - \dfrac{1}{2} + \dfrac{1}{6} = \dfrac{2}{3}.$$

2. 已知概率密度求分布函数 (利用公式 $F(x) = \displaystyle\int_{-\infty}^{x} f(t)\mathrm{d}t$ 计算)

例 2-9 设随机变量 X 的概率密度为

$$f(x) = \begin{cases} \dfrac{2}{\pi} \cdot \dfrac{1}{1 + x^2}, & 0 \leqslant x \leqslant 1, \\ 0, & \text{其他}, \end{cases}$$

求 X 的分布函数 $F(x)$.

解 由 $F(x) = \int_{-\infty}^{x} f(t)\mathrm{d}t$ 可知

当 $x < 0$ 时，$F(x) = \int_{-\infty}^{x} 0\mathrm{d}t = 0$；

当 $0 \leqslant x \leqslant 1$ 时，$F(x) = \int_{0}^{x} \dfrac{2}{\pi} \cdot \dfrac{1}{1+t^2}\mathrm{d}t = \dfrac{2}{\pi}\arctan x$；

当 $x \geqslant 1$ 时，$F(x) = \int_{0}^{1} \dfrac{2}{\pi} \cdot \dfrac{1}{1+t^2}\mathrm{d}t = 1$.

故 X 的分布函数为

$$F(x) = \begin{cases} 0, & x < 0, \\ \dfrac{2}{\pi}\arctan x, & 0 \leqslant x \leqslant 1, \\ 1, & x > 1. \end{cases}$$

注：也可以利用概率密度的原函数是分布函数，对 $f(x)$ 逐段求原函数，再利用分布函数的连续性，确定原函数中的任意常数，最终求出 $F(x)$.

例 2-10 设随机变量 X 的概率密度为

$$f(x) = \begin{cases} \dfrac{1}{2}, & 0 < x < \dfrac{1}{2}, \\ 2x, & \dfrac{1}{2} \leqslant x \leqslant 1, \\ 0, & \text{其他}, \end{cases}$$

求 X 的分布函数 $F(x)$.

解 对 $f(x)$ 逐段求原函数得

$$F(x) = \begin{cases} C_1, & x \leqslant 0, \\ \dfrac{1}{2}x + C_2, & 0 < x < \dfrac{1}{2}, \\ x^2 + C_3, & \dfrac{1}{2} \leqslant x \leqslant 1, \\ C_4, & x > 1. \end{cases}$$

由 $F(-\infty) = 0, F(+\infty) = 1$ 可得 $C_1 = 0, C_4 = 1$.

由 $F(x)$ 是连续函数，故 $C_1 = C_2 = 0, 1 + C_3 = C_4$，即 $C_2 = 0, C_3 = 0$.

故分布函数为

$$F(x) = \begin{cases} 0, & x \leqslant 0, \\ \dfrac{1}{2}x, & 0 < x < \dfrac{1}{2}, \\ x^2, & \dfrac{1}{2} \leqslant x \leqslant 1, \\ 1, & x > 1. \end{cases}$$

四、求概率密度

已知分布函数 $F(x)$,利用 $F'(x)=f(x)$求概率密度.

例 2-11　设随机变量 X 的分布函数为

$$
F(x)=\begin{cases}
0, & x\leqslant 0, \\
3x^2, & 0<x<\dfrac{1}{2}, \\
\dfrac{3}{2}x, & \dfrac{1}{2}\leqslant x\leqslant\dfrac{2}{3}, \\
1, & x>\dfrac{2}{3}.
\end{cases}
$$

求 X 的概率密度.

解　由 $F'(x)=f(x)$可得

$$
f(x)=\begin{cases}
0, & x\leqslant 0, \\
6x, & 0<x<\dfrac{1}{2}, \\
\dfrac{3}{2}, & \dfrac{1}{2}\leqslant x\leqslant\dfrac{2}{3}, \\
0, & x>\dfrac{2}{3},
\end{cases}
$$

即 X 的概率密度为

$$
f(x)=\begin{cases}
6x, & 0<x<\dfrac{1}{2}, \\
\dfrac{3}{2}, & \dfrac{1}{2}\leqslant x<\dfrac{2}{3}, \\
0, & \text{其他}.
\end{cases}
$$

五、求随机变量函数的分布

1. 离散型随机变量函数的分布律

由 X 的所有可能取值得到 $Y=g(X)$ 的所有可能取值,相应地 Y 取 $g(x_k)$ 的概率等于 X 取 x_k 的概率.

例 2-12　设离散型随机变量 X 的分布律为

X	-1	0	1	2
p_k	0.2	0.3	0.1	0.4

试求：(1) 求 $Y=X-1$ 的分布律；

(2) $Y=X^2$ 的分布律.

解　(1) 当 X 取值 $-1,0,1,2$ 时,Y 取对应值 $-2,-1,0,1$.

$$P\{Y=-2\}=P\{X=-1\}=0.2,$$
$$P\{Y=-1\}=P\{X=0\}=0.3,$$

$$P\{Y=0\}=P\{X=1\}=0.1,$$
$$P\{Y=1\}=P\{X=2\}=0.4,$$

由此可知 Y 的分布律为

Y	-2	-1	0	1
p_k	0.2	0.3	0.1	0.4

（2）当 X 取值 $-1,0,1,2$ 时，Y 取对应值 $1,0,1,4$.

$$P\{Y=0\}=P\{X=0\}=0.3,$$
$$P\{Y=1\}=P\{X=-1\}+P\{X=1\}=0.3,$$
$$P\{Y=4\}=P\{X=2\}=0.4.$$

Y	0	1	4
p_k	0.3	0.3	0.4

2. 连续型随机变量的概率密度

（1）过渡法

为求 Y 的概率密度，先求 Y 的分布函数，即

$$F_Y(y)=P\{Y\leqslant y\}=P\{g(X)\leqslant y\}.$$

从 $\{g(X)\leqslant Y\}$ 中解出 X，从而得到 X 的不等式. 这样做是为了用 X 的分布函数表示 Y 的分布函数；然后对等式两边同时求导，利用分布函数的导数是概率密度这一性质，从而得到 Y 的概率密度.

例 2-13 设随机变量 X 在 $(0,1)$ 上服从均匀分布，求 $Y=-2\ln X$ 的概率密度.

解 由于随机变量 X 在 $(0,1)$ 上服从均匀分布，故 X 的概率密度为

$$f_X(x)=\begin{cases}1, & 0<x<1, \\ 0, & \text{其他}.\end{cases}$$

$$F_Y(y)=P\{Y\leqslant y\}=P\{-2\ln X\leqslant y\}=P\{X\geqslant e^{-\frac{y}{2}}\}=1-F_X(e^{-\frac{y}{2}}).$$

上式两边同时对 y 求导，有

$$f_Y(y)=f_X(e^{-\frac{y}{2}})\times\frac{1}{2}e^{-\frac{y}{2}},$$

即 Y 的概率密度为

$$f_Y(y)=\begin{cases}\dfrac{1}{2}e^{-\frac{y}{2}}, & y>0, \\[2mm] 0, & y\leqslant 0.\end{cases}$$

显然 Y 服从参数为 2 的指数分布.

例 2-14 设随机变量 $X\sim N(0,1)$，求 $Y=|X|$ 的概率密度.

解 由于随机变量 $X\sim N(0,1)$，故 X 的概率密度为

$$f_X(x)=\frac{1}{\sqrt{2\pi}}e^{-\frac{x^2}{2}},$$

$$F_Y(y)=P\{Y\leqslant y\}=P\{|X|\leqslant y\}.$$

当 $y<0$ 时，$F_Y(y)=0$；

当 $y \geqslant 0$ 时，$F_Y(y)=P\{-y \leqslant X \leqslant y\}=F_X(y)-F_X(-y)$.

上式两边同时对 y 求导，有

$$f_Y(y) = f_X(y) + f_X(-y) = \sqrt{\frac{2}{\pi}} e^{-\frac{y^2}{2}},$$

即 Y 的概率密度为

$$f_Y(y) = \begin{cases} \sqrt{\dfrac{2}{\pi}} e^{-\frac{y^2}{2}}, & y \geqslant 0, \\ 0, & y < 0. \end{cases}$$

(2) 公式法

设 X 是一个取值于区间 $[a,b]$ 且具有概率密度 $f_X(x)$ 的连续型随机变量，又设 $y=g(x)$ 处处可导，且对于任意 $x \in [a,b]$，恒有 $g'(x)>0$ 或恒有 $g'(x)<0$，则 $Y=g(X)$ 是一个连续型随机变量，它的概率密度为

$$f_Y(y) = \begin{cases} f_X[h(y)] \cdot |h'(y)|, & a \leqslant h(y) \leqslant b, \\ 0, & 其他, \end{cases}$$

其中 $x=h(y)$ 是 $y=g(x)$ 的反函数.

例 2-15　设随机变量 X 在 $(0,1)$ 上服从均匀分布，求 $Y=-2\ln X$ 的概率密度.

解　由于随机变量 X 在 $(0,1)$ 上服从均匀分布，故 X 的概率密度为

$$f_X(x) = \begin{cases} 1, & 0<x<1, \\ 0, & 其他. \end{cases}$$

在区间 $(0,1)$ 上，对于函数 $y=-2\ln x$，有

$$y' = -\frac{2}{x} < 0,$$

于是 y 在区间 $(0,1)$ 上单调下降，有反函数

$$x = h(y) = e^{-\frac{y}{2}}.$$

由定理得

$$f_Y(y) = \begin{cases} f_X(e^{-\frac{y}{2}}) |(e^{-\frac{y}{2}})'|, & 0<e^{-\frac{y}{2}}<1, \\ 0, & 其他, \end{cases}$$

即 Y 的概率密度为

$$f_Y(y) = \begin{cases} \dfrac{1}{2} e^{-\frac{y}{2}}, & y>0, \\ 0, & y \leqslant 0. \end{cases}$$

显然 Y 服从参数为 2 的指数分布.

例 2-16　已知随机变量 $X \sim N(\mu, \sigma^2)$，求 $Y=\dfrac{X-\mu}{\sigma}$ 的概率密度.

解　由随机变量 $X \sim N(\mu, \sigma^2)$，故 X 的概率密度为

$$f_X(x) = \frac{1}{\sigma\sqrt{2\pi}} e^{-\frac{(x-\mu)^2}{2\sigma^2}}, \quad -\infty < x < +\infty.$$

又对于函数 $y=\dfrac{x-\mu}{\sigma}$，有

$$y' = \frac{1}{\sigma} > 0,$$

于是 y 单调递增,有反函数

$$x = h(y) = \sigma y + \mu.$$

由定理得

$$f_Y(y) = f_X(\sigma y + \mu) \left| (\sigma y + \mu)' \right|,$$

即 Y 的概率密度为

$$f_Y(y) = \frac{1}{\sqrt{2\pi}} e^{-\frac{y^2}{2}}.$$

显然 $Y \sim N(0,1)$.

六、已知概率密度,求相关概率

利用常见的分布及概率密度的性质进行计算.

例 2-17 设随机变量 X 服从 $\mu = 2$ 的正态分布,且 $P\{2 < X < 4\} = 0.1$,则 $P\{X < 0\} = $ _____.

解 由随机变量 $X \sim N(2, \sigma^2)$,故概率密度曲线关于 $x = 2$ 对称.

又由 $P\{2 < X < 4\} = 0.1$,因此

$$P\{0 < X < 2\} = 0.1.$$

显然

$$P\{X < 2\} = 0.5,$$

故

$$P\{X < 0\} = P\{X < 2\} - P\{0 < X < 2\} = 0.5 - 0.1 = 0.4.$$

例 2-18 设随机变量 X 在 $(1,3)$ 上服从均匀分布,现对 X 进行 3 次独立重复观察,求至少有两次观察值大于 2 的概率.

解 设 $A = $ "对 X 进行 1 次独立观察,观察值大于 2".

由于随机变量 X 在 $(1,3)$ 上服从均匀分布,故 X 的概率密度为

$$f(x) = \begin{cases} \dfrac{1}{2}, & 1 < x < 3, \\ 0, & \text{其他}. \end{cases}$$

$$P(A) = P\{X > 2\} = \int_2^3 \frac{1}{2} dx = \frac{1}{2}.$$

设 Y 为 3 次独立重复观察中事件 A 发生的次数,则

$$Y \sim B\left(3, \frac{1}{2}\right),$$

故

$$P\{Y \geqslant 2\} = P\{Y = 2\} + P\{Y = 3\} = C_3^2 \frac{1}{2^3} + C_3^3 \frac{1}{2^3} = \frac{1}{2}.$$

例 2-19 已知随机变量 X 在 $(-a, a)$ 上服从均匀分布,且 $P\{X > 1\} = \frac{1}{3}$,求 $P\{-1 < X < 2\}$.

解　假设 $a<1$,则有

$$P\{X>1\} = \int_1^{+\infty} 0\mathrm{d}x = 0,$$

与已知条件 $P\{X>1\}=\dfrac{1}{3}$ 矛盾,故 $a>1$.

由随机变量 X 在 $(-a,a)$ 上服从均匀分布,故 X 的概率密度为

$$f(x) = \begin{cases} \dfrac{1}{2a}, & -a<x<a, \\ 0, & 其他, \end{cases}$$

故

$$P\{X>1\} = \int_1^a \frac{1}{2a}\mathrm{d}x = \frac{a-1}{2a} = \frac{1}{3},$$

解出

$$a = 3.$$

因此

$$P\{-1<X<2\} = \int_{-1}^2 \frac{1}{6}\mathrm{d}x = \frac{1}{2}.$$

例 2-20　已知随机变量 X 的概率密度为

$$f(x) = \begin{cases} \dfrac{1}{3}, & 0<x<1, \\[2mm] \dfrac{2}{9}, & 3<x<6, \\[2mm] 0, & 其他. \end{cases}$$

若使得 $P\{X>k\}=\dfrac{2}{3}$,求 k 的取值范围.

解　由已知 $P\{X>k\}=\dfrac{2}{3}$,故

$$P\{X\leqslant k\} = F(k) = \frac{1}{3}.$$

用逐段积分法求 X 的分布函数得

$$F(x) = \begin{cases} 0, & x<0, \\[2mm] \dfrac{x}{3}, & 0\leqslant x\leqslant 1, \\[2mm] \dfrac{1}{3}, & 1<x<3, \\[2mm] \dfrac{1}{3}+\dfrac{2}{9}(x-3), & 3\leqslant x\leqslant 6, \\[2mm] 1, & x>6. \end{cases}$$

由于 X 是连续型随机变量,故 $F(x)$ 是连续函数,由 $F(x)$ 的表达式可知,当 $k\in$ $[1,3]$ 时, $F(x)=\dfrac{1}{3}$.

习 题 详 解

习题 2-1

无.

习题 2-2

1. 袋里有 3 个红球, 2 个白球, 从中任取 3 个球, 设 X 表示取到的白球数, 求 X 的分布律.

解 X 的可能取值为 $0,1,2$. 由古典概型的计算公式易知

$$P\{X=0\}=\frac{C_3^3}{C_5^3}=\frac{1}{10},$$

$$P\{X=1\}=\frac{C_2^1 C_3^2}{C_5^3}=\frac{6}{10},$$

$$P\{X=2\}=\frac{C_2^2 C_3^1}{C_5^3}=\frac{3}{10},$$

即为 X 的分布律. 或写成表格形式:

X	0	1	2
p_k	$\dfrac{1}{10}$	$\dfrac{6}{10}$	$\dfrac{3}{10}$

2. 已知随机变量 X 的分布律为

X	1	2	3
p_k	0.2	k	$3k$

求常数 k.

解 利用分布律的性质 $\sum\limits_k p_k=1$, 可得

$$0.2+k+3k=1,$$

解出 $k=0.2$.

3. 直线上一质点从原点开始作随机游走, 每单位时间可以向左或向右一步, 向左的概率为 p, 向右的概率为 $q=1-p$, 每步保持定长 l, 求三步以后质点位置坐标 X 的分布律.

解 X 的最大取值是 $3l$, 最小取值是 $-3l$.

$P\{X=-3l\}=p^3,$

$P\{X=3l\}=q^3,$

$P\{X=-2l\}=P\{X=2l\}=P\{X=0\}=0,$

$P\{X=-l\}=C_3^2 p^2 q=3p^2 q,$

$P\{X=l\}=C_3^1 pq^2=3pq^2.$

则 X 的分布律为

X	$-3l$	$-l$	l	$3l$
p_k	p^3	$3p^2q$	$3pq^2$	q^3

4. 某人抛硬币 3 次,求国徽向上次数 X 的分布律,并求国徽向上次数不小于 1 的概率.

解　由已知条件可得 $X \sim B\left(3,\dfrac{1}{2}\right)$,故 X 的分布律为

$$P\{X=k\} = C_3^k \frac{1}{2^3}, \quad k = 0,1,2,3.$$

$$P\{X \geqslant 1\} = 1 - P\{X=0\} = 1 - C_3^0 \frac{1}{2^3} = \frac{7}{8}.$$

5. 从一副不含大小王的扑克牌(52 张)中抽出 2 张,求所抽的 2 张中黑桃张数 X 的分布律.

解　X 的可能取值为 $0,1,2$. 由古典概型的计算公式易知

$$P\{X=0\} = \frac{C_{39}^2}{C_{52}^2} = \frac{19}{34},$$

$$P\{X=1\} = \frac{C_{13}^1 C_{39}^1}{C_{52}^2} = \frac{13}{34},$$

$$P\{X=2\} = \frac{C_{13}^2}{C_{52}^2} = \frac{1}{17}$$

即为 X 的分布律. 或写成表格形式:

X	0	1	2
p_k	$\dfrac{19}{34}$	$\dfrac{13}{34}$	$\dfrac{1}{17}$

6. 有一繁忙的汽车站,每天有大量的汽车通过,设每辆汽车在一天的某段时间内出事故的概率为 0.01,已知在某天的该段时间有 3 辆汽车通过,则出事故的次数不小于 1 的概率是多少?

解　该段时间 3 辆汽车是否出事故可以看作 3 重伯努利试验.

设 3 辆汽车出事故的次数为 X,令 $A = \{1$ 辆汽车出事故$\}$,则

$$P(A) = 0.01, X \sim B(3,0.01),$$

$$P\{X \geqslant 1\} = 1 - P\{X=0\} = 1 - C_3^0 0.99^3 = 0.029701.$$

7. 将一颗骰子抛 4 次,求至少有 2 次点数不超过 3 的概率.

解　设 $A = $"抛 1 次骰子点数不超过 3",则

$$P(A) = \frac{1}{2}.$$

设 X 为将一颗骰子抛 4 次点数不超过 3 的次数,则

$$X \sim B\left(4,\frac{1}{2}\right),$$

$$P\{X \geqslant 2\} = 1 - P\{X=0\} + P\{X=1\} = 1 - C_4^0 \frac{1}{2^4} - C_4^1 \frac{1}{2^4} = \frac{11}{16}.$$

8. 某人向目标独立射击 3 次,每次击中目标的概率为 0.6,求至少击中目标一次的概率.

解　设独立射击 3 次击中目标的次数为 X,则

$$X \sim B(3,0.6),$$
$$P\{X \geqslant 1\} = 1 - P\{X = 0\} = 1 - (1 - 0.6)^3 = 0.936.$$

9. 设随机变量 X 服从参数为 $(2,p)$ 的二项分布,随机变量 Y 服从参数为 $(3,p)$ 的二项分布,若 $P\{X > 1\} = \dfrac{5}{9}$,求 $P\{Y \geqslant 1\}$.

解　因为 $X \sim B(2,p)$,有

$$P\{X > 1\} = 1 - P\{X = 0\} = 1 - C_2^0 \cdot p^0 \cdot (1-p)^2 = 1 - (1-p)^2 = \frac{5}{9}.$$

则 $(1-p)^2 = \dfrac{4}{9}$,$1-p = \dfrac{2}{3}$,即 $p = \dfrac{1}{3}$,得 $Y \sim B\left(3, \dfrac{1}{3}\right)$,故

$$P\{Y \geqslant 1\} = 1 - P\{Y = 0\} = 1 - C_3^0 \cdot \left(\frac{1}{3}\right)^0 \cdot \left(\frac{2}{3}\right)^3 = 1 - \left(\frac{2}{3}\right)^3 = \frac{19}{27}.$$

10. 统计资料表明某路口每月交通事故发生次数服从参数为 5 的泊松分布,求该路口一个月至少发生两起交通事故的概率.

解　设该路口每月交通事故发生次数为 X,则 $X \sim \pi(5)$,因此所求概率为

$$P\{X \geqslant 2\} = 1 - P\{X = 0\} - P\{X = 1\} = \sum_{k=2}^{\infty} \frac{5^k}{k!} \cdot e^{-5} = 0.959572.$$

11. 一电话交换台每分钟收到的呼唤次数 X 服从参数为 4 的泊松分布,求:

(1) 每分钟恰有 2 次呼唤的概率;

(2) 每分钟的呼唤次数大于 1 的概率.

解　由已知 $X \sim \pi(4)$,故所求概率为

(1) $P\{X = 2\} = \dfrac{4^2}{2!} \cdot e^{-4} = 0.908422 - 0.761897 = 0.146525$;

(2) $P\{X > 1\} = 1 - P\{X = 0\} = 1 - \dfrac{4^0}{0!} \cdot e^{-4} = 0.981684$.

12. 设随机变量 $X \sim \pi(\lambda)$,且 $P\{X = 2\} = P\{X = 3\}$,求 $P\{X = 5\}$.

解　根据泊松分布的分布律

$$P\{X = k\} = \frac{\lambda^k e^{-\lambda}}{k!}, \quad k = 0,1,2,\cdots,$$

由于

$$P\{X = 2\} = P\{X = 3\},$$

即

$$\frac{\lambda^2}{2!} e^{-\lambda} = \frac{\lambda^3}{3!} e^{-\lambda},$$

解出

$$\lambda = 3, \quad \lambda = 0(\text{不满足题意舍去}).$$

所以

$$P\{X = 5\} = \frac{3^5}{5!} e^{-3} = 0.184737 - 0.083918 = 0.100819.$$

习题 2-3

1. 设随机变量 X 的分布函数为 $F(x) = A - B\arctan \dfrac{x}{3}$,$-\infty < x < +\infty$,求常数 A,B.

解 由 $F(-\infty)=0$, $F(+\infty)=1$, 即

$$\lim_{x\to-\infty}\left(A-B\arctan\frac{x}{3}\right)=A+\frac{\pi}{2}B=0,$$

$$\lim_{x\to+\infty}\left(A-B\arctan\frac{x}{3}\right)=A-\frac{\pi}{2}B=1,$$

解出 $A=\dfrac{1}{2}$, $B=-\dfrac{1}{\pi}$.

2. 设连续型随机变量 X 的分布函数为

$$F(x)=\begin{cases}0, & x\leqslant 0,\\ Ax^2, & 0<x<1,\\ 1, & x\geqslant 1.\end{cases}$$

求常数 A, 并求 $P\{0.2<X\leqslant 0.8\}$.

解 根据连续型随机变量的分布函数为连续函数, 故

$$\lim_{x\to 1}Ax^2=1,$$

即 $A=1$.

$$P\{0.2<X\leqslant 0.8\}=F(0.8)-F(0.2)=0.8^2-0.2^2=0.6.$$

3. 设随机变量 X 的分布律为

X	-2	-1	1	2
p_k	$\dfrac{1}{8}$	$\dfrac{1}{2}$	$\dfrac{1}{8}$	$\dfrac{1}{4}$

求 X 的分布函数, 并求 $P\{X\leqslant 0\}$, $P\{-2<X\leqslant 0\}$, $P\{0\leqslant X\leqslant 1\}$, $P\{X\geqslant -1\}$.

解 根据分布函数的定义 $F(x)=P\{X\leqslant x\}$.

当 $x<-2$ 时, $\{X\leqslant x\}=\varnothing$, 故 $F(x)=0$;

当 $-2\leqslant x<-1$ 时, $F(x)=P\{X=-2\}=\dfrac{1}{8}$;

当 $-1\leqslant x<1$ 时, $F(x)=P\{X=-2\}+P\{X=-1\}=\dfrac{1}{8}+\dfrac{1}{2}=\dfrac{5}{8}$;

当 $1\leqslant x<2$ 时, $F(x)=P\{X=-2\}+P\{X=-1\}+P\{X=1\}=\dfrac{1}{8}+\dfrac{1}{2}+\dfrac{1}{8}=\dfrac{3}{4}$;

当 $x\geqslant 2$ 时, $F(x)=P\{X=-2\}+P\{X=-1\}+P\{X=1\}+P\{X=2\}=\dfrac{1}{8}+\dfrac{1}{2}+\dfrac{1}{8}+$

$\dfrac{1}{4}=1$.

故 X 的分布函数为

$$F(x)=\begin{cases}0, & x<-2,\\[2mm] \dfrac{1}{8}, & -2\leqslant x<-1,\\[2mm] \dfrac{5}{8}, & -1\leqslant x<1,\\[2mm] \dfrac{3}{4}, & 1\leqslant x<2,\\[2mm] 1, & x\geqslant 2.\end{cases}$$

利用分布函数可以计算

$$P\{X \leqslant 0\} = F(0) = \frac{5}{8},$$

$$P\{-2 < X \leqslant 0\} = F(0) - F(-2) = \frac{5}{8} - \frac{1}{8} = \frac{1}{2},$$

$$P\{0 \leqslant X \leqslant 1\} = F(1) - F(0) + P\{X = 0\} = \frac{3}{4} - \frac{5}{8} + 0 = \frac{1}{8},$$

$$P\{X \geqslant -1\} = 1 - P\{X \leqslant -1\} + P\{X = -1\} = 1 - F(-1) + P\{X = -1\}$$

$$= 1 - \frac{5}{8} + \frac{1}{2} = \frac{7}{8}.$$

4. 设随机变量 X 的分布函数为

$$F(x) = \begin{cases} 0, & x < 0, \\ \dfrac{1}{2}, & 0 \leqslant x < 1, \\ \dfrac{2}{3}, & 1 \leqslant x < 2, \\ \dfrac{11}{12}, & 2 \leqslant x < 3, \\ 1, & x \geqslant 3. \end{cases}$$

求 X 的分布律,并求 $P\{X<3\}$,$P\left\{X>\dfrac{1}{2}\right\}$,$P\{1\leqslant X<3\}$.

解 根据分布函数的跳跃点即 X 的所有可能取值点,在每一个跳跃点的跳跃值即随机变量在该点取值的概率. 因此

$$P\{X = 0\} = F(0) - F(0 - 0) = \frac{1}{2} - 0 = \frac{1}{2},$$

$$P\{X = 1\} = F(1) - F(1 - 0) = \frac{2}{3} - \frac{1}{2} = \frac{1}{6},$$

$$P\{X = 2\} = F(2) - F(2 - 0) = \frac{11}{12} - \frac{2}{3} = \frac{1}{4},$$

$$P\{X = 3\} = F(3) - F(3 - 0) = 1 - \frac{11}{12} = \frac{1}{12}.$$

故 X 的分布律为

X	0	1	2	3
p_k	$\dfrac{1}{2}$	$\dfrac{1}{6}$	$\dfrac{1}{4}$	$\dfrac{1}{12}$

$$P\{X < 3\} = 1 - P\{X \geqslant 3\} = 1 - P\{X = 3\} = 1 - \frac{1}{12} = \frac{11}{12},$$

$$P\left\{X > \frac{1}{2}\right\} = 1 - P\left\{X \leqslant \frac{1}{2}\right\} = 1 - P\{X = 0\} = 1 - \frac{1}{2} = \frac{1}{2},$$

$$P\{1 \leqslant X < 3\} = P\{X = 1\} + P\{X = 2\} = \frac{1}{6} + \frac{1}{4} = \frac{5}{12}.$$

5. 在区间 $[0,a]$ 上任意投掷一个质点,以 X 表示这个质点的坐标,设这个质点落在

$[0,a]$中任意小区间内的概率与这个小区间的长度成正比,试求 X 的分布函数.

解 设 X 的分布函数为 $F(x)$.

当 $x<0$ 时,$F(x)=P\{X\leqslant x\}=0$;

当 $x>a$ 时,$F(x)=P\{X\leqslant x\}=1$;

当 $0\leqslant x\leqslant a$ 时,$P\{0\leqslant X\leqslant x\}=kx$(其中,$k$ 为比例系数).

而 $P\{0\leqslant X\leqslant a\}=ka=1$,因此 $k=\dfrac{1}{a}$.

$$F(x)=P\{X\leqslant x\}=P\{X<0\}+P\{0\leqslant X\leqslant x\}=\frac{x}{a}.$$

故 X 的分布函数为

$$F(x)=\begin{cases} 0, & x<0, \\ \dfrac{x}{a}, & 0\leqslant x\leqslant a, \\ 1, & x>a. \end{cases}$$

6. 已知随机变量 $X\sim B(2,0.5)$,求 X 的分布函数.

解 由 $X\sim B(2,0.5)$,故 X 的分布律为

X	0	1	2
p_k	$\dfrac{1}{4}$	$\dfrac{1}{2}$	$\dfrac{1}{4}$

根据分布函数的跳跃点即 X 的所有可能取值点,在每一个跳跃点的跳跃值即随机变量在该点取值的概率. 因此 X 的分布函数为

$$F(x)=\begin{cases} 0, & x<0, \\ \dfrac{1}{4}, & 0\leqslant x<1, \\ \dfrac{3}{4}, & 1\leqslant x<2, \\ 1, & x\geqslant 2. \end{cases}$$

习题 2-4

1. 已知连续型随机变量 X 的分布函数为

$$F(x)=\begin{cases} 0, & x<0, \\ \dfrac{x}{2}, & 0\leqslant x\leqslant 1, \\ c+\dfrac{1}{2}\ln x, & 1<x\leqslant \mathrm{e}, \\ 1, & x>\mathrm{e}. \end{cases}$$

求:(1) 常数 c;(2) 概率密度 $f(x)$;(3) $P\{1<X\leqslant \mathrm{e}\}$.

解 (1)根据连续型随机变量的分布函数为连续函数,故

$$\lim_{x\to 1}c+\frac{1}{2}\ln x=F(1)=\frac{1}{2},$$

即

$$c=\frac{1}{2}.$$

(2) 由公式 $F'(x) = f(x)$，因此 X 的概率密度为

$$f(x) = \begin{cases} \dfrac{1}{2}, & 0 \leqslant x \leqslant 1, \\ \dfrac{1}{2x}, & 1 < x \leqslant e, \\ 0, & 其他. \end{cases}$$

(3) $P\{1 < X \leqslant e\} = F(e) - F(1) = \dfrac{1}{2} + \dfrac{1}{2}\ln e - \dfrac{1}{2} = \dfrac{1}{2}$.

2. 已知连续型随机变量 X 的概率密度为

$$f(x) = \begin{cases} cx, & 0 \leqslant x \leqslant 1, \\ 0, & 其他. \end{cases}$$

求：(1) 常数 c；(2) 分布函数 $F(x)$；(3) $P\{0.3 < X < 0.5\}$.

解 (1) 由概率密度的基本性质知

$$1 = \int_{-\infty}^{+\infty} f(x)\mathrm{d}x = \int_0^1 cx\,\mathrm{d}x = \frac{c}{2},$$

解出 $\qquad\qquad\qquad\qquad\qquad c = 2.$

(2) 由 $F(x) = \displaystyle\int_{-\infty}^{x} f(t)\mathrm{d}t$ 可知：

当 $x < 0$ 时，

$$F(x) = \int_{-\infty}^{x} 0\mathrm{d}t = 0;$$

当 $0 \leqslant x \leqslant 1$ 时，

$$F(x) = \int_{-\infty}^{x} f(t)\mathrm{d}t = \int_{-\infty}^{0} 0\mathrm{d}t + \int_0^x 2t\mathrm{d}t = x^2;$$

当 $x > 1$ 时，

$$F(x) = \int_{-\infty}^{x} f(t)\mathrm{d}t = \int_{-\infty}^{0} 0\mathrm{d}t + \int_0^1 2t\mathrm{d}t + \int_1^x 0\mathrm{d}t = 1.$$

故分布函数为

$$F(x) = \begin{cases} 0, & x < 0, \\ x^2, & 0 \leqslant x \leqslant 1, \\ 1, & x > 1. \end{cases}$$

(3) $P\{0.3 < X < 0.5\} = F(0.5) - F(0.3) = 0.16$.

3. 已知连续型随机变量 X 的概率密度为

$$f(x) = \begin{cases} cx, & 0 \leqslant x \leqslant 3, \\ 2 - \dfrac{x}{2}, & 3 < x < 4, \\ 0, & 其他. \end{cases}$$

求：(1) 常数 c；(2) 分布函数 $F(x)$；(3) $P\{1 < X < 3.5\}$.

解 (1) 由概率密度的基本性质知

$$1 = \int_{-\infty}^{+\infty} f(x)\mathrm{d}x = \int_0^3 cx\,\mathrm{d}x + \int_3^4 2 - \frac{x}{2}\mathrm{d}x,$$

解出
$$c = \frac{1}{6}.$$

(2) 由 $F(x) = \int_{-\infty}^{x} f(t)dt$ 可知:

当 $x < 0$ 时,
$$F(x) = \int_{-\infty}^{x} 0 dt = 0;$$

当 $0 \leqslant x \leqslant 3$ 时,
$$F(x) = \int_{-\infty}^{x} f(t)dt = \int_{-\infty}^{0} 0 dt + \int_{0}^{x} \frac{t}{6}dt = \frac{x^2}{12};$$

当 $3 < x < 4$ 时,
$$F(x) = \int_{-\infty}^{x} f(t)dt = \int_{-\infty}^{0} 0 dt + \int_{0}^{3} \frac{t}{6}dt + \int_{3}^{x} 2 - \frac{t}{2}dt = 2x - \frac{x^2}{4} - 3;$$

当 $x \geqslant 4$ 时,显然
$$F(x) = 1.$$

故分布函数为

$$F(x) = \begin{cases} 0, & x < 0, \\ \dfrac{x^2}{12}, & 0 \leqslant x \leqslant 3, \\ 2x - \dfrac{x^2}{4} - 3, & 3 < x < 4, \\ 1, & x \geqslant 4. \end{cases}$$

(3) $P\{1 < X < 3.5\} = F(3.5) - F(1) = \dfrac{41}{48}.$

4. 设随机变量 X 的概率密度为

$$f(x) = \begin{cases} \dfrac{1}{3}, & x \in [0,1], \\ \dfrac{2}{9}, & x \in [3,6], \\ 0, & 其他. \end{cases}$$

若使得 $P\{X \geqslant k\} = \dfrac{2}{3}$,求 k 的取值范围.

解 由题设 $P\{X \geqslant k\} = \dfrac{2}{3}$,知 $P\{X < k\} = 1 - \dfrac{2}{3} = \dfrac{1}{3}$,而 $P\{X < k\} = \int_{-\infty}^{k} f(x)dx = \int_{0}^{k} f(x)dx$,再对照概率密度函数的定义,可见上式成立的充要条件是 $1 \leqslant k \leqslant 3$,此时

$$P\{X < k\} = \int_{0}^{1} \frac{1}{3}dx = \frac{1}{3}.$$

易错辨析:这是已知连续型随机变量的概率密度和事件的概率求随机变量取值范围的问题.这与一般的求事件概率的命题思路是相反的,这种反向命题的解题方法应该注意.

5. 设随机变量 X 在区间 $(0,2)$ 上服从均匀分布,求 $P\left\{\dfrac{1}{2} < X < \dfrac{3}{2}\right\}$.

解　由于 $X \sim U(0,2)$，故 X 的概率密度为

$$f(x) = \begin{cases} \dfrac{1}{2}, & 0 < x < 2, \\ 0, & \text{其他.} \end{cases}$$

$$P\left\{\frac{1}{2} < X < \frac{3}{2}\right\} = \int_{\frac{1}{2}}^{\frac{3}{2}} \frac{1}{2}\mathrm{d}x = \frac{1}{2}.$$

6. 已知随机变量 X 在区间 $(-a,a)$ 上服从均匀分布，且 $P\{X>1\} = \dfrac{1}{4}$，求 $P\{-1 < X < 2\}$.

解　假设 $a < 1$，则有

$$P\{X > 1\} = \int_1^{+\infty} 0\mathrm{d}x = 0,$$

与已知条件 $P\{X>1\} = \dfrac{2}{3}$ 矛盾，故 $a > 1$.

随机变量 X 在 $(-a,a)$ 上服从均匀分布，故 X 的概率密度为

$$f(x) = \begin{cases} \dfrac{1}{2a}, & -a < x < a, \\ 0, & \text{其他,} \end{cases}$$

故

$$P\{X > 1\} = \int_1^a \frac{1}{2a}\mathrm{d}x = \frac{a-1}{2a} = \frac{1}{4},$$

解出

$$a = 2.$$

因此

$$P\{-1 < X < 2\} = \int_{-1}^2 \frac{1}{4}\mathrm{d}x = \frac{3}{4}.$$

7. 对圆片的直径进行测量，测量值 X 服从均匀分布，即 $X \sim U(7.5, 8.5)$，求圆片面积不小于 16π 的概率.

解　设圆片面积为 S，则 $S = \dfrac{\pi}{4}X^2$.

由于 $X \sim U(7.5, 8.5)$，故 X 的概率密度为

$$f(x) = \begin{cases} 1, & 7.5 < x < 8.5, \\ 0, & \text{其他.} \end{cases}$$

$$P\{S \geqslant 16\pi\} = P\left\{\frac{\pi}{4}X^2 \geqslant 16\pi\right\} = P\{X \geqslant 8\} = \int_8^{8.5} 1\mathrm{d}x = 0.5.$$

8. 设顾客在银行的窗口等待服务的时间 X（单位：min）服从指数分布，参数 $\theta = 5$，某顾客在窗口等待服务，若超过 10min，他就离开，求他离开的概率.

解　由题意 X 的概率密度为

$$f(x) = \begin{cases} \dfrac{1}{5}\mathrm{e}^{-\frac{x}{5}}, & x > 0, \\ 0, & \text{其他.} \end{cases}$$

故

$$P\{X>10\}=\int_{10}^{+\infty}\frac{1}{5}\mathrm{e}^{-\frac{x}{5}}\mathrm{d}x=\mathrm{e}^{-2}.$$

9. 某种型号的电子管的使用寿命 X(单位：h)具有以下的概率密度：

$$f(x)=\begin{cases}\dfrac{1}{1000}\mathrm{e}^{-\frac{x}{1000}}, & x>0,\\[2mm] 0, & x\leqslant 0,\end{cases}$$

求该电子管的使用寿命不超过 2000h 的概率.

解 $P\{X\leqslant 2000\}=\int_{0}^{2000}\dfrac{1}{1000}\mathrm{e}^{-\frac{x}{1000}}\mathrm{d}x=1-\mathrm{e}^{-2}.$

10. 设随机变量 Y 服从参数为 1 的指数分布，a 为常数且大于零，计算 $P\{Y\leqslant a+1\,|\,Y>a\}$.

解 $P\{Y\leqslant a+1\,|\,Y>a\}=\dfrac{P\{a<Y\leqslant a+1\}}{P\{Y>a\}}=\dfrac{\int_{a}^{a+1}\mathrm{e}^{-x}\mathrm{d}x}{\int_{a}^{+\infty}\mathrm{e}^{-x}\mathrm{d}x}=1-\mathrm{e}^{-1}.$

11. 设随机变量 $X\sim N(2,9)$，试求：

(1) $P\{1\leqslant X<5\}$；(2) $P\{|X-2|>6\}$；(3) $P\{X>0\}$；(4) 当 a 为何值时，满足 $P\{X\leqslant a\}=P\{X>a\}$.

解   (1) $P\{1\leqslant X<5\}=F(5)-F(1)=\Phi\left(\dfrac{5-2}{3}\right)-\Phi\left(\dfrac{1-2}{3}\right)$

$$=\Phi(1)-\Phi\left(-\dfrac{1}{3}\right)=\Phi(1)-1+\Phi\left(\dfrac{1}{3}\right)=0.4706.$$

(2) $P\{|X-2|>6\}=1-P\{|X-2|\leqslant 6\}=1-P\{-4\leqslant X\leqslant 8\}$

$$=1-\Phi\left(\dfrac{8-2}{3}\right)+\Phi\left(\dfrac{-4-2}{3}\right)$$

$$=1-\Phi(2)+\Phi(-2)$$

$$=2-2\Phi(2)=0.0456.$$

(3) $P\{X>0\}=1-P\{X\leqslant 0\}=1-F(0)=1-\Phi\left(\dfrac{0-2}{3}\right)=\Phi\left(\dfrac{2}{3}\right)=0.7486.$

(4) 由 $P\{X\leqslant a\}=P\{X>a\}$ 可得，$P\{X\leqslant a\}=1-P\{X\leqslant a\}$，即

$$\Phi\left(\dfrac{a-2}{3}\right)=1-\Phi\left(\dfrac{a-2}{3}\right),$$

$$\Phi\left(\dfrac{a-2}{3}\right)=\dfrac{1}{2},$$

$$\dfrac{a-2}{3}=0,$$

解出

$$a=2.$$

12. 测量某一物体的高度，其测量误差为 X(单位：mm)，若 $X\sim N(2,16)$，求测量误差的绝对值不超过 3mm 的概率.

解 $P\{|X|\leqslant 3\}=P\{-3\leqslant X\leqslant 3\}=\Phi\left(\dfrac{3-2}{4}\right)-\Phi\left(\dfrac{-3-2}{4}\right)=\Phi(0.25)-\Phi(-1.25)$

$$=\Phi(0.25)-1+\Phi(1.25)=0.4931.$$

13. 设某机器生产的零件长度 X(单位：cm)服从参数 $\mu=10.05,\sigma=0.06$ 的正态分布，规定零件长度在范围 (10.05 ± 0.12)cm 内为合格品，求零件不合格的概率.

解 由题意可知所求概率为
$$P\{|X-10.05|>0.12\}=1-P\{|X-10.05|\leqslant0.12\}.$$

由 $X\sim N(10.05,0.06^2)$，因此 $Y=\dfrac{X-10.05}{0.06}\sim N(0,1)$，

$$P\{|X-10.05|>0.12\}=1-P\{|Y|\leqslant2\}=1-\Phi(2)+\Phi(-2)$$
$$=2-2\Phi(2)=0.0456.$$

14. 设 X_1,X_2,X_3 为随机变量，且 $X_1\sim N(0,1),X_2\sim N(0,2^2),X_3\sim N(2,4^2)$，$p_i=P\{-2\leqslant X_i\leqslant2\}(i=1,2,3)$. 试比较 p_i 的大小.

解 因为 $p_1=P\{-2\leqslant X_1\leqslant2\}=2\Phi(2)-1$，

$$p_2=P\{-2\leqslant X_2\leqslant2\}=P\left\{-1\leqslant\frac{X_2-0}{2}\leqslant1\right\}=2\Phi(1)-1,$$

$$p_3=P\{-2\leqslant X_3\leqslant2\}=P\left\{-1\leqslant\frac{X_2-2}{4}\leqslant0\right\}=\Phi(0)-\Phi(-1)$$

$$=\Phi(1)-\frac{1}{2}.$$

由分布函数的单调性，易知 $p_1>p_2$，由 $p_2=2p_3$ 可知 $p_2>p_3$，故

$$p_1>p_2>p_3.$$

15. 求下列标准正态分布的上 α 分位点 z_α：
(1) $\alpha=0.01$；(2) $\alpha=0.003$.

解 设随机变量 $X\sim N(0,1)$.
(1) 由 $P\{X>z_{0.01}\}=0.01$ 可知，
$$P\{X\leqslant z_{0.01}\}=1-0.01=0.99,$$
即 $\Phi(z_{0.01})=0.99$. 故 $z_{0.01}=2.33$.

(2) 由 $P\{X>z_{0.003}\}=0.003$ 可知，
$$P\{X\leqslant z_{0.003}\}=1-0.003=0.997,$$
即 $\Phi(z_{0.003})=0.997$. 故 $z_{0.003}=2.75$.

习题 2-5

1. 设随机变量 X 具有以下分布律，试求 $Y=X^2$ 和 $Y=\arcsin X$ 的分布律.

X	-1	0	1
p_k	0.5	0.1	0.4

解 (1) 当 X 取值 $-1,0,1$ 时，Y 取对应值 $1,0,1$.
$$P\{Y=0\}=P\{X=0\}=0.1,$$
$$P\{Y=1\}=P\{X=-1\}+P\{X=1\}=0.9.$$

由此可知 Y 的分布律为

Y	0	1
p_k	0.1	0.9

(2) 当 X 取值 $-1,0,1$ 时,Y 取对应值 $-\dfrac{\pi}{2},0,\dfrac{\pi}{2}$.

$$P\left\{Y=-\frac{\pi}{2}\right\}=P\{X=-1\}=0.5$$
$$P\{Y=0\}=P\{X=0\}=0.1$$
$$P\left\{Y=\frac{\pi}{2}\right\}=P\{X=1\}=0.4.$$

由此可知 Y 的分布律为

Y	$-\dfrac{\pi}{2}$	0	$\dfrac{\pi}{2}$
p_k	0.5	0.1	0.4

2. 设圆的半径 X 的分布律为

X	9.5	10	10.5	11
p_k	0.06	0.5	0.4	0.04

求周长及面积的分布律.

解 设周长与面积分别为 C 与 S,则

$$C=2\pi X, \quad S=\pi X^2,$$

故周长及面积的分布律分别为

C	19π	20π	21π	22π
p_k	0.06	0.5	0.4	0.04

S	90.25π	100π	110.25π	121π
p_k	0.06	0.5	0.4	0.04

3. 设随机变量 X 服从 $[90,110]$ 上的均匀分布,求 $Y=0.1X+10$ 的概率密度.

解 由 $X\sim U(90,110)$ 可知 X 的概率密度为

$$f_X(x)=\begin{cases}\dfrac{1}{20}, & 90<x<110,\\ 0, & 其他.\end{cases}$$

在区间 $(90,110)$ 上,对于函数 $y=0.1x+10$,有

$$y'=0.1>0,$$

于是 y 在区间 $(0,1)$ 上单调上升,有反函数

$$x=h(y)=10y-100.$$

由定理得

$$f_Y(y) = \begin{cases} f_X(10y-100)\,|\,(10y-100)'\,|, & 90 < 10y-100 < 110, \\ 0, & \text{其他}, \end{cases}$$

即 Y 的概率密度为

$$f_Y(y) = \begin{cases} \dfrac{1}{2}, & 19 < y < 21, \\ 0, & \text{其他}. \end{cases}$$

显然 Y 服从 $(19,21)$ 上的均匀分布.

4. 设随机变量 X 的概率密度为

$$f(x) = \begin{cases} \dfrac{3x^2}{16}, & -2 < x < 2, \\ 0, & \text{其他}, \end{cases}$$

求随机变量 $Y = 2X^2$ 的概率密度.

解 $F_Y(y) = P\{Y \leqslant y\} = P\{2X^2 \leqslant y\}$.

当 $y < 0$ 时,

$$F_Y(y) = P\{Y \leqslant y\} = P(\varnothing) = 0;$$

当 $y \geqslant 0$ 时,

$$F_Y(y) = P\left\{ -\sqrt{\dfrac{y}{2}} \leqslant X \leqslant \sqrt{\dfrac{y}{2}} \right\} = F_X\left(\sqrt{\dfrac{y}{2}}\right) - F_X\left(-\sqrt{\dfrac{y}{2}}\right).$$

将上式两边同时对 y 求导得

$$f_Y(y) = \dfrac{\mathrm{d}F_y(y)}{\mathrm{d}y} = \begin{cases} \dfrac{1}{2\sqrt{2y}}\left[f_X\left(\sqrt{\dfrac{y}{2}}\right) + f_X\left(-\sqrt{\dfrac{y}{2}}\right) \right], & 0 \leqslant \sqrt{\dfrac{y}{2}} < 2, \\ 0, & \text{其他}, \end{cases}$$

即 Y 的概率密度为

$$f_Y(y) = \dfrac{\mathrm{d}F_Y(y)}{\mathrm{d}y} = \begin{cases} \dfrac{3\sqrt{2y}}{64}, & 0 \leqslant y < 8, \\ 0, & \text{其他}. \end{cases}$$

5. 设球的半径 X 的概率密度为

$$f(x) = \begin{cases} 6x(1-x), & 0 < x < 1, \\ 0, & \text{其他}, \end{cases}$$

试求体积的概率密度.

解 由于球的体积 $Y = \dfrac{4}{3}\pi X^3$,在区间 $(0,1)$ 上,对于函数 $y = \dfrac{4}{3}\pi x^3$,有

$$y' = 4\pi x^2 > 0,$$

于是 y 在区间 $(0,1)$ 上单调上升,有反函数

$$x = h(y) = \sqrt[3]{\dfrac{3y}{4\pi}}.$$

由定理得

$$f_Y(y) = \begin{cases} f_X\left(\sqrt[3]{\dfrac{3y}{4\pi}}\right)\left|\left(\sqrt[3]{\dfrac{3y}{4\pi}}\right)'\right|, & 0 < \sqrt[3]{\dfrac{3y}{4\pi}} < 1, \\ 0, & \text{其他}, \end{cases}$$

即 Y 的概率密度为

$$f_Y(y) = \begin{cases} \dfrac{3}{2\pi}\Big[\Big(\dfrac{3y}{4\pi}\Big)^{-\frac{1}{3}} - 1\Big], & 0 < y < \dfrac{4}{3}\pi, \\ 0, & \text{其他.} \end{cases}$$

6. 设圆的半径 X 服从区间 $(1,2)$ 上的均匀分布,求圆面积的概率密度.

解　由 $X \sim U(1,2)$ 可知 X 的概率密度为

$$f_X(x) = \begin{cases} 1, & 1 < x < 2, \\ 0, & \text{其他,} \end{cases}$$

圆的面积 $Y = \pi X^2$,在区间 $(1,2)$ 上,对于函数 $y = \pi x^2$,有

$$y' = 2\pi x > 0,$$

于是 y 在区间 $(1,2)$ 上单调上升,有反函数

$$x = h(y) = \sqrt{\dfrac{y}{\pi}}.$$

由定理得

$$f_Y(y) = \begin{cases} f_X\Big(\sqrt{\dfrac{y}{\pi}}\Big)\Big|\Big(\sqrt{\dfrac{y}{\pi}}\Big)'\Big|, & 1 < \sqrt{\dfrac{y}{\pi}} < 2, \\ 0, & \text{其他,} \end{cases}$$

即 Y 的概率密度为

$$f_Y(y) = \begin{cases} \dfrac{1}{2\sqrt{\pi y}}, & \pi < y < 4\pi, \\ 0, & \text{其他.} \end{cases}$$

7. 设随机变量 $X \sim N(0,1)$,且 $Y = X^2$,求 Y 的概率密度.

解　由 $X \sim N(0,1)$ 可知 X 的概率密度为

$$f_X(x) = \dfrac{1}{\sqrt{2\pi}} e^{-\frac{x^2}{2}}, \quad -\infty < x < +\infty.$$

随机变量 X 在 $(-\infty, +\infty)$ 上取值时,相应的 Y 在 $[0, +\infty)$ 上取值.

当 $y < 0$ 时,

$$F_Y(y) = P\{Y \leqslant y\} = P(\varnothing) = 0;$$

当 $y \geqslant 0$ 时,

$$F_Y(y) = P\{Y \leqslant y\} = P\{X^2 \leqslant y\} = P\{-\sqrt{y} \leqslant X \leqslant \sqrt{y}\}$$
$$= F_X(\sqrt{y}) - F_X(-\sqrt{y}).$$

将上式两边同时对 y 求导得

$$f_Y(y) = \dfrac{\mathrm{d}F_y(y)}{\mathrm{d}y} = \dfrac{1}{2\sqrt{y}}\big[f_X(\sqrt{y}) + f_X(-\sqrt{y})\big] = \dfrac{1}{\sqrt{2\pi y}} e^{-\frac{y}{2}},$$

即 Y 的概率密度为

$$f_Y(y) = \begin{cases} \dfrac{1}{\sqrt{2\pi y}} e^{-\frac{y}{2}}, & y > 0, \\ 0, & \text{其他.} \end{cases}$$

8. 设电流 I 是一个随机变量,它均匀分布在 $9 \sim 11\text{A}$ 之间.若此电流通过 $R = 2\Omega$ 的电

阻,在其上消耗的功率 $W=I^2R$,求 W 的概率密度.

解　由题设知 I 的概率密度为

$$f_X(x)=\begin{cases}\dfrac{1}{2}, & 9<x<11,\\[2mm]0, & \text{其他},\end{cases}$$

且 $W=2I^2$ 的取值为 $162<W<242$(因为 $9<I<11,81<I^2<121$).

当 $162<w<242$ 时,分布函数为

$$F_W(w)=P\{W\leqslant w\}=P\{2I^2\leqslant w\}=P\left\{I^2\leqslant\dfrac{w}{2}\right\}$$

$$=P\left\{9<I<\sqrt{\dfrac{w}{2}}\right\}=F_X\left(\sqrt{\dfrac{w}{2}}\right)-F_X(9).$$

将上式两边同时对 w 求导,可得

$$f_W(w)=\begin{cases}f_X\left(\sqrt{\dfrac{w}{2}}\right)\cdot\dfrac{1}{2\sqrt{2w}}, & 162<w<242,\\[3mm]0, & \text{其他}\end{cases}$$

$$=\begin{cases}\dfrac{1}{4\sqrt{2w}}, & 162<w<242,\\[3mm]0, & \text{其他}.\end{cases}$$

总习题 2

1. 设随机变量 X 的分布律为

$$P\{X=k\}=\dfrac{a}{N},\quad k=1,2,\cdots,N,$$

试确定常数 a.

解　利用分布律的性质 $\displaystyle\sum_k p_k=1$,可得

$$\sum_{k=1}^{N}\dfrac{a}{N}=1,$$

从中解得
$$a=1.$$

2. 某批产品共 100 件,其中有 10 件次品.从中任意抽取 5 件(不放回),求其中次品件数的分布律.

解　设任意抽取的 5 件产品中次品数为 X,由题意知,X 的可能取值为 $0,1,2,3,4,5$. X 的分布律为

$$P\{X=k\}=\dfrac{C_{10}^k C_{90}^{5-k}}{C_{100}^5},\quad k=0,1,2,3,4,5.$$

3. 一盒中有 5 枚一元钱硬币,编号为 $1,2,3,4,5$.在其中等可能地任取 3 个,用 X 表示取出的 3 个硬币上的最小号码,求随机变量 X 的分布律.

解　由题意知,X 的可能取值为 $1,2,3$.由古典概型的计算公式易知

$$P\{X=3\}=\dfrac{C_3^3}{C_5^3}=\dfrac{1}{10},$$

$$P\{X=2\}=\frac{C_3^2}{C_5^3}=\frac{3}{10},$$

$$P\{X=1\}=\frac{C_4^2}{C_5^3}=\frac{6}{10},$$

即为 X 的分布律. 或写成表格形式：

X	1	2	3
p_k	$\frac{6}{10}$	$\frac{3}{10}$	$\frac{1}{10}$

4. 对某一目标进行射击,直至击中为止. 如果每次射击命中率为 p,求射击次数的分布律.

解 设直至击中为止射击次数为 X,由题意知,X 的可能取值为 $1,2,\cdots$,X 的分布律为

$$P\{X=k\}=(1-p)^{k-1}p,\quad k=1,2,\cdots.$$

5. 对于某种试验,设试验成功的概率为 $\frac{3}{4}$,失败的概率为 $\frac{1}{4}$,以 X 表示试验首次成功所需试验的次数,试写出 X 的分布律,并计算 X 取偶数的概率.

解 由题意知,X 的可能取值为 $1,2,\cdots$,X 的分布律为

$$P\{X=k\}=\frac{1}{4^{k-1}}\frac{3}{4}=\frac{3}{4^k},\quad k=1,2,\cdots.$$

设 $A=$"X 取偶数",则

$$P(A)=\sum_{k=1}^{\infty}P\{X=2k\}=\sum_{k=1}^{\infty}\frac{3}{4^{2k}}=3\sum_{k=1}^{\infty}\frac{1}{16^k}=\frac{1}{5}.$$

6. 设某种治疗流行性感冒的新药的治愈率为 $\frac{2}{3}$,现 50 名流行性感冒的患者中试服此药,试写出治愈人数的分布律.

解 设 50 名流行性感冒的患者中治愈人数为 X,由题意知,$X\sim B\left(50,\frac{2}{3}\right)$,故 X 的分布律为

$$P\{X=k\}=C_{50}^k\left(\frac{2}{3}\right)^k\left(\frac{1}{3}\right)^{50-k},\quad k=0,1,2,\cdots,50.$$

7. 一大楼装有 5 个同类型的供水设备,调查表明在任一时刻 t 每个设备被使用的概率为 0.1,问在同一时刻：

(1) 恰有两个设备被使用的概率是多少？

(2) 至少有 3 个设备被使用的概率是多少？

(3) 至多有 3 个设备被使用的概率是多少？

(4) 至少有一个设备被使用的概率是多少？

解 设 5 个同类型的供水设备同一时刻被使用的个数为 X,由题意知,$X\sim B(5,0.1)$.

(1) $P\{X=2\}=C_5^2 0.1^2 0.9^3=0.0729.$

(2) $P\{X\geqslant 3\}=P\{X=3\}+P\{X=4\}+P\{X=5\}$

$$=C_5^3 0.1^3 0.9^2+C_5^4 0.1^4 0.9+C_5^5 0.1^5=0.0082.$$

(3) $P\{X \leqslant 3\} = 1 - P\{X=4\} - P\{X=5\} = 1 - C_5^4 \, 0.1^4 0.9 - C_5^5 \, 0.1^5 = 0.9999.$

(4) $P\{X \geqslant 1\} = 1 - P\{X=0\} = 1 - C_5^0 \, 0.9^5 = 0.40951.$

8. 假设一大型设备在任何长度为 t(单位:h)的时间间隔内发生故障的次数 X 服从参数为 $2t$ 的泊松分布,求设备无故障运行 8h 的概率.

解　由题意知 $X \sim \pi(2t)$,把 $t=8$ 代入,$X \sim \pi(16)$,所求概率为

$$P\{X=0\} = \frac{16^0}{0!} e^{-16} = e^{-16}.$$

9. 设随机变量 X 的分布律为

X	-1	0	1	3
p_k	a	$2a$	0.2	0.2

试求:(1) 常数 a;(2) 分布函数 $F(x)$.

解　(1) 利用分布律的性质 $\sum\limits_k p_k = 1$,可得

$$a + 2a + 0.2 + 0.2 = 1,$$

从中解得

$$a = 0.2.$$

(2) 根据分布函数的跳跃点即 X 的所有可能取值点,在每一个跳跃点的跳跃值即随机变量在该点取值的概率. 因此 X 的分布函数为

$$F(x) = \begin{cases} 0, & x < -1, \\ 0.2, & -1 \leqslant x < 0, \\ 0.6, & 0 \leqslant x < 1, \\ 0.8, & 1 \leqslant x < 2, \\ 1, & x \geqslant 2. \end{cases}$$

10. 设离散型随机变量 X 的分布函数为

$$F(x) = \begin{cases} 0, & x < -2, \\ 0.2, & -2 \leqslant x < 1, \\ 0.7, & 1 \leqslant x < 3, \\ 1, & x \geqslant 3, \end{cases}$$

求 X 的分布律.

解　根据分布函数的跳跃点即 X 的所有可能取值点,在每一个跳跃点的跳跃值即随机变量在该点取值的概率. 因此

$$P\{X=-2\} = F(-2) - F(-2-0) = 0.2 - 0 = 0.2,$$
$$P\{X=1\} = F(1) - F(1-0) = 0.7 - 0.2 = 0.5,$$
$$P\{X=3\} = F(3) - F(3-0) = 1 - 0.7 = 0.3.$$

故 X 的分布律为

X	-2	1	3
p_k	0.2	0.5	0.3

11. 设连续型随机变量 X 的分布函数为

$$F(x) = \begin{cases} 0, & x < 0, \\ 2x, & 0 \leqslant x < 0.3, \\ Ax^2 + B, & 0.3 \leqslant x < 0.5, \\ 1, & x \geqslant 0.5. \end{cases}$$

试求：(1) 系数 A,B；(2) 随机变量落在 $(0.3, 0.7)$ 内的概率；(3) 随机变量 X 的概率密度.

解 (1) 根据连续型随机变量的分布函数为连续函数,故

$$\begin{cases} \lim\limits_{x \to 0.3} 2x = \lim\limits_{x \to 0.3} (Ax^2 + B), \\ \lim\limits_{x \to 0.5} (Ax^2 + B) = 1, \end{cases}$$

即

$$\begin{cases} 0.09A + B = 0.6, \\ 0.25A + B = 1. \end{cases}$$

解得

$$A = \frac{5}{2}, \quad B = \frac{3}{8}.$$

(2) $P\{0.3 < x \leqslant 0.7\} = F(0.7) - F(0.3) = 1 - 2 \times 0.3 = 0.4.$

(3) 由 $F'(x) = f(x)$ 可得,X 的概率密度为

$$f(x) = \begin{cases} 2, & 0 \leqslant x < 0.3, \\ 5x, & 0.3 \leqslant x < 0.5, \\ 0, & 其他. \end{cases}$$

12. 设离散型随机变量 X 的分布函数为

$$F(x) = \begin{cases} 0, & x < -1, \\ a, & -1 \leqslant x < 1, \\ \dfrac{2}{3} - a, & 1 \leqslant x < 2, \\ a + b, & x \geqslant 2, \end{cases}$$

且 $P\{X = 2\} = \dfrac{1}{2}$.试求：(1) 系数 a 及 b；(2) X 的分布律.

解 (1) 由 $P\{X = 2\} = \dfrac{1}{2}$ 可得

$$a + b - \left(\frac{2}{3} - a\right) = \frac{1}{2}. \tag{1}$$

由分布函数的性质 $F(+\infty) = 1$ 可得

$$a + b = 1. \tag{2}$$

由方程 (1)、(2) 解出

$$a = \frac{1}{6}, \quad b = \frac{5}{6}.$$

（2）由于 X 的分布函数为

$$F(x) = \begin{cases} 0, & x < -1, \\ \dfrac{1}{6}, & -1 \leqslant x < 1, \\ \dfrac{1}{2}, & 1 \leqslant x < 2, \\ 1, & x \geqslant 2. \end{cases}$$

根据分布函数的跳跃点即 X 的所有可能取值点，在每一个跳跃点的跳跃值即随机变量在该点取值的概率. 因此 X 的分布律为

X	-1	1	3
p_k	$\dfrac{1}{6}$	$\dfrac{1}{3}$	$\dfrac{1}{2}$

13. 设随机变量 X 的概率密度为

$$f(x) = \begin{cases} A\cos x, & |x| \leqslant \dfrac{\pi}{2}, \\ 0, & |x| > \dfrac{\pi}{2}. \end{cases}$$

试求：（1）系数 A；（2）X 的分布函数；（3）X 落在区间 $\left(0, \dfrac{\pi}{4}\right)$ 内的概率.

  解 （1）由概率密度的基本性质知

$$1 = \int_{-\infty}^{+\infty} f(x)\mathrm{d}x = A\int_{-\frac{\pi}{2}}^{\frac{\pi}{2}} \cos x\mathrm{d}x = 2A,$$

解出

$$A = \frac{1}{2}.$$

（2）由 $F(x) = \displaystyle\int_{-\infty}^{x} f(t)\mathrm{d}t$ 可知：

当 $x < -\dfrac{\pi}{2}$ 时，

$$F(x) = \int_{-\infty}^{x} 0\mathrm{d}t = 0;$$

当 $-\dfrac{\pi}{2} \leqslant x \leqslant \dfrac{\pi}{2}$ 时，

$$F(x) = \int_{-\infty}^{-\frac{\pi}{2}} 0\mathrm{d}t + \frac{1}{2}\int_{-\frac{\pi}{2}}^{x} \cos x\mathrm{d}t = \frac{1}{2}(\sin x + 1);$$

当 $x > \dfrac{\pi}{2}$ 时，

$$F(x) = \int_{-\frac{\pi}{2}}^{\frac{\pi}{2}} \frac{1}{2}\cos x\mathrm{d}x = 1.$$

故分布函数为

$$F(x) = \begin{cases} 0, & x < -\dfrac{\pi}{2}, \\ \dfrac{1}{2}(\sin x + 1), & -\dfrac{\pi}{2} \leqslant x \leqslant \dfrac{\pi}{2}, \\ 1, & x > \dfrac{\pi}{2}. \end{cases}$$

(3) $P\left\{0 < X < \dfrac{\pi}{4}\right\} = \int_0^{\frac{\pi}{4}} \dfrac{1}{2}\cos x \mathrm{d}x = \dfrac{\sqrt{2}}{4}.$

14. 公共汽车站每隔 5min 有一辆汽车通过,乘客到达车站的任一时刻是等可能的,求乘客候车时间不超过 3min 的概率.

解 设乘客到达车站的时刻为 X,由题意可知 $X \sim (0,5)$,X 的概率密度为

$$f(x) = \begin{cases} \dfrac{1}{5}, & 0 < x < 5, \\ 0, & \text{其他}, \end{cases}$$

故所求概率为

$$P\{2 < X \leqslant 5\} = \int_2^5 \dfrac{1}{5}\mathrm{d}x = \dfrac{3}{5}.$$

15. 函数 $\cos x$ 是否为随机变量 X 的概率密度? 如果 X 的取值可能充满区间:

(1) $\left[0, \dfrac{\pi}{2}\right]$; (2) $[0,\pi]$; (3) $\left[0, \dfrac{3\pi}{2}\right]$.

解 (1) 根据概率密度的性质 $f(x) \geqslant 0$,$\int_{-\infty}^{+\infty} f(x)\mathrm{d}x = 1$,由于

$$\int_0^{\frac{\pi}{2}} \cos x \mathrm{d}x = 1,$$

故如果 X 的可能取值充满区间 $\left[0, \dfrac{\pi}{2}\right]$,函数 $\cos x$ 可以成为随机变量 X 的概率密度.

而对于(2)和(3),$\cos x$ 在区间上不能满足 $f(x) \geqslant 0$,显然不能成为随机变量 X 的概率密度.

16. 设 K 在 $(0,5)$ 上服从均匀分布,求方程 $4x^2 + 4Kx + K + 2 = 0$ 有实根的概率.

解 由于 $K \sim U(0,5)$,故 K 的概率密度为

$$f(k) = \begin{cases} \dfrac{1}{5}, & 0 < k < 5, \\ 0, & \text{其他}. \end{cases}$$

方程有实根的充要条件是判别式 $\Delta \geqslant 0$,即

$$16K^2 - 16(K+2) \geqslant 0,$$

解出

$$K \leqslant -1 \quad \text{或} \quad K \geqslant 2.$$

所求概率为

$$P\{K \leqslant -1\} + P\{K \geqslant 2\} = \int_2^5 \dfrac{1}{5}\mathrm{d}x = \dfrac{3}{5}.$$

17. 设 $X \sim N(0,1)$,求:

(1) $P\{X < 2.2\}$;   (2) $P\{X > 1.76\}$;   (3) $P\{X < -0.78\}$;

(4) $P\{|X|<1.55\}$;   (5) $P\{|X|>2.5\}$.

解 (1) $P\{X<2.2\}=\Phi(2.2)=0.9861$.

(2) $P\{X>1.76\}=1-P\{X\leqslant1.76\}=1-\Phi(1.76)=1-0.9608=0.0392$.

(3) $P\{X<-0.78\}=\Phi(-0.78)=1-\Phi(0.78)=1-0.7823=0.2177$.

(4) $P\{|X|<1.55\}=P\{-1.55<X<1.55\}=\Phi(1.55)-\Phi(-1.55)$

$\qquad\qquad\qquad =2\Phi(1.55)-1=2\times0.9394-1=0.8788$.

(5) $P\{|X|>2.5\}=1-P\{|X|\leqslant2.5\}=1-P\{-2.5\leqslant X\leqslant2.5\}$

$\qquad\qquad\qquad =1-\Phi(2.5)+\Phi(-2.5)=2-2\Phi(2.5)=2-2\times0.9938=0.1124$.

18. 设 $X\sim N(3,4)$,试求:

(1) $P\{2<X\leqslant5\}$; (2) $P\{-2<X<7\}$; (3) 确定 c 的值,使得 $P\{X>c\}=P\{X\leqslant c\}$.

解 (1) $P\{2<X\leqslant5\}=\Phi\left(\dfrac{5-3}{2}\right)-\Phi\left(\dfrac{2-3}{2}\right)=\Phi(1)-\Phi\left(-\dfrac{1}{2}\right)=\Phi(1)-1+\Phi\left(\dfrac{1}{2}\right)$

$\qquad\qquad =0.8413-1+0.6915=0.5328$.

(2) $P\{-2<X<7\}=\Phi\left(\dfrac{7-3}{2}\right)-\Phi\left(\dfrac{-2-3}{2}\right)=\Phi(2)-\Phi\left(-\dfrac{5}{2}\right)$

$\qquad\qquad =\Phi(2)-1+\Phi\left(\dfrac{5}{2}\right)=0.9772-1+0.9938=0.971$.

(3) 由 $P\{X>c\}=P\{X\leqslant c\}$ 可得,$P\{X\leqslant c\}=1-P\{X\leqslant c\}$,即

$$\Phi\left(\frac{c-3}{2}\right)=1-\Phi\left(\frac{c-3}{2}\right),$$

$$\Phi\left(\frac{c-3}{2}\right)=\frac{1}{2},$$

$$\frac{c-3}{2}=0,$$

解出 $\qquad\qquad\qquad\qquad\qquad\qquad c=3$.

19. 某一时期在纽约股票交易所登记的全部公司股东所持有的股票利润率 $X\sim N(0.102,0.032^2)$,求这些公司股东所持有的股票利润率在 $0.15\sim0.166$ 之间的概率.

解 所求概率为

$$P\{0.15\leqslant X\leqslant0.166\}=\Phi\left(\frac{0.166-0.102}{0.032}\right)-\Phi\left(\frac{0.15-0.102}{0.032}\right)$$

$$=\Phi(2)-\Phi(1.5)=0.044.$$

20. 测量某一目标的距离时,发生的随机误差 X(单位:mm)具有概率密度

$$f(x)=\frac{1}{40\sqrt{2\pi}}\mathrm{e}^{-\frac{(x-20)^2}{3200}},$$

求测量误差的绝对值不超过 30mm 的概率.

解 根据 X 的概率密度可知 $X\sim N(20,40^2)$,所求概率为

$$P\{|X|\leqslant30\}=P\{-30\leqslant X\leqslant30\}=\Phi\left(\frac{30-20}{40}\right)-\Phi\left(\frac{-30-20}{40}\right)$$

$$=\Phi(0.25)-\Phi(-1.25)=\Phi(0.25)-1+\Phi(1.25)$$

$$=0.4931.$$

21. 设随机变量 X 的分布律为

X	-1	0	1	2
p_k	$\dfrac{1}{6}$	$\dfrac{1}{3}$	$\dfrac{5}{12}$	$\dfrac{1}{12}$

求 $Y=6-X^2$ 的分布律.

解 当 X 取值 $-1,0,1,2$ 时,Y 取对应值 $5,6,5,2$.

$$P\{Y=5\}=P\{X=-1\}+P\{X=1\}=\frac{7}{12},$$

$$P\{Y=6\}=P\{X=0\}=\frac{1}{3},$$

$$P\{Y=2\}=P\{X=2\}=\frac{1}{12}.$$

由此可知 Y 的分布律为

X	2	5	6
p_k	$\dfrac{1}{12}$	$\dfrac{7}{12}$	$\dfrac{1}{3}$

22. 设随机变量 X 的概率密度为

$$f(x)=\begin{cases}1, & 0<x<1,\\0, & \text{其他,}\end{cases}$$

求函数 $Y=3X+1$ 的概率密度.

解 在区间 $(0,1)$ 上,对于函数 $y=3x+1$,有

$$y'=3>0.$$

于是 y 在区间 $(0,1)$ 上单调上升,有反函数

$$x=h(y)=\frac{y-1}{3}.$$

由定理得

$$f_Y(y)=\begin{cases}f_X\left(\dfrac{y-1}{3}\right)\left|\left(\dfrac{y-1}{3}\right)'\right|, & 0<\dfrac{y-1}{3}<1,\\0, & \text{其他,}\end{cases}$$

即 Y 的概率密度为

$$f_Y(y)=\begin{cases}\dfrac{1}{3}, & 1<y<4,\\0, & \text{其他,}\end{cases}$$

即 $Y\sim U(1,4)$.

23. 设圆的直径测量值 X 在区间 $(2,4)$ 内服从均匀分布,求圆面积的概率密度.

解 由 $X\sim U(2,4)$ 可知 X 的概率密度为

$$f_X(x)=\begin{cases}\dfrac{1}{2}, & 2<x<4,\\0, & \text{其他.}\end{cases}$$

圆的面积 $Y = \dfrac{\pi}{4}X^2$，在区间 $(2,4)$ 上，对于函数 $y = \dfrac{\pi}{4}x^2$，有

$$y' = \frac{\pi}{2}x > 0.$$

于是 y 在区间 $(2,4)$ 上单调上升，有反函数

$$x = h(y) = 2\sqrt{\frac{y}{\pi}}.$$

由定理得

$$f_Y(y) = \begin{cases} f_X\left(2\sqrt{\dfrac{y}{\pi}}\right)\left|\left(2\sqrt{\dfrac{y}{\pi}}\right)'\right|, & 2 < 2\sqrt{\dfrac{y}{\pi}} < 4, \\ 0, & \text{其他}, \end{cases}$$

即 Y 的概率密度为

$$f_Y(y) = \begin{cases} \dfrac{1}{2\sqrt{\pi y}}, & \pi < y < 4\pi, \\ 0, & \text{其他}. \end{cases}$$

24. 设随机变量 X 的概率密度为

$$f(x) = \begin{cases} \dfrac{2}{\pi(1+x^2)}, & x > 0, \\ 0, & \text{其他}. \end{cases}$$

求 $Y = \ln X$ 的概率密度.

解 $F_Y(y) = P\{Y \leqslant y\} = P\{\ln X \leqslant y\} = P\{X \leqslant e^y\} = F_X(e^y).$

将上式两边同时对 y 求导得

$$f_Y(y) = \frac{dF_y(y)}{dy} = f_X(e^y) \cdot e^y,$$

即 Y 的概率密度为

$$f_Y(y) = \frac{2e^y}{\pi(1+e^{2y})}, \quad -\infty < x < +\infty.$$

25. 设随机变量 X 的概率密度为 $f(x) = \begin{cases} \dfrac{1}{9}x^2, & 0 < x < 3, \\ 0, & \text{其他}, \end{cases}$ 令随机变量 $Y = \begin{cases} 2, & X \leqslant 1, \\ X, & 1 < X < 2, \\ 1, & X \geqslant 2. \end{cases}$

(1) 求 Y 的分布函数；(2) 求概率 $P\{X \leqslant Y\}$.

解 (1) Y 的分布函数 $F_Y(y) = P\{Y \leqslant y\}$.

当 $y < 1$ 时，

$$F_Y(y) = 0;$$

当 $y \geqslant 2$ 时，

$$F_Y(y) = 1;$$

当 $1 \leqslant y < 2$ 时，

$$F_Y(y) = P\{Y = 1\} + P\{1 < Y \leqslant y\} = P\{X \geqslant 2\} + P\{1 < X \leqslant y\}$$
$$= \frac{1}{9}\int_2^3 x^2 \, dx + \frac{1}{9}\int_1^y x^2 \, dx = \frac{2}{3} + \frac{1}{27}y^3.$$

故 Y 的分布函数

$$F_Y(y) = \begin{cases} 0, & y < 1, \\ \dfrac{2}{3} + \dfrac{1}{27}y^3, & 1 \leqslant y < 2, \\ 1, & y \geqslant 2. \end{cases}$$

(2) $P\{X \leqslant Y\} = P\{X \leqslant 1\} + P\{1 < X < 2\} = P\{X < 2\} = \dfrac{1}{9}\displaystyle\int_0^2 x^2 \, \mathrm{d}x = \dfrac{8}{27}$.

训 练 题

1. 设随机变量 X 的分布律为

$$P\{X = k\} = a \cdot \dfrac{\lambda^k}{k!}, \quad k = 0, 1, 2, \cdots,$$

已知 $\lambda > 0$ 为常数,求 a 的值.

2. 设随机变量 X 的分布律为

X	0	a	3
p_k	$\dfrac{1}{a}$	$\dfrac{1}{4}$	$\dfrac{1}{4}$

求 a 的值.

3. 设随机变量 X 的分布函数为

$$F(x) = \begin{cases} 0, & x < 0, \\ A\sin x, & 0 \leqslant x \leqslant \dfrac{\pi}{2}, \\ 1, & x > \dfrac{\pi}{2}. \end{cases}$$

求:(1) 常数 A 的值;(2) $P\left\{|X| < \dfrac{\pi}{6}\right\}$.

4. 设随机变量 $X \sim U(1, a)$,且 $P\{2 < X < 3\} = \dfrac{1}{3}$,求 a 的值.

5. 设随机变量 X 的概率密度为

$$f(x) = \begin{cases} a\cos x, & 0 < x < \dfrac{\pi}{6}, \\ 0, & \text{其他}, \end{cases}$$

求 a 的值.

6. 设随机变量 X 在某个区间上的表达式为 $\dfrac{1}{1+x^2}$,其余部分为常量,则分布函数为

$$F(x) = \begin{cases} \dfrac{1}{1+x^2}, & \text{当} \underline{\quad(2)\quad}, \\ \underline{\quad(1)\quad}, & \text{当} \underline{\quad(3)\quad}. \end{cases}$$

7. 一汽车沿一街道行驶,需要通过 3 个均设有红绿信号灯的路口,每个信号灯为红或

绿,且与其他信号灯为红或绿相互独立,已知红绿两种信号灯显示的时间相等,以 X 表示该汽车首次遇到红灯前已通过的路口个数,求 X 的分布律.

8. 在房间里有 5 个人,分别佩戴从 1 号到 5 号的纪念章,任选 3 人记录其纪念章的号码,设 X 表示 3 个人佩戴的最大号码,Y 表示 3 个人佩戴的最小号码,分别求 X 和 Y 的分布律.

9. 已知在 10 件产品中有两件次品,在其中取两次,每次取一只,以 X 表示所取的两件产品中的次品数,分别就以下两种不同的方式求 X 的分布律:

(1) 放回式抽样;

(2) 不放回式抽样.

10. 如下四个函数,不能作为随机变量 X 的分布函数的是(   ).

A. $F(x) = \begin{cases} 0, & x < 0, \\ \frac{1}{4}x^2, & 0 \leqslant x < 2, \\ 1, & x \geqslant 2 \end{cases}$

B. $F(x) = \begin{cases} 1 - \mathrm{e}^{-x}, & x \geqslant 0, \\ 0, & x < 0 \end{cases}$

C. $F(x) = \begin{cases} 0, & x < 0, \\ \dfrac{\ln(1+x)}{1+x}, & x \geqslant 0 \end{cases}$

D. $F(x) = \begin{cases} 0, & x < 0, \\ \dfrac{1}{3}, & 0 \leqslant x < 1, \\ \dfrac{1}{2}, & 1 \leqslant x < 2, \\ 1, & x \geqslant 2 \end{cases}$

11. 设随机变量 X 的分布律为

X	0	1	2	3
p_k	$\dfrac{1}{3}$	k	$2k$	$\dfrac{1}{6}$

求:(1) 常数 k 的值;(2) 分布函数 $F(x)$;(3) $P\{1 \leqslant X \leqslant 2\}$.

12. 设离散型随机变量 X 的分布函数为

$$F(x) = \begin{cases} 0, & x < -1, \\ \dfrac{1}{6}, & -1 \leqslant x < 0, \\ \dfrac{1}{3}, & 0 \leqslant x < 1, \\ 1, & x \geqslant 1, \end{cases}$$

求 X 的分布律.

13. 设随机变量 X 的概率密度为 $f(x) = k\mathrm{e}^{-|x|}$,求:(1) 常数 k 的值;(2) $P\{0 < X < 1\}$;(3) X 的分布函数.

14. 设随机变量 X 的概率密度为

$$f(x) = \begin{cases} x, & 0 \leqslant x < 1, \\ 2 - x, & 1 \leqslant x < 2, \\ 0, & \text{其他}, \end{cases}$$

求 X 的分布函数.

15. 设随机变量 X 的概率密度为

$$f(x) = \begin{cases} \dfrac{2}{\pi}\sqrt{1-x^2}, & 0 < x < 1, \\ 0, & \text{其他}, \end{cases}$$

求 X 的分布函数.

16. 设函数 $F(x) = \begin{cases} 0, & x \leqslant 0, \\ \dfrac{x}{2}, & 0 < x \leqslant 1, \\ 1, & x > 1, \end{cases}$ 则(　　).

A. $F(x)$ 是概率密度函数　　　　　　　B. $F(x)$ 是离散型随机变量的分布函数

C. $F(x)$ 是连续型随机变量的分布函数　　D. $F(x)$ 不是分布函数

17. 当 X 的所有可能取值充满区间(　　), $f(x) = \sin x$ 可以成为随机变量 X 的概率密度.

A. $\left[0, \dfrac{\pi}{2}\right]$ 　　　　B. $\left[\dfrac{\pi}{2}, \pi\right]$ 　　　　C. $[0, \pi]$ 　　　　D. $\left[\dfrac{\pi}{2}, \dfrac{3}{2}\pi\right]$

18. 向目标独立射击 3 次,每次击中目标的概率为 0.6,求至少击中一次的概率.

19. 对圆片直径进行测量,测量值 X 服从均匀分布,即 $X \sim U(7.5, 8.5)$,求圆片面积不小于 16π 的概率.

20. 某急诊病房在长度为 t(单位:h)的时间间隔内,收到的急诊病人数与时间间隔的起点无关,服从参数为 $\lambda = \dfrac{t}{2}$ 的泊松分布,求某一天 12 时至 17 时至少收到一个急诊病人的概率.

21. 从一大批产品中任取一件产品进行检验,取出正品时记 $X = 1$,取出次品时记 $X = 0$,若正品率为 95%,求 X 的分布函数.

22. 设随机变量 $X \sim N(0, 1)$,其概率密度为 $\varphi(x)$,求证 $\displaystyle\int_{-\infty}^{+\infty} \varphi(x)\,\mathrm{d}x = 1$.

23. 若 $X \sim N(-1, 9)$,求:(1) $P\{X < 2\}$;(2) $P\{X > 1\}$;(3) $P\{|X| < 1\}$;(4) $P\{|X+1| < 1\}$.

24. 设某种电子管的使用寿命 X(单位:h)服从参数 $\theta = 20$ 的指数分布,求任取的一只此类电子管的使用寿命超过 1000h 的概率.

25. 测量某一物体的高度,其测量误差为 X(单位:mm),若 $X \sim N(2, 16)$,求测量误差的绝对值不超过 3 的概率.

26. 设随机变量 X 的分布律为

X	-2	0	1	2	3
p_k	0.1	0.2	0.1	0.3	0.3

求:(1) $Y = 2X + 1$ 的分布律;(2) $Y = X^2$ 的分布律.

27. 设随机变量 X 的概率密度为

$$f_X(x) = \begin{cases} \dfrac{2x}{\pi^2}, & 0 < x < \pi, \\ 0, & \text{其他}. \end{cases}$$

求：(1) $Y=2X$ 的概率密度；(2) $Y=X^2$ 的概率密度.

28. 设随机变量 X 服从 $(0,1)$ 区间上的均匀分布，求 $Y=2X+1$ 的概率密度.

29. 设随机变量 $X \sim N(0,1)$，求 $Y=|X|$ 的概率密度.

30. 设随机变量 X 具有连续严格单调的分布函数 $F(x)$，求 $Y=F(x)$ 的概率密度.

答　案

1. $e^{-\lambda}$.　　2. 2.　　3. (1) 1；(2) $\dfrac{1}{2}$.　　4. 4.　　5. 2.

6. (1) $x<0$；(2) 1；(3) $x \geqslant 0$.

7.

X	0	1	2	3
p_k	$\dfrac{1}{2}$	$\dfrac{1}{2^2}$	$\dfrac{1}{2^3}$	$\dfrac{1}{2^3}$

8. (1)

X	3	4	5
p_k	$\dfrac{1}{10}$	$\dfrac{3}{10}$	$\dfrac{3}{5}$

(2)

Y	1	2	3
p_k	$\dfrac{3}{5}$	$\dfrac{3}{10}$	$\dfrac{1}{10}$

9. (1)

X	0	1	2
p_k	$\dfrac{16}{25}$	$\dfrac{8}{25}$	$\dfrac{1}{25}$

(2)

X	0	1	2
p_k	$\dfrac{28}{45}$	$\dfrac{16}{45}$	$\dfrac{1}{45}$

10. C.

11. (1) $\dfrac{1}{6}$；　(2) $F(x)=\begin{cases} 0, & x<0, \\ \dfrac{1}{3}, & 0 \leqslant x<1, \\ \dfrac{1}{2}, & 1 \leqslant x<2, \\ \dfrac{5}{6}, & 2 \leqslant x<3, \\ 1, & x \geqslant 3; \end{cases}$　(3) $\dfrac{1}{2}$.

12.

X	-1	0	1
p_k	$\frac{1}{6}$	$\frac{1}{6}$	$\frac{2}{3}$

13. (1) $\frac{1}{2}$;　　(2) $\frac{e-1}{2e}$;　　(3) $F(x)=\begin{cases}\frac{1}{2}e^x, & x<0, \\ 1-\frac{1}{2}e^{-x}, & x\geqslant 0.\end{cases}$

14. $F(x)=\begin{cases}0, & x<0, \\ \dfrac{x^2}{2}, & 0\leqslant x<1, \\ 2x-\dfrac{x^2}{2}-1, & 1\leqslant x<2, \\ 1, & x\geqslant 2.\end{cases}$

15. $F(x)=\begin{cases}0, & x\leqslant 0, \\ \dfrac{2}{\pi}\arcsin x, & 0<x<1, \\ 1, & x\geqslant 1.\end{cases}$

16. D.　　　　17. A.　　　　18. 0.936.　　　19. $\frac{1}{2}$.　　20. $1-e^{-\frac{5}{2}}$.

21. $F(x)=\begin{cases}0, & x<0, \\ 0.05, & 0\leqslant x<1, \\ 1, & x\geqslant 1.\end{cases}$

22. 略.　　　23. (1) 0.8413;　(2) 0.2514;　(3) 0.2486;　(4) 0.7414.

24. e^{-50}.　　25. 0.7043.

26. (1)

Y	-3	1	3	5	7
p_k	0.1	0.2	0.1	0.3	0.3

(2)

Y	0	1	4	9
p_k	0.2	0.1	0.4	0.3

27. (1) $f_Y(y)=\begin{cases}\dfrac{y}{2\pi^2}, & 0<y<2\pi, \\ 0, & 其他;\end{cases}$　　(2) $f_Y(y)=\begin{cases}\dfrac{1}{\pi^2}, & 0<y<\pi^2, \\ 0, & 其他.\end{cases}$

28. $f_Y(y)=\dfrac{1}{2\sqrt{2\pi}}e^{-\frac{(y-1)^2}{8}},\ -\infty<x<+\infty.$

29. $f_Y(y)=\begin{cases}\dfrac{2}{\sqrt{2\pi}}e^{-\frac{y^2}{2}}, & 0<y, \\ 0, & y\leqslant 0.\end{cases}$　　30. $f_Y(y)=\begin{cases}1, & 0<y<1, \\ 0, & 其他.\end{cases}$

第3章

多维随机变量及其分布

知 识 点

一、二维随机变量及其分布函数

1. 二维随机变量的定义

定义 1　设 E 是一个随机试验,它的样本空间是 $S=\{e\}$. 设 $X=X(e),Y=Y(e)$ 是定义在 S 上的随机变量,由它们构成的一个向量 (X,Y) 称为二维随机变量或二维随机向量.

常用的二维随机变量分为两大类: 离散型和连续型.

2. 二维随机变量的联合分布函数

定义 2　设 (X,Y) 是二维随机变量,对于任意实数 x,y,称二元函数

$$F(x,y) = P\{X \leqslant x, Y \leqslant y\}$$

为二维随机变量 (X,Y) 的分布函数,或 X 与 Y 的联合分布函数.

3. 二维随机变量联合分布函数的性质

二维随机变量 (X,Y) 的分布函数 $F(x,y)$ 的性质如下:

(1) $F(x,y)$ 关于 x(或 y)单调不减;

(2) $0 \leqslant F(x,y) \leqslant 1$,且

$$F(-\infty, -\infty) = 0, \quad F(-\infty, y) = 0, \quad F(x, -\infty) = 0, \quad F(+\infty, +\infty) = 1;$$

(3) $F(x,y)$ 关于 x(或 y)右连续;

(4) 若 $\forall (x_1, y_1), (x_2, y_2) \in \mathbf{R}^2, x_1 < x_2, y_1 < y_2$,则有

$$F(x_2, y_2) - F(x_1, y_2) - F(x_2, y_1) + F(x_1, y_1) \geqslant 0.$$

二、二维离散型随机变量及其联合分布律

1. 二维离散型随机变量的定义

定义 3　如果二维随机变量 (X,Y) 全部可能取到的不相同的值是有限对或可列无限多对,则称 (X,Y) 是离散型二维随机变量.

2. 二维离散型随机变量的联合分布律

如果二维随机变量 (X,Y) 所有可能取的值为 $(x_i, y_j), i,j=1,2,\cdots$,则称

$$P\{X = x_i, Y = y_j\} = p_{ij}, i,j = 1,2,\cdots$$

为二维离散型随机变量的分布律,或 X 与 Y 的联合分布律,也可以用表格表示为

Y \ X	x_1	x_2	$\cdots$	x_i	$\cdots$
y_1	p_{11}	p_{21}	$\cdots$	p_{i1}	$\cdots$
y_2	p_{12}	p_{22}	$\cdots$	p_{i2}	$\cdots$
$\vdots$	$\vdots$	$\vdots$		$\vdots$	
y_j	p_{1j}	p_{2j}	$\cdots$	p_{ij}	$\cdots$
$\vdots$	$\vdots$	$\vdots$		$\vdots$	

3. 二维离散型随机变量联合分布律的性质

二维离散型随机变量 (X,Y) 的联合分布律的性质如下:

(1) $p_{ij} \geqslant 0, i,j = 1,2,\cdots$;

(2) $\displaystyle\sum_{i=1}^{\infty} \sum_{j=1}^{\infty} p_{ij} = 1$.

二维随机离散型变量 (X,Y) 分布函数与分布律的关系为

$$F(x,y) = \sum_{x_i \leqslant x} \sum_{y_j \leqslant y} p_{ij},$$

其中,$\displaystyle\sum_{x_i \leqslant x} \sum_{y_j \leqslant y} p_{ij}$ 表示对不大于 x 的 x_i 和不大于 y 的 y_j 所对应的 p_{ij} 求和.

三、二维连续型随机变量及其概率密度

1. 二维连续型随机变量定义及其联合概率密度

定义 4　设 $F(x,y)$ 是二维随机变量 (X,Y) 的分布函数,如果存在非负函数 $f(x,y)$,使得对任意实数 x,y 都有

$$F(x,y) = \int_{-\infty}^{x} \int_{-\infty}^{y} f(u,v)\mathrm{d}u\mathrm{d}v,$$

则称 (X,Y) 为二维连续型随机变量,$f(x,y)$ 称为二维随机变量 (X,Y) 的概率密度,或 X 与 Y 的联合概率密度.

2. 联合概率密度的性质

二维连续型随机变量 (X,Y) 的概率密度 $f(x,y)$ 具有下列性质:

(1) $f(x,y) \geqslant 0$;

(2) $\displaystyle\int_{-\infty}^{+\infty} \int_{-\infty}^{+\infty} f(x,y)\mathrm{d}x\mathrm{d}y = F(+\infty, +\infty) = 1$;

(3) 若 $f(x,y)$ 在点 (x,y) 处连续,则有

$$\frac{\partial^2 F(x,y)}{\partial x \partial y} = f(x,y);$$

(4) 设 D 为 xOy 平面上任一区域,点 (X,Y) 落在 D 中的概率为

$$P\{(X,Y) \in D\} = \iint\limits_{D} f(x,y)\mathrm{d}x\mathrm{d}y.$$

四、边缘分布

1. 边缘分布函数

设 $F(x,y)$ 为二维随机变量 (X,Y) 的分布函数,则
$$F_X(x) = F(x, +\infty), \quad F_Y(y) = F(+\infty, y)$$
为关于 X 和 Y 的边缘分布函数.

2. 边缘分布律

设二维离散型随机变量的分布律为 $P\{X=x_i, Y=y_j\} = p_{ij}, i,j=1,2,\cdots,$ 则

$$P\{X=x_i\} = \sum_{j=1}^{\infty} p_{ij} = p_{i\cdot}, \quad P\{Y=y_j\} = \sum_{i=1}^{\infty} p_{ij} = p_{\cdot j}, \quad i,j=1,2,\cdots$$

为关于 X 和 Y 的边缘分布律,边缘分布律也可以写在分布律表格的下边和右边,如下表所示:

Y \ X	x_1	x_2	$\cdots$	x_i	$\cdots$	$P\{Y=y_j\}$
y_1	p_{11}	p_{21}	$\cdots$	p_{i1}	$\cdots$	$p_{\cdot 1}$
y_2	p_{12}	p_{22}	$\cdots$	p_{i2}	$\cdots$	$p_{\cdot 2}$
$\vdots$	$\vdots$	$\vdots$		$\vdots$	$\vdots$	$\vdots$
y_j	p_{1j}	p_{2j}	$\cdots$	p_{ij}	$\cdots$	$p_{\cdot j}$
$\vdots$	$\vdots$	$\vdots$		$\vdots$	$\vdots$	$\vdots$
$P\{X=x_i\}$	$p_{1\cdot}$	$p_{2\cdot}$	$\cdots$	$p_{i\cdot}$	$\cdots$	1

3. 边缘概率密度

设二维连续型随机变量 (X,Y) 的概率密度为 $f(x,y)$,则 $f_X(x) = \int_{-\infty}^{+\infty} f(x,y)\mathrm{d}y$ 和

$f_Y(y) = \int_{-\infty}^{+\infty} f(x,y)\mathrm{d}x$ 分别为关于 X 和关于 Y 的边缘概率密度.

五、条件分布

当二维随机变量中的一个随机变量具有附加条件时,需要探讨另一个随机变量的条件分布.

离散型二维随机变量的条件分布律为

$$p_{i|j} = P\{X=x_i \,|\, Y=y_j\} = \frac{p_{ij}}{p_{\cdot j}}, \quad \text{其中} \quad P\{Y=y_j\} = p_{\cdot j} > 0,$$

和

$$p_{j|i} = P\{Y=y_j \,|\, X=x_i\} = \frac{p_{ij}}{p_{i\cdot}}, \quad \text{其中} \quad P\{X=x_i\} = p_{i\cdot} > 0.$$

条件分布函数为

$$F(x \,|\, y_j) = P\{X \leqslant x \,|\, Y=y_j\} = \sum_{x_i \leqslant x} p_{i|j}, \quad \text{其中} \quad P\{Y=y_j\} = p_{\cdot j} > 0,$$

和

$$F(y \mid x_i) = P\{Y \leqslant y \mid X = x_i\} = \sum_{y_j \leqslant y} p_{j \mid i}, \quad \text{其中} \quad P\{X = x_i\} = p_i. > 0.$$

二维连续型随机变量的条件分布函数为

$$F(x \mid y) = P\{X \leqslant x \mid Y = y\} = \int_{-\infty}^{x} \frac{f(u, y)}{f_Y(y)} \mathrm{d}u, \quad \text{其中} \quad f_Y(y) > 0,$$

和

$$F(y \mid x) = P\{Y \leqslant y \mid X = x\} = \int_{-\infty}^{y} \frac{f(x, v)}{f_X(x)} \mathrm{d}v, \quad \text{其中} \quad f_X(x) > 0.$$

二维连续型随机变量的条件概率密度为

$$f(x \mid y) = \frac{f(x, y)}{f_Y(y)}, \quad \text{其中} \quad f_Y(y) > 0,$$

和

$$f(y \mid x) = \frac{f(x, y)}{f_X(x)}, \quad \text{其中} \quad f_X(x) > 0.$$

六、随机变量的独立性

定义 5   设 (X, Y) 为二维随机变量,如果对于任意的实数 x, y 都有

$$P\{X \leqslant x, Y \leqslant y\} = P\{X \leqslant x\} \cdot P\{Y \leqslant y\},$$

即

$$F(x, y) = F_X(x) \cdot F_Y(y)$$

成立,则称随机变量 X 与 Y 是相互独立的.

定理   若 (X, Y) 为二维离散型随机变量,则

$$X \text{ 与 } Y \text{ 相互独立} \Leftrightarrow p_{ij} = p_i. \cdot p._j \quad i, j = 1, 2, \cdots$$

若 (X, Y) 为二维连续型随机变量,则

$$X \text{ 与 } Y \text{ 相互独立} \Leftrightarrow \forall x \in \mathbf{R} \text{ 和 } y \in \mathbf{R}, \text{有 } f(x, y) = f_X(x) \cdot f_Y(y).$$

七、二维随机变量函数的分布

已知 (X, Y) 为二维随机变量,$Z = g(X, Y)$ 是 X, Y 的连续函数,求 Z 的分布.

若 (X, Y) 为二维离散型随机变量,一般可用列举法求出 Z 的分布.

若 (X, Y) 为二维连续型随机变量,考虑下列两种情况:

(1) $Z = X + Y$,则 Z 的概率密度为

$$f_Z(z) = \int_{-\infty}^{+\infty} f(z - y, y) \mathrm{d}y, \quad \text{或} \quad f_Z(z) = \int_{-\infty}^{+\infty} f(x, z - x) \mathrm{d}x.$$

若 X 与 Y 相互独立,则上述两式可写为

$$f_Z(z) = \int_{-\infty}^{+\infty} f_X(z - y) \cdot f_Y(y) \mathrm{d}y, \quad \text{或} \quad f_Z(z) = \int_{-\infty}^{+\infty} f_X(x) \cdot f_Y(z - x) \mathrm{d}x.$$

上述两式称为卷积公式.

(2) $M = \max\{X, Y\}$ 与 $N = \min\{X, Y\}$ 的分布. 若 X 与 Y 相互独立,且边缘分布函数为 $F_X(x)$ 和 $F_Y(y)$,则

$$F_M(z) = F_X(z) \cdot F_Y(z),$$
$$F_N(z) = 1 - [1 - F_X(z)] \cdot [1 - F_Y(z)].$$

典 型 例 题

一、二维离散型随机变量相关问题

例 3-1 一只袋中装有 4 只球,分别标有数字 1,2,2,3,现从袋中任取一球后,再从袋中任取一球,用 X 与 Y 分别表示第一次和第二次取到的球上标有的数字.分别在有放回和无放回条件下求:

(1) (X,Y) 的分布律;

(2) X 与 Y 的边缘分布律;

(3) X 与 Y 是否相互独立.

解 (1) 无放回条件下

由题可知在无放回条件下,Y 的取值受到 X 取值的影响.X 可能的取值为 1,2,3,Y 可能的取值为 1,2,3.(X,Y) 的分布律为

$$P\{X=i,Y=j\} = P\{Y=j\,|\,X=i\} \cdot P\{X=i\} = p_{ij}, i,j=1,2,3.$$

$$P\{X=1,Y=1\} = P\{Y=1\,|\,X=1\} \cdot P\{X=1\} = 0,$$

$$P\{X=1,Y=2\} = P\{Y=2\,|\,X=1\} \cdot P\{X=1\} = \frac{2}{3}\times\frac{1}{4} = \frac{1}{6},$$

$$P\{X=1,Y=3\} = P\{Y=3\,|\,X=1\} \cdot P\{X=1\} = \frac{1}{3}\times\frac{1}{4} = \frac{1}{12},$$

$$P\{X=2,Y=1\} = P\{Y=1\,|\,X=2\} \cdot P\{X=2\} = \frac{1}{3}\times\frac{1}{2} = \frac{1}{6},$$

$$P\{X=2,Y=2\} = P\{Y=2\,|\,X=2\} \cdot P\{X=2\} = \frac{1}{3}\times\frac{1}{2} = \frac{1}{6},$$

$$P\{X=2,Y=3\} = P\{Y=3\,|\,X=2\} \cdot P\{X=2\} = \frac{1}{3}\times\frac{1}{2} = \frac{1}{6},$$

$$P\{X=3,Y=1\} = P\{Y=1\,|\,X=3\} \cdot P\{X=3\} = \frac{1}{3}\times\frac{1}{4} = \frac{1}{12},$$

$$P\{X=3,Y=2\} = P\{Y=2\,|\,X=3\} \cdot P\{X=3\} = \frac{2}{3}\times\frac{1}{4} = \frac{1}{6},$$

$$P\{X=3,Y=3\} = P\{Y=3\,|\,X=3\} \cdot P\{X=3\} = 0.$$

X 与 Y 的边缘分布律为

$$P\{X=i\} = p_{i\cdot} = \sum_{j=1}^{3}p_{ij}, \quad P\{Y=j\} = p_{\cdot j} = \sum_{i=1}^{3}p_{ij}, \quad i,j=1,2,3.$$

$$P\{X=1\} = 0+\frac{1}{6}+\frac{1}{12} = \frac{1}{4}, \quad P\{X=2\} = \frac{1}{6}+\frac{1}{6}+\frac{1}{6} = \frac{1}{2},$$

$$P\{X=3\} = \frac{1}{12}+\frac{1}{6}+0 = \frac{1}{4}, \quad P\{Y=1\} = 0+\frac{1}{6}+\frac{1}{12} = \frac{1}{4},$$

$$P\{Y=2\} = \frac{1}{6}+\frac{1}{6}+\frac{1}{6} = \frac{1}{2}, \quad P\{Y=3\} = \frac{1}{12}+\frac{1}{6}+0 = \frac{1}{4}.$$

故分布律与边缘分布律表格为

Y \ X	1	2	3	$p._j$
1	0	$\frac{1}{6}$	$\frac{1}{12}$	$\frac{1}{4}$
2	$\frac{1}{6}$	$\frac{1}{6}$	$\frac{1}{6}$	$\frac{1}{2}$
3	$\frac{1}{12}$	$\frac{1}{6}$	0	$\frac{1}{4}$
$p_i.$	$\frac{1}{4}$	$\frac{1}{2}$	$\frac{1}{4}$	

由于 $P\{X=1,Y=1\}=0\neq P\{X=1\}\cdot P\{Y=1\}=\frac{1}{16}$,故 X 与 Y 不独立.

(2) 有放回条件下

由题可知 X 与 Y 可能的取值均为 $1,2,3$,同理可知其联合分布律与边缘分布律如下:

Y \ X	1	2	3	$p._j$
1	$\frac{1}{16}$	$\frac{1}{8}$	$\frac{1}{16}$	$\frac{1}{4}$
2	$\frac{1}{8}$	$\frac{1}{4}$	$\frac{1}{8}$	$\frac{1}{2}$
3	$\frac{1}{16}$	$\frac{1}{8}$	$\frac{1}{16}$	$\frac{1}{4}$
$p_i.$	$\frac{1}{4}$	$\frac{1}{2}$	$\frac{1}{4}$	

由于 $P\{X=i,Y=j\}=P\{X=i\}\cdot P\{Y=j\}$,$i,j=1,2,3$,故 X 与 Y 相互独立.

例 3-2　铅笔盒中有 4 支红铅笔、2 支蓝铅笔、3 支黑铅笔,现从中任取 3 支,设随机变量 X 和 Y 分别为取到的红色和蓝色铅笔的数量.

求:(1) (X,Y) 的联合分布律;(2) X 与 Y 的边缘分布律;(3) $P\{X<3,Y\leqslant 2\}$;(4) X 与 Y 是否相互独立.

解　(1) 由题可知随机变量 X 可能的取值为 $0,1,2,3$,Y 可能的取值为 $0,1,2$,则 (X,Y) 的联合分布律如下:

$$P\{X=0,Y=0\}=\frac{C_4^0\cdot C_2^0\cdot C_3^3}{C_9^3}=\frac{1}{84},\quad P\{X=0,Y=1\}=\frac{C_4^0\cdot C_2^1\cdot C_3^2}{C_9^3}=\frac{1}{14},$$

$$P\{X=0,Y=2\}=\frac{C_4^0\cdot C_2^2\cdot C_3^1}{C_9^3}=\frac{1}{28},\quad P\{X=1,Y=0\}=\frac{C_4^1\cdot C_2^0\cdot C_3^2}{C_9^3}=\frac{1}{7},$$

$$P\{X=1,Y=1\}=\frac{C_4^1\cdot C_2^1\cdot C_3^1}{C_9^3}=\frac{2}{7},\quad P\{X=1,Y=2\}=\frac{C_4^1\cdot C_2^2\cdot C_3^0}{C_9^3}=\frac{1}{21},$$

$$P\{X=2,Y=0\}=\frac{C_4^2\cdot C_2^0\cdot C_3^1}{C_9^3}=\frac{3}{14},\quad P\{X=2,Y=1\}=\frac{C_4^2\cdot C_2^1\cdot C_3^0}{C_9^3}=\frac{1}{7},$$

$$P\{X=2,Y=2\}=0,\quad P\{X=3,Y=0\}=\frac{C_4^3\cdot C_2^0\cdot C_3^0}{C_9^3}=\frac{1}{21},$$

$$P\{X=3,Y=1\}=0, \quad P\{X=3,Y=2\}=0.$$

（2）X 与 Y 的边缘分布律为

$$P\{X=i\}=p_i.=\sum_{j=0}^{2}p_{ij}, \quad P\{Y=j\}=p._j=\sum_{i=0}^{3}p_{ij}, \quad i=0,1,2,3, j=0,1,2.$$

$$P\{X=0\}=\frac{1}{84}+\frac{1}{14}+\frac{1}{28}=\frac{5}{42}, \quad P\{X=1\}=\frac{1}{7}+\frac{2}{7}+\frac{1}{21}=\frac{10}{21},$$

$$P\{X=2\}=\frac{3}{14}+\frac{1}{7}+0=\frac{5}{14}, \quad P\{X=3\}=\frac{1}{21}+0+0=\frac{1}{21},$$

$$P\{Y=0\}=\frac{1}{84}+\frac{1}{7}+\frac{3}{14}+\frac{1}{21}=\frac{5}{12}, \quad P\{Y=1\}=\frac{1}{14}+\frac{2}{7}+\frac{1}{7}+0=\frac{1}{2},$$

$$P\{Y=2\}=\frac{1}{28}+\frac{1}{21}+0+0=\frac{1}{12}.$$

故分布律与边缘分布律表格为

Y \ X	0	1	2	3	$p._j$
0	$\frac{1}{84}$	$\frac{1}{7}$	$\frac{3}{14}$	$\frac{1}{21}$	$\frac{5}{12}$
1	$\frac{1}{14}$	$\frac{2}{7}$	$\frac{1}{7}$	0	$\frac{1}{2}$
2	$\frac{1}{28}$	$\frac{1}{21}$	0	0	$\frac{1}{12}$
$p_i.$	$\frac{5}{42}$	$\frac{10}{21}$	$\frac{5}{14}$	$\frac{1}{21}$	

（3）$P\{X<2,Y\leqslant1\}=P\{X=0,Y=0\}+P\{X=0,Y=1\}+P\{X=1,Y=0\}+$
$$P\{X=1,Y=1\}$$
$$=\frac{1}{84}+\frac{1}{14}+\frac{1}{7}+\frac{2}{7}=\frac{43}{84}.$$

（4）由于 $P\{X=3,Y=1\}=0\neq P\{X=3\}\cdot P\{Y=1\}=\frac{1}{42}$，故 X 与 Y 不独立.

例 3-3 设随机变量 Y 服从参数为 $\theta=1$ 的指数分布，定义随机变量 X_k 如下：

$$X_k=\begin{cases}0, & Y\leqslant k, \\ 1, & Y>k,\end{cases} \quad k=1,2,$$

求 X_1 和 X_2 的联合分布律.

解 由 $Y\sim E(1)$，可知 Y 的概率密度函数为

$$f(y)=\begin{cases}e^{-y}, & y>0, \\ 0, & \text{其他}.\end{cases}$$

由随机变量 X_k 的定义可知，X_1 和 X_2 的可能取值均为 $0,1$，其联合分布律如下：

$$P\{X_1=i,X_2=j\}=P\{X_2=j|X_1=i\}\cdot P\{X_1=i\}=p_{ij}, \quad i,j=0,1.$$

$$P\{X_1=0,X_2=0\}=P\{Y\leqslant1,Y\leqslant2\}=P\{Y\leqslant1\}$$
$$=\int_{-\infty}^{1}f(y)\mathrm{d}y=\int_{0}^{1}e^{-y}\mathrm{d}y=1-e^{-1},$$

$$P\{X_1 = 0, X_2 = 1\} = P\{Y \leqslant 1, Y > 2\} = P\{\varnothing\} = 0,$$

$$P\{X_1 = 1, X_2 = 0\} = P\{Y > 1, Y \leqslant 2\} = P\{1 < Y \leqslant 2\}$$

$$= \int_1^2 f(y)\mathrm{d}y = \int_1^2 \mathrm{e}^{-y}\mathrm{d}y = \mathrm{e}^{-1} - \mathrm{e}^{-2},$$

$$P\{X_1 = 1, X_2 = 1\} = P\{Y > 1, Y > 2\} = P\{Y > 2\}$$

$$= \int_2^{+\infty} f(y)\mathrm{d}y = \int_2^{+\infty} \mathrm{e}^{-y}\mathrm{d}y = \mathrm{e}^{-2}.$$

故二维离散型随机变量 (X_1, X_2) 的联合分布律为

X_2 \ X_1	0	1
0	$1-\mathrm{e}^{-1}$	$\mathrm{e}^{-1}-\mathrm{e}^{-2}$
1	0	e^{-2}

例 3-4　设随机变量 X 和 Y 相互独立且服从相同的分布，其分布如下：

$$P\{X = 0\} = P\{X = 1\} = P\{Y = 0\} = P\{Y = 1\} = \frac{1}{2},$$

试求 $P\{X = Y\}$.

解　$P\{X = Y\} = P\{X = 0, Y = 0\} + P\{X = 1, Y = 1\}$

$$= P\{X = 0\} \cdot P\{Y = 0\} + P\{X = 1\} \cdot P\{Y = 1\}$$

$$= \frac{1}{2} \times \frac{1}{2} + \frac{1}{2} \times \frac{1}{2} = \frac{1}{2}.$$

由此可见，两个随机变量服从相同的分布不能够得出这两个随机变量相等.

二、二维连续型随机变量的相关问题

例 3-5　设二维随机变量 (X, Y) 的联合概率密度为

$$f(x, y) = \begin{cases} \dfrac{1}{2}, & 0 < x < 1, 0 < y < 2, \\ 0, & \text{其他,} \end{cases}$$

求 X 与 Y 中至少有一个小于 0.5 的概率.

解　$P\{(X < 0.5) \bigcup (Y < 0.5)\} = P\{X < 0.5\} + P\{Y < 0.5\} - P\{X < 0.5, Y < 0.5\}.$
其中

$$P\{X < 0.5\} = \int_{-\infty}^{0.5} \mathrm{d}x \int_{-\infty}^{+\infty} f(x, y)\mathrm{d}y = \int_0^{0.5} \mathrm{d}x \int_0^2 \frac{1}{2}\mathrm{d}y = 0.5,$$

$$P\{Y < 0.5\} = \int_{-\infty}^{0.5} \mathrm{d}y \int_{-\infty}^{+\infty} f(x, y)\mathrm{d}x = \int_0^{0.5} \mathrm{d}y \int_0^1 \frac{1}{2}\mathrm{d}x = 0.25,$$

$$P\{X < 0.5, Y < 0.5\} = \int_{-\infty}^{0.5} \mathrm{d}x \int_{-\infty}^{0.5} f(x, y)\mathrm{d}y = \int_0^{0.5} \mathrm{d}x \int_0^{0.5} \frac{1}{2}\mathrm{d}y = 0.125,$$

故 $P\{(X < 0.5) \bigcup (Y < 0.5)\} = 0.5 + 0.25 - 0.125 = 0.625.$

例 3-6　设二维随机变量 (X, Y) 的联合概率密度为

$$f(x, y) = \begin{cases} x^2 + \dfrac{xy}{c}, & 0 < x < 1, 0 < y < 2, \\ 0, & \text{其他.} \end{cases}$$

求：(1) 常数 c；(2) $P\left\{X>\dfrac{1}{2}\right\}$；(3) $P\{X<1-Y\}$.

解　(1) 由联合概率密度性质的第(2)条可知 $\displaystyle\int_{-\infty}^{+\infty}\int_{-\infty}^{+\infty}f(x,y)\mathrm{d}x\mathrm{d}y=1$，故

$$\int_0^1\mathrm{d}x\int_0^2\left(x^2+\frac{xy}{c}\right)\mathrm{d}y=1,$$

$$\int_0^1\left(2x^2+\frac{2x}{c}\right)\mathrm{d}x=1,$$

$$\frac{2}{3}+\frac{1}{c}=1,$$

$$c=3.$$

二维连续型随机变量 (X,Y) 的联合概率密度为

$$f(x,y)=\begin{cases}x^2+\dfrac{xy}{3},&0<x<1,0<y<2,\\[2mm]0,&\text{其他}.\end{cases}$$

(2) 如图 3-1 所示.

$$P\left\{X>\frac{1}{2}\right\}=\int_{\frac{1}{2}}^1\mathrm{d}x\int_0^2\left(x^2+\frac{xy}{3}\right)\mathrm{d}y=\int_{\frac{1}{2}}^1\left(2x^2+\frac{2}{3}x\right)\mathrm{d}x=\frac{5}{6}.$$

(3) 如图 3-1 所示.

$$P\{X<1-Y\}=\int_0^1\mathrm{d}x\int_0^{1-x}\left(x^2+\frac{xy}{3}\right)\mathrm{d}y=\int_0^1\left(\frac{1}{6}x+\frac{2}{3}x^2-\frac{5}{6}x^3\right)\mathrm{d}x=\frac{7}{72}.$$

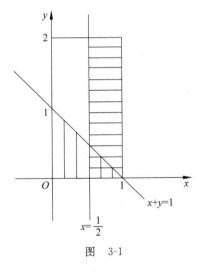

图　3-1

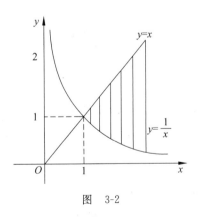

图　3-2

例 3-7　设二维随机变量 (X,Y) 的联合概率密度为

$$f(x,y)=\begin{cases}\dfrac{1}{2x^2y},&1\leqslant x<\infty,\dfrac{1}{x}<y<x,\\[2mm]0,&\text{其他}.\end{cases}$$

求：(1) X 和 Y 的边缘概率密度；(2) X 与 Y 是否相互独立.

解　(1) 如图 3-2 所示，由于 $f_X(x)=\displaystyle\int_{-\infty}^{+\infty}f(x,y)\mathrm{d}y$，可知

$$f_X(x) = \begin{cases} \int_{\frac{1}{x}}^{x} \dfrac{1}{2x^2 y} \mathrm{d}y, & x \geqslant 1, \\ 0, & x < 1 \end{cases} = \begin{cases} \dfrac{1}{x^2} \ln x, & x \geqslant 1, \\ 0, & x < 1. \end{cases}$$

同理由于 $f_Y(y) = \displaystyle\int_{-\infty}^{+\infty} f(x,y)\mathrm{d}x$,可知

$$f_Y(y) = \begin{cases} \int_{\frac{1}{y}}^{+\infty} \dfrac{1}{2x^2 y} \mathrm{d}x, & 0 < y < 1, \\ \int_{y}^{+\infty} \dfrac{1}{2x^2 y} \mathrm{d}x, & y \geqslant 1, \\ 0, & \text{其他} \end{cases} = \begin{cases} \dfrac{1}{2}, & 0 < y < 1, \\ \dfrac{1}{2y^2}, & y \geqslant 1, \\ 0, & \text{其他}. \end{cases}$$

(2) 由于 $f(x,y) \neq f_X(x) \cdot f_Y(y)$,故 X 与 Y 不独立.

例 3-8 设 X 与 Y 是两个相互独立的随机变量,$X \sim U(0,1)$,$Y \sim E(1)$.

求:(1) X 与 Y 的联合概率密度;(2) $P\{Y \leqslant X\}$;(3) $P\{X+Y \leqslant 1\}$.

解 (1) 由已知 $X \sim U(0,1)$ 和 $Y \sim E(1)$,可知 X 与 Y 的概率密度分别为

$$f_X(x) = \begin{cases} 1, & 0 < x < 1, \\ 0, & \text{其他}, \end{cases}$$

和

$$f_Y(y) = \begin{cases} \mathrm{e}^{-y}, & y > 0, \\ 0, & \text{其他}. \end{cases}$$

由 X 与 Y 相互独立可知 $f(x,y) = f_X(x) \cdot f_Y(y)$,故 X 与 Y 的联合概率密度为

$$f(x,y) = \begin{cases} \mathrm{e}^{-y}, & 0 < x < 1, y > 0, \\ 0, & \text{其他}. \end{cases}$$

(2) 如图 3-3 所示,$P\{Y \leqslant X\} = \displaystyle\iint_{y \leqslant x} f(x,y)\mathrm{d}x\mathrm{d}y =$

$\displaystyle\int_0^1 \mathrm{d}x \int_0^x \mathrm{e}^{-y}\mathrm{d}y = \int_0^1 (1 - \mathrm{e}^{-x})\mathrm{d}x = \mathrm{e}^{-1}.$

(3) 如图 3-3 所示,$P\{X+Y \leqslant 1\} = \displaystyle\iint_{x+y \leqslant 1} f(x,y)\mathrm{d}x\mathrm{d}y =$

$\displaystyle\int_0^1 \mathrm{d}x \int_0^{1-x} \mathrm{e}^{-y}\mathrm{d}y = \int_0^1 (1 - \mathrm{e}^{x-1})\mathrm{d}x = \mathrm{e}^{-1}.$

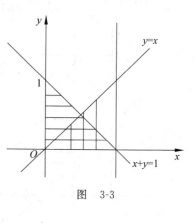

图 3-3

三、条件分布

例 3-9 设二维离散型随机变量 (X,Y) 的分布律由下表给出:

Y \ X	0	1
0	0.4	0.1
1	0.2	0.3

求 $Y=1$ 的条件下 X 的条件分布律.

解 由题可知 $P\{Y=1\} = 0.5$,则

$$P\{X=0\,|\,Y=1\}=\frac{P\{X=0,Y=1\}}{P\{Y=1\}}=\frac{2}{5},$$

$$P\{X=1\,|\,Y=1\}=\frac{P\{X=1,Y=1\}}{P\{Y=1\}}=\frac{3}{5}.$$

例 3-10 设二维随机变量(X,Y)的联合概率密度为

$$f(x,y)=\begin{cases}\dfrac{15}{2}x(2-x-y), & 0<x<1,0<y<1,\\ 0, & \text{其他},\end{cases}$$

求 $Y=y$ 的条件下 X 的条件概率密度.

解 由题可知对于 $0<y<1$,当 $0<x<1$ 时,

$$f(x\,|\,y)=\frac{f(x,y)}{f_Y(y)}=\frac{f(x,y)}{\int_{-\infty}^{+\infty}f(x,y)\mathrm{d}x}=\frac{x(2-x-y)}{\int_0^1 x(2-x-y)\mathrm{d}x}=\frac{6x(2-x-y)}{4-3y}.$$

而当 $x\leqslant 0$ 或 $x\geqslant 1$ 时,$f(x\,|\,y)=0$.

综上所述,对于 $0<y<1$ 有

$$f(x\,|\,y)=\begin{cases}\dfrac{6x(2-x-y)}{4-3y}, & 0<x<1,\\ 0, & \text{其他}.\end{cases}$$

四、二维随机变量函数的分布问题

例 3-11 设二维离散型随机变量(X,Y)的分布律由下表给出:

Y \ X	−1	0	2
−2	0.2	0.1	0.3
1	0.1	0.2	0.1

求 $Z=X+Y$ 的分布.

解 由题可知

p_{ij}	0.2	0.1	0.1	0.2	0.3	0.1
(X,Y)	$(-1,-2)$	$(-1,1)$	$(0,-2)$	$(0,1)$	$(2,-2)$	$(2,1)$
$Z=X+Y$	−3	0	−2	1	0	3

将相同取值合并,可得 Z 的分布律为

Z	−3	−2	0	1	3
p_k	0.2	0.1	0.4	0.2	0.1

例 3-12 设 X 与 Y 是相互独立的随机变量,其概率密度分别为

$$f_X(x)=\begin{cases}1, & 0\leqslant x\leqslant 1,\\ 0, & \text{其他},\end{cases}\quad\text{和}\quad f_Y(y)=\begin{cases}\mathrm{e}^{-y}, & y>0,\\ 0, & \text{其他}.\end{cases}$$

求 $Z = X + Y$ 的概率密度.

解　因为 X 与 Y 是相互独立的随机变量,由卷积公式 $f_Z(z) = \int_{-\infty}^{+\infty} f_X(x) \cdot f_Y(z -$

$x)\mathrm{d}x$ 可知,被积函数不为零的区域为 $\begin{cases} 0 \leqslant x \leqslant 1, \\ z - x > 0, \end{cases}$ 如图 3-4 所示.

当 $z \leqslant 0$ 时,$f_Z(z) = 0$;

当 $0 < z \leqslant 1$ 时,$f_Z(z) = \int_0^z \mathrm{e}^{-(z-x)} \mathrm{d}x = 1 - \mathrm{e}^{-z}$;

当 $z > 1$ 时,$f_Z(z) = \int_0^1 \mathrm{e}^{-(z-x)} \mathrm{d}x = \mathrm{e}^{1-z} - \mathrm{e}^{-z}$.

综上所述,可知 Z 的概率密度为

$$f_Z(z) = \begin{cases} 1 - \mathrm{e}^{-z}, & 0 < z \leqslant 1, \\ \mathrm{e}^{1-z} - \mathrm{e}^{-z}, & z > 1, \\ 0, & \text{其他}. \end{cases}$$

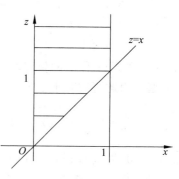

图　3-4

例 3-13　设 X 与 Y 相互独立,且均服从 $[0, \theta]$ 上的均匀分布,求 $M = \max\{X, Y\}$ 的分布.

解　由题设可知 X 和 Y 的概率密度和分布函数分别为

$$f_X(x) = \begin{cases} \dfrac{1}{\theta}, & 0 < x < \theta, \\ 0, & \text{其他}, \end{cases} \quad \text{和} \quad f_Y(y) = \begin{cases} \dfrac{1}{\theta}, & 0 < y < \theta, \\ 0, & \text{其他}. \end{cases}$$

$$F_X(x) = \begin{cases} 0, & x \leqslant 0, \\ \dfrac{x}{\theta}, & 0 < x \leqslant \theta, \\ 1, & x > \theta, \end{cases} \quad \text{和} \quad F_Y(y) = \begin{cases} 0, & y \leqslant 0, \\ \dfrac{y}{\theta}, & 0 < y \leqslant \theta, \\ 1, & y > \theta. \end{cases}$$

由 $F_M(z) = F_X(z) \cdot F_Y(z)$ 可知 $M = \max\{X, Y\}$ 的分布函数为

$$F_M(z) = \begin{cases} 0, & z \leqslant 0, \\ \dfrac{z^2}{\theta^2}, & 0 < z \leqslant \theta, \\ 1, & z > \theta. \end{cases}$$

例 3-14　设 X 和 Y 为相互独立的随机变量,且 $X \sim E\left(\dfrac{1}{\lambda}\right)$,$Y \sim E\left(\dfrac{1}{\mu}\right)$,定义随机变量:

$$Z = \begin{cases} 1, & X \leqslant Y, \\ 0, & X > Y, \end{cases}$$

求 Z 的分布.

解　由 $X \sim E\left(\dfrac{1}{\lambda}\right)$ 和 $Y \sim E\left(\dfrac{1}{\mu}\right)$,可知 X 和 Y 的概率密度分别为

$$f_X(x) = \begin{cases} \lambda \mathrm{e}^{-\lambda x}, & x > 0, \\ 0, & \text{其他}, \end{cases} \quad \text{和} \quad f_Y(y) = \begin{cases} \mu \mathrm{e}^{-\mu y}, & y > 0, \\ 0, & \text{其他}. \end{cases}$$

由 X 与 Y 相互独立,可得 (X, Y) 的联合概率密度为

$$f(x, y) = \begin{cases} \lambda \mu\ \mathrm{e}^{-(\lambda x + \mu y)}, & x > 0, y > 0, \\ 0, & \text{其他}. \end{cases}$$

由随机变量 Z 的定义可知 Z 是离散型随机变量,且可能取值为 $0,1$,其概率分别为

$$P\{Z=1\}=P\{X\leqslant Y\}=\iint\limits_{X\leqslant Y}f(x,y)\mathrm{d}x\mathrm{d}y=\int_0^{+\infty}\mathrm{d}y\int_0^y\lambda\mu\mathrm{e}^{-(\lambda x+\mu y)}\mathrm{d}x$$

$$=\int_0^{+\infty}\mu(\mathrm{e}^{-\mu y}-\mathrm{e}^{-(\lambda+\mu)y})\mathrm{d}y=\frac{\lambda}{\lambda+\mu},$$

$$P\{Z=0\}=P\{X>Y\}=1-P\{X\leqslant Y\}=1-\frac{\lambda}{\lambda+\mu}=\frac{\mu}{\lambda+\mu}.$$

综上可得 Z 的分布律为

Z	0	1
p_k	$\dfrac{\mu}{\lambda+\mu}$	$\dfrac{\lambda}{\lambda+\mu}$

习 题 详 解

习题 3-1

1. 设 $F(x,y)$ 为随机变量 (X,Y) 的联合分布函数,试用 $F(x,y)$ 表述下列概率:

(1) $P\{a\leqslant X\leqslant b,Y\leqslant c\}$;(2) $P\{0<Y\leqslant a\}$;(3) $P\{X\geqslant a,Y>b\}$.

解 $P\{x_1<X\leqslant x_2,y_1<Y\leqslant y_2\}=F(x_2,y_2)-F(x_1,y_2)-F(x_2,y_1)+F(x_1,y_1)$.

(1) $P\{a\leqslant X\leqslant b,Y\leqslant c\}=F(b,c)-F(b,-\infty)-F(a,c)+F(a,-\infty)$

$$=F(b,c)-F(a,c);$$

(2) $P\{0<Y\leqslant a\}=F(+\infty,a)-F(+\infty,0)-F(-\infty,a)+F(-\infty,0)$

$$=F(+\infty,a)-F(+\infty,0);$$

(3) $P\{X\geqslant a,Y>b\}=F(+\infty,+\infty)-F(+\infty,b)-F(a,+\infty)+F(a,b)$

$$=1-F(+\infty,b)-F(a,+\infty)+F(a,b).$$

2. 若二维随机变量 (X,Y) 的联合分布律为

Y＼X	0	1	2
0	$\dfrac{1}{8}$	$\dfrac{1}{4}$	$\dfrac{1}{8}$
1	$\dfrac{1}{6}$	$\dfrac{1}{6}$	c

(1) 求常数 c;(2) 计算 $P\{X=0,Y\leqslant1\}$;(3) 设 (X,Y) 的分布函数为 $F(X,Y)$,求 $F(1,2)$.

解 (1) 由联合分布律性质的第(2)条可知 $\displaystyle\sum_{i=1}^{\infty}\sum_{j=1}^{\infty}p_{ij}=1$,即 $\dfrac{1}{8}+\dfrac{1}{4}+\dfrac{1}{8}+\dfrac{1}{6}+\dfrac{1}{6}+c=1$,解得 $c=\dfrac{1}{6}$;

（2）$P\{X=0,Y\leqslant1\}=P\{X=0,Y=0\}+P\{X=0,Y=1\}=\dfrac{1}{8}+\dfrac{1}{6}=\dfrac{7}{24}$；

（3）$F(1,2)=P\{X\leqslant1,Y\leqslant2\}$

$\quad\quad\quad=P\{X=0,Y=0\}+P\{X=0,Y=1\}+P\{X=1,Y=0\}+P\{X=1,Y=1\}$

$\quad\quad\quad=\dfrac{1}{8}+\dfrac{1}{6}+\dfrac{1}{4}+\dfrac{1}{6}=\dfrac{17}{24}.$

3. 一个口袋中装有 4 只球,分别标有数字 1,2,3,3,现从袋中任取一球后,再从袋中任取一球. 用 X 和 Y 分别表示第一次和第二次取得的球上标有的数字,分别在下列条件下求 (X,Y) 的联合分布律:

（1）无放回；（2）有放回.

解 （1）无放回条件下. 由题可知,在无放回条件下,Y 的取值受到 X 取值的影响. X 可能的取值为 1,2,3,Y 可能的取值为 1,2,3. (X,Y) 的分布律为

$\quad\quad P\{X=i,Y=j\}=P\{Y=j\,|\,X=i\}\cdot P\{X=i\}=p_{ij},i,j=1,2,3.$

$\quad\quad P\{X=1,Y=1\}=P\{Y=1\,|\,X=1\}\cdot P\{X=1\}=0,$

$\quad\quad P\{X=1,Y=2\}=P\{Y=2\,|\,X=1\}\cdot P\{X=1\}=\dfrac{1}{3}\times\dfrac{1}{4}=\dfrac{1}{12},$

$\quad\quad P\{X=1,Y=3\}=P\{Y=3\,|\,X=1\}\cdot P\{X=1\}=\dfrac{2}{3}\times\dfrac{1}{4}=\dfrac{1}{6},$

$\quad\quad P\{X=2,Y=1\}=P\{Y=1\,|\,X=2\}\cdot P\{X=2\}=\dfrac{1}{3}\times\dfrac{1}{4}=\dfrac{1}{12},$

$\quad\quad P\{X=2,Y=2\}=P\{Y=2\,|\,X=2\}\cdot P\{X=2\}=0,$

$\quad\quad P\{X=2,Y=3\}=P\{Y=3\,|\,X=2\}\cdot P\{X=2\}=\dfrac{2}{3}\times\dfrac{1}{4}=\dfrac{1}{6},$

$\quad\quad P\{X=3,Y=1\}=P\{Y=1\,|\,X=3\}\cdot P\{X=3\}=\dfrac{1}{3}\times\dfrac{1}{2}=\dfrac{1}{6},$

$\quad\quad P\{X=3,Y=2\}=P\{Y=2\,|\,X=3\}\cdot P\{X=3\}=\dfrac{1}{3}\times\dfrac{1}{2}=\dfrac{1}{6},$

$\quad\quad P\{X=3,Y=3\}=P\{Y=3\,|\,X=3\}\cdot P\{X=3\}=\dfrac{1}{3}\times\dfrac{1}{2}=\dfrac{1}{6}.$

故分布律表格如下:

Y＼X	1	2	3
1	0	$\dfrac{1}{12}$	$\dfrac{1}{6}$
2	$\dfrac{1}{12}$	0	$\dfrac{1}{6}$
3	$\dfrac{1}{6}$	$\dfrac{1}{6}$	$\dfrac{1}{6}$

（2）有放回条件下. 由题可知,X 与 Y 可能的取值均为 1,2,3,同理可知其联合分布律如下:

Y \ X	1	2	3
1	$\dfrac{1}{16}$	$\dfrac{1}{16}$	$\dfrac{1}{8}$
2	$\dfrac{1}{16}$	$\dfrac{1}{16}$	$\dfrac{1}{8}$
3	$\dfrac{1}{8}$	$\dfrac{1}{8}$	$\dfrac{1}{4}$

4. 袋中有 10 个大小相同的小球，其中 6 个红球、4 个白球.现随机地抽取两次，每次抽取一个，定义两个随机变量 X 和 Y 为

$$X = \begin{cases} 1, & \text{第 1 次抽到红球,} \\ 0, & \text{第 1 次抽到白球,} \end{cases} \qquad Y = \begin{cases} 1, & \text{第 2 次抽到红球,} \\ 0, & \text{第 2 次抽到白球.} \end{cases}$$

若第 1 次抽球后不放回，求 (X,Y) 的联合分布律.

解　X 和 Y 可能的取值均为 $0,1$，且在无放回条件下，Y 的取值受到 X 取值的影响，X 和 Y 的联合分布律如下：

$$P\{X=i, Y=j\} = P\{Y=j \mid X=i\} \cdot P\{X=i\} = p_{ij}, i,j = 0,1.$$

$$P\{X=0, Y=0\} = P\{Y=0 \mid X=0\} \cdot P\{X=0\} = \frac{3}{9} \times \frac{4}{10} = \frac{2}{15},$$

$$P\{X=0, Y=1\} = P\{Y=1 \mid X=0\} \cdot P\{X=0\} = \frac{6}{9} \times \frac{4}{10} = \frac{4}{15},$$

$$P\{X=1, Y=0\} = P\{Y=0 \mid X=1\} \cdot P\{X=1\} = \frac{4}{9} \times \frac{6}{10} = \frac{4}{15},$$

$$P\{X=1, Y=1\} = P\{Y=1 \mid X=1\} \cdot P\{X=1\} = \frac{5}{9} \times \frac{6}{10} = \frac{1}{3}.$$

综上所述，(X,Y) 的联合分布律为

Y \ X	0	1
0	$\dfrac{2}{15}$	$\dfrac{4}{15}$
1	$\dfrac{4}{15}$	$\dfrac{1}{3}$

5. 设二维随机变量 (X,Y) 的概率密度为

$$f(x,y) = \begin{cases} A(3x^2 + xy), & 0 \leqslant x \leqslant 1, 0 \leqslant y \leqslant 2, \\ 0, & \text{其他.} \end{cases}$$

求：(1) 常数 A；(2) $P\{X+Y \leqslant 1\}$.

解　(1) 由二维连续型随机变量联合概率密度性质的第(2)条可知 $\displaystyle\int_{-\infty}^{+\infty}\int_{-\infty}^{+\infty} f(x,y)\mathrm{d}x\mathrm{d}y = 1$，即

$$\int_0^1 \mathrm{d}x \int_0^2 A(3x^2 + xy)\mathrm{d}y = 1,$$

$$A \int_0^1 (6x^2 + 2x) \mathrm{d}x = 1,$$

$$3A = 1,$$

$$A = \frac{1}{3}.$$

故二维随机变量(X,Y)的概率密度为

$$f(x,y) = \begin{cases} \dfrac{1}{3}(3x^2 + xy), & 0 \leqslant x \leqslant 1, 0 \leqslant y \leqslant 2, \\ 0, & \text{其他.} \end{cases}$$

(2) $P\{X + Y \leqslant 1\} = \displaystyle\iint_{x+y \leqslant 1} f(x,y)\mathrm{d}x\mathrm{d}y = \int_0^1 \mathrm{d}x \int_0^{1-x} \frac{1}{3}(3x^2 + xy)\mathrm{d}y$

$$= \frac{1}{3} \int_0^1 \left(\frac{1}{2}x + 2x^2 - \frac{5}{2}x^3 \right) \mathrm{d}x = \frac{7}{72}.$$

6. 随机变量(X,Y)在矩形区域D：$\{(x,y) \mid a \leqslant x \leqslant b, c \leqslant y \leqslant d\}$内服从均匀分布，求：$(X,Y)$的联合概率密度.

解 已知(X,Y)在矩形区域D：$\{(x,y) \mid a \leqslant x \leqslant b, c \leqslant y \leqslant d\}$内服从均匀分布，可得$(X,Y)$的联合概率密度为

$$f(x,y) = \begin{cases} \dfrac{1}{S_D}, & (x,y) \in D, \\ 0, & \text{其他.} \end{cases}$$

且$S_D = (b-a)(d-c)$，故(X,Y)的联合概率密度为

$$f(x,y) = \begin{cases} \dfrac{1}{(b-a)(d-c)}, & a \leqslant x \leqslant b, c \leqslant y \leqslant d, \\ 0, & \text{其他.} \end{cases}$$

7. 设二维连续型随机变量(X,Y)的联合概率密度为

$$f(x,y) = \begin{cases} k\mathrm{e}^{-3x-4y}, & x > 0, y > 0, \\ 0, & \text{其他.} \end{cases}$$

求：(1) 常数k；(2) $P\{0 < X < 1, 0 < Y < 2\}$.

解 (1) 由二维连续型随机变量联合概率密度的性质第(2)条可知$\displaystyle\int_{-\infty}^{+\infty}\int_{-\infty}^{+\infty} f(x,y)\mathrm{d}x\mathrm{d}y = 1$，即

$$\int_0^{+\infty} \mathrm{d}x \int_0^{+\infty} k\mathrm{e}^{-3x-4y}\mathrm{d}y = 1,$$

$$k \int_0^{+\infty} \mathrm{e}^{-3x}\mathrm{d}x \int_0^{+\infty} \mathrm{e}^{-4y}\mathrm{d}y = 1,$$

$$k \times \frac{1}{3} \times \frac{1}{4} = 1,$$

$$k = 12.$$

故随机变量(X,Y)的联合概率密度为

$$f(x,y) = \begin{cases} 12\mathrm{e}^{-3x-4y}, & x > 0, y > 0, \\ 0, & \text{其他.} \end{cases}$$

(2) $P\{0 < X < 1, 0 < Y < 2\} = \iint\limits_{\substack{0 < x < 1 \\ 0 < y < 2}} f(x,y)\mathrm{d}x\mathrm{d}y = \int_0^1 \mathrm{d}x \int_0^2 12\mathrm{e}^{-3x-4y}\mathrm{d}y$

$$= 12 \int_0^1 \mathrm{e}^{-3x}\mathrm{d}x \int_0^2 \mathrm{e}^{-4y}\mathrm{d}y = 1 - \mathrm{e}^{-3} - \mathrm{e}^{-8} + \mathrm{e}^{-11}.$$

习题 3-2

1. 抛两枚硬币,以 X 表示第一枚硬币出现正面的次数,Y 表示第二枚硬币出现正面的次数. 求:(1) 二维随机变量(X,Y)的联合分布律;(2) 关于 X 和关于 Y 的边缘分布律.

解 (1) X 和 Y 的可能取值均为 $0,1$,其联合分布律如下:

$$P\{X=0,Y=0\} = \frac{1}{2} \times \frac{1}{2} = \frac{1}{4}, \quad P\{X=0,Y=1\} = \frac{1}{2} \times \frac{1}{2} = \frac{1}{4},$$

$$P\{X=1,Y=0\} = \frac{1}{2} \times \frac{1}{2} = \frac{1}{4}, \quad P\{X=1,Y=1\} = \frac{1}{2} \times \frac{1}{2} = \frac{1}{4}.$$

综上所述,二维随机变量(X,Y)的联合分布律为

Y \ X	0	1
0	$\frac{1}{4}$	$\frac{1}{4}$
1	$\frac{1}{4}$	$\frac{1}{4}$

(2) $P\{X=i\} = p_{i\cdot} = \sum_{j=0}^1 p_{ij}, \quad P\{Y=j\} = p_{\cdot j} = \sum_{i=0}^1 p_{ij}, \quad i,j = 0,1.$

$$P\{X=0\} = \frac{1}{4} + \frac{1}{4} = \frac{1}{2}, \quad P\{X=1\} = \frac{1}{4} + \frac{1}{4} = \frac{1}{2},$$

$$P\{Y=0\} = \frac{1}{4} + \frac{1}{4} = \frac{1}{2}, \quad P\{Y=1\} = \frac{1}{4} + \frac{1}{4} = \frac{1}{2}.$$

故 X 和 Y 的边缘分布律为

X	0	1
$p_{i\cdot}$	$\frac{1}{2}$	$\frac{1}{2}$

Y	0	1
$p_{\cdot j}$	$\frac{1}{2}$	$\frac{1}{2}$

2. 求习题 3-1,2 中的二维随机变量(X,Y)的边缘分布律.

解 原题中的二维随机变量(X,Y)的联合分布律为

Y \ X	0	1	2
0	$\frac{1}{8}$	$\frac{1}{4}$	$\frac{1}{8}$
1	$\frac{1}{6}$	$\frac{1}{6}$	$\frac{1}{6}$

$$P\{X=i\}=p_{i\cdot}=\sum_{j=0}^{1}p_{ij},\quad P\{Y=j\}=p_{\cdot j}=\sum_{i=0}^{2}p_{ij},\quad i=0,1,2,j=0,1$$

$$P\{X=0\}=\frac{1}{8}+\frac{1}{6}=\frac{7}{24},\quad P\{X=1\}=\frac{1}{4}+\frac{1}{6}=\frac{5}{12},$$

$$P\{Y=2\}=\frac{1}{8}+\frac{1}{6}=\frac{7}{24},\quad P\{Y=0\}=\frac{1}{8}+\frac{1}{4}+\frac{1}{8}=\frac{1}{2},$$

$$P\{Y=1\}=\frac{1}{6}+\frac{1}{6}+\frac{1}{6}=\frac{1}{2}.$$

故 X 和 Y 的边缘分布律为

X	0	1	2
$p_{i\cdot}$	$\frac{7}{24}$	$\frac{5}{12}$	$\frac{7}{24}$

Y	0	1
$p_{\cdot j}$	$\frac{1}{2}$	$\frac{1}{2}$

3. 求习题 3-1,3 中的二维随机变量 (X,Y) 的边缘分布律.

解 （1）无放回条件下. 原题中的二维随机变量 (X,Y) 的联合分布律为

Y ＼ X	1	2	3
1	0	$\frac{1}{12}$	$\frac{1}{6}$
2	$\frac{1}{12}$	0	$\frac{1}{6}$
3	$\frac{1}{6}$	$\frac{1}{6}$	$\frac{1}{6}$

$$P\{X=i\}=p_{i\cdot}=\sum_{j=1}^{3}p_{ij},\quad P\{Y=j\}=p_{\cdot j}=\sum_{i=1}^{3}p_{ij},\quad i=1,2,3,j=1,2,3.$$

$$P\{X=1\}=0+\frac{1}{12}+\frac{1}{6}=\frac{1}{4},\quad P\{X=2\}=\frac{1}{12}+0+\frac{1}{6}=\frac{1}{4},$$

$$P\{X=3\}=\frac{1}{6}+\frac{1}{6}+\frac{1}{6}=\frac{1}{2},\quad P\{Y=1\}=0+\frac{1}{12}+\frac{1}{6}=\frac{1}{4},$$

$$P\{Y=2\}=\frac{1}{12}+0+\frac{1}{6}=\frac{1}{4},\quad P\{Y=3\}=\frac{1}{6}+\frac{1}{6}+\frac{1}{6}=\frac{1}{2}.$$

故 X 和 Y 的边缘分布律为

X	1	2	3
$p_{i\cdot}$	$\frac{1}{4}$	$\frac{1}{4}$	$\frac{1}{2}$

Y	1	2	3
$p_{\cdot j}$	$\frac{1}{4}$	$\frac{1}{4}$	$\frac{1}{2}$

（2）有放回条件下. 原题中的二维随机变量 (X,Y) 的联合分布律为

Y ＼ X	1	2	3
1	$\frac{1}{16}$	$\frac{1}{16}$	$\frac{1}{8}$
2	$\frac{1}{16}$	$\frac{1}{16}$	$\frac{1}{8}$
3	$\frac{1}{8}$	$\frac{1}{8}$	$\frac{1}{4}$

$$P\{X=i\} = p_{i\cdot} = \sum_{j=1}^{3} p_{ij}, \quad P\{Y=j\} = p_{\cdot j} = \sum_{i=1}^{3} p_{ij}, \quad i=1,2,3, j=1,2,3.$$

$$P\{X=1\} = \frac{1}{16} + \frac{1}{16} + \frac{1}{8} = \frac{1}{4}, \quad P\{X=2\} = \frac{1}{16} + \frac{1}{16} + \frac{1}{8} = \frac{1}{4},$$

$$P\{X=3\} = \frac{1}{8} + \frac{1}{8} + \frac{1}{4} = \frac{1}{2}, \quad P\{Y=1\} = \frac{1}{16} + \frac{1}{16} + \frac{1}{8} = \frac{1}{4},$$

$$P\{Y=2\} = \frac{1}{16} + \frac{1}{16} + \frac{1}{8} = \frac{1}{4}, \quad P\{Y=3\} = \frac{1}{8} + \frac{1}{8} + \frac{1}{4} = \frac{1}{2}.$$

故 X 和 Y 的边缘分布律为

X	1	2	3
$p_{i\cdot}$	$\frac{1}{4}$	$\frac{1}{4}$	$\frac{1}{2}$

Y	1	2	3
$p_{\cdot j}$	$\frac{1}{4}$	$\frac{1}{4}$	$\frac{1}{2}$

4. 求习题 3-1,4 中的二维随机变量 (X,Y) 的边缘分布律.

解 原题中的二维随机变量 (X,Y) 的联合分布律为

Y \ X	0	1
0	$\frac{2}{15}$	$\frac{4}{15}$
1	$\frac{4}{15}$	$\frac{1}{3}$

$$P\{X=i\} = p_{i\cdot} = \sum_{j=0}^{1} p_{ij}, \quad P\{Y=j\} = p_{\cdot j} = \sum_{i=0}^{1} p_{ij}, \quad i,j=0,1.$$

$$P\{X=0\} = \frac{2}{15} + \frac{4}{15} = \frac{2}{5}, \quad P\{X=1\} = \frac{4}{15} + \frac{1}{3} = \frac{3}{5},$$

$$P\{Y=0\} = \frac{2}{15} + \frac{4}{15} = \frac{2}{5}, \quad P\{Y=1\} = \frac{4}{15} + \frac{1}{3} = \frac{3}{5}.$$

故 X 和 Y 的边缘分布律为

X	0	1
$p_{i\cdot}$	$\frac{2}{5}$	$\frac{3}{5}$

Y	0	1
$p_{\cdot j}$	$\frac{2}{5}$	$\frac{3}{5}$

5. 求习题 3-1,5 中的二维随机变量 (X,Y) 的边缘概率密度.

解 原题中的二维随机变量 (X,Y) 的联合概率密度为

$$f(x,y) = \begin{cases} \frac{1}{3}(3x^2 + xy), & 0 \leqslant x \leqslant 1, 0 \leqslant y \leqslant 2, \\ 0, & \text{其他}. \end{cases}$$

由于 $f_X(x) = \displaystyle\int_{-\infty}^{+\infty} f(x,y)\mathrm{d}y,$ 可知

$$f_X(x) = \begin{cases} \displaystyle\int_0^2 \frac{1}{3}(3x^2 + xy)\,\mathrm{d}y, & 0 \leqslant x \leqslant 1, \\ 0, & \text{其他} \end{cases}$$

$$= \begin{cases} 2x^2 + \dfrac{2}{3}x, & 0 \leqslant x \leqslant 1, \\ 0, & \text{其他}. \end{cases}$$

同理由于 $f_Y(y) = \displaystyle\int_{-\infty}^{+\infty} f(x,y)\,\mathrm{d}x$, 可知

$$f_Y(y) = \begin{cases} \displaystyle\int_0^1 \frac{1}{3}(3x^2 + xy)\,\mathrm{d}x, & 0 \leqslant y \leqslant 2, \\ 0, & \text{其他} \end{cases}$$

$$= \begin{cases} \dfrac{y+2}{6}, & 0 \leqslant y \leqslant 2, \\ 0, & \text{其他}. \end{cases}$$

6. 求习题 3-1,6 中的二维随机变量 (X,Y) 的边缘概率密度.

解 原题中的二维随机变量 (X,Y) 的联合概率密度为

$$f(x,y) = \begin{cases} \dfrac{1}{(b-a)(d-c)}, & a \leqslant x \leqslant b, c \leqslant y \leqslant d, \\ 0, & \text{其他}. \end{cases}$$

由于 $f_X(x) = \displaystyle\int_{-\infty}^{+\infty} f(x,y)\,\mathrm{d}y$, 可知

$$f_X(x) = \begin{cases} \displaystyle\int_c^d \frac{1}{(b-a)(d-c)}\,\mathrm{d}y, & a \leqslant x \leqslant b, \\ 0, & \text{其他} \end{cases}$$

$$= \begin{cases} \dfrac{1}{b-a}, & a \leqslant x \leqslant b, \\ 0, \text{其他}. \end{cases}$$

同理由于 $f_Y(y) = \displaystyle\int_{-\infty}^{+\infty} f(x,y)\,\mathrm{d}x$, 可知

$$f_Y(y) = \begin{cases} \displaystyle\int_a^b \frac{1}{(b-a)(d-c)}\,\mathrm{d}x, & c \leqslant y \leqslant d, \\ 0, & \text{其他} \end{cases}$$

$$= \begin{cases} \dfrac{1}{d-c}, & c \leqslant y \leqslant d, \\ 0, & \text{其他}. \end{cases}$$

7. 求习题 3-1,7 中的二维随机变量 (X,Y) 的边缘概率密度.

解 原题中的二维随机变量 (X,Y) 的联合概率密度为

$$f(x,y) = \begin{cases} 12\mathrm{e}^{-3x-4y}, & x > 0, y > 0, \\ 0, & \text{其他}. \end{cases}$$

由于 $f_X(x) = \displaystyle\int_{-\infty}^{+\infty} f(x,y)\,\mathrm{d}y$, 可知

$$f_X(x) = \begin{cases} \displaystyle\int_0^{+\infty} 12\mathrm{e}^{-3x-4y}\mathrm{d}y, & x > 0, \\ 0, & \text{其他} \end{cases} = \begin{cases} 3\mathrm{e}^{-3x}, & x > 0, \\ 0, & \text{其他.} \end{cases}$$

同理由于 $f_Y(y) = \displaystyle\int_{-\infty}^{+\infty} f(x,y)\mathrm{d}x$, 可知

$$f_Y(y) = \begin{cases} \displaystyle\int_0^{+\infty} 12\mathrm{e}^{-3x-4y}\mathrm{d}x, & y > 0, \\ 0, & \text{其他} \end{cases} = \begin{cases} 4\mathrm{e}^{-4y}, & y > 0, \\ 0, & \text{其他.} \end{cases}$$

8. 设二维连续型随机变量 (X,Y) 的联合概率密度为

$$f(x,y) = \begin{cases} kxy, & 0 \leqslant x \leqslant 1, 0 \leqslant y \leqslant 1, \\ 0, & \text{其他.} \end{cases}$$

求: (1) 常数 k; (2) $P\left\{0<X<\dfrac{1}{2}, \dfrac{1}{2}<Y<2\right\}$; (3) 关于 X 和关于 Y 的边缘概率密度.

解 (1) 由二维连续型随机变量联合概率密度的性质第(2)条可知 $\displaystyle\int_{-\infty}^{+\infty}\int_{-\infty}^{+\infty} f(x, y)\mathrm{d}x\mathrm{d}y = 1$, 即

$$\int_0^1 \mathrm{d}x \int_0^1 kxy\,\mathrm{d}y = 1,$$

$$k\int_0^1 x\,\mathrm{d}x \int_0^1 y\,\mathrm{d}y = 1,$$

$$k \times \frac{1}{2} \times \frac{1}{2} = 1,$$

$$k = 4.$$

故随机变量 (X,Y) 的联合概率密度为

$$f(x,y) = \begin{cases} 4xy, & 0 \leqslant x \leqslant 1, 0 \leqslant y \leqslant 1, \\ 0, & \text{其他.} \end{cases}$$

(2) $P\left\{0 < X < \dfrac{1}{2}, \dfrac{1}{2} < Y < 2\right\} = \displaystyle\int_0^{\frac{1}{2}} \mathrm{d}x \int_{\frac{1}{2}}^2 f(x,y)\mathrm{d}y = \int_0^{\frac{1}{2}} \mathrm{d}x \int_{\frac{1}{2}}^1 4xy\,\mathrm{d}y$

$$= \int_0^{\frac{1}{2}} \frac{3}{2}x\,\mathrm{d}x = \frac{3}{16}.$$

(3) 由于 $f_X(x) = \displaystyle\int_{-\infty}^{+\infty} f(x,y)\mathrm{d}y$, 可知

$$f_X(x) = \begin{cases} \displaystyle\int_0^1 4xy\,\mathrm{d}y, & 0 \leqslant x \leqslant 1, \\ 0, & \text{其他} \end{cases} = \begin{cases} 2x, & 0 \leqslant x \leqslant 1, \\ 0, & \text{其他.} \end{cases}$$

同理由于 $f_Y(y) = \displaystyle\int_{-\infty}^{+\infty} f(x,y)\mathrm{d}x$, 可知

$$f_Y(y) = \begin{cases} \displaystyle\int_0^1 4xy\,\mathrm{d}x, & 0 \leqslant y \leqslant 1, \\ 0, & \text{其他} \end{cases} = \begin{cases} 2y, & 0 \leqslant y \leqslant 1, \\ 0, & \text{其他.} \end{cases}$$

习题 3-3

1. 以 X 表示某医院一天内来院体检的人数, 以 Y 表示其中男士的人数. 设 (X,Y) 的联

合分布律为

$$P\{X=n,Y=m\}=\frac{\mathrm{e}^{-14}\,(7.14)^m\,(6.86)^{n-m}}{m!\,(n-m)!},\quad m=0,1,\cdots,n;n=0,1,2,\cdots$$

试求条件分布律 $P\{Y=m\,|\,X=n\}$.

解　由已知条件可得

$$P\{X=n\}=\sum_{m=0}^{n}\frac{\mathrm{e}^{-14}\,(7.14)^m\,(6.86)^{n-m}}{m!\,(n-m)!}=\frac{14^n\cdot\mathrm{e}^{-14}}{n!},\quad n=0,1,2,\cdots.$$

故

$$P\{Y=m\,|\,X=n\}=\frac{P\{X=n,Y=m\}}{P\{X=n\}}=\frac{\mathrm{e}^{-14}\,(7.14)^m\,(6.86)^{n-m}\cdot n!}{m!\,(n-m)!\cdot 14^n\cdot\mathrm{e}^{-14}}$$

$$=\mathrm{C}_n^m\left(\frac{7.14}{14}\right)^m\left(\frac{6.86}{14}\right)^{n-m}.$$

2. 设二维随机变量 (X,Y) 的联合概率密度为

$$f(x,y)=\begin{cases}3x,&0<x<1,0<y<x,\\0,&\text{其他},\end{cases}$$

求条件概率密度 $f(y\,|\,x)$.

解　由已知条件可得 X 的边缘概率密度为

$$f_X(x)=\begin{cases}3x^2,&0<x<1,\\0,&\text{其他}.\end{cases}$$

对于 $0<y<1$,有

$$f(y\,|\,x)=\frac{f(x,y)}{f_X(x)}=\begin{cases}\dfrac{1}{x},&0<y<x,\\0,&\text{其他}.\end{cases}$$

3. 设二维随机变量 (X,Y) 的联合概率密度为

$$f(x,y)=\begin{cases}\dfrac{21}{4}x^2y,&x^2\leqslant y\leqslant 1,\\0,&\text{其他},\end{cases}$$

求条件概率密度 $P\{Y\geqslant 0.75\,|\,X=0.5\}$.

解　由题可知,X 的边缘概率密度为

$$f_X(x)=\begin{cases}\dfrac{21}{8}x^2(1-x^4),&-1\leqslant x\leqslant 1,\\0,&\text{其他}.\end{cases}$$

进而

$$F(0.75\,|\,X=0.5)=P\{Y\leqslant 0.75\,|\,X=0.5\}=\frac{1}{f_X(0.5)}\int_{0.5^2}^{0.75}\frac{21}{4}\times 0.5^2 v\mathrm{d}v=\frac{8}{15}.$$

故

$$P\{Y\geqslant 0.75\,|\,X=0.5\}=1-\frac{8}{15}=\frac{7}{15}.$$

习题 3-4

1. 随机变量 X,Y 分别表示某超市某月售出甲、乙两种商品的件数,根据以前的资料可

知 (X,Y) 的联合分布律为

X Y	11	12	13	14	15
11	0.06	0.05	0.05	0.01	0.01
12	0.07	0.05	0.01	0.01	0.01
13	0.05	0.10	0.10	0.05	0.05
14	0.05	0.02	0.01	0.01	0.03
15	0.05	0.06	0.05	0.01	0.03

求：（1）关于 X 和关于 Y 的边缘分布律；

（2）随机变量 X,Y 是否相互独立？

解　（1）$P\{X=i\}=p_{i\cdot}=\sum_{j=11}^{15}p_{ij},P\{Y=j\}=p_{\cdot j}=\sum_{i=11}^{15}p_{ij},i,j=11,12,13,14,15.$

$P\{X=11\}=0.06+0.05+0.05+0.01+0.01=0.18,$

$P\{X=12\}=0.07+0.05+0.01+0.01+0.01=0.15,$

$P\{X=13\}=0.05+0.10+0.10+0.05+0.05=0.35,$

$P\{X=14\}=0.05+0.02+0.01+0.01+0.03=0.12,$

$P\{X=15\}=0.05+0.06+0.05+0.01+0.03=0.20,$

$P\{Y=11\}=0.06+0.07+0.05+0.05+0.05=0.28,$

$P\{Y=12\}=0.05+0.05+0.10+0.02+0.06=0.28,$

$P\{Y=13\}=0.05+0.01+0.10+0.01+0.05=0.22,$

$P\{Y=14\}=0.01+0.01+0.05+0.01+0.01=0.09,$

$P\{Y=15\}=0.01+0.01+0.05+0.03+0.03=0.13.$

故 X 和 Y 的边缘分布律为

X	11	12	13	14	15
$p_{i\cdot}$	0.18	0.15	0.35	0.12	0.20

Y	11	12	13	14	15
$p_{\cdot j}$	0.28	0.28	0.22	0.09	0.13

（2）由于 $P\{X=15,Y=14\}=0.01\neq P\{X=15\}\cdot P\{Y=14\}=0.20\times0.09=0.018$，故 X 与 Y 不独立.

2. 判断习题 3-1,2 中的随机变量 X,Y 是否相互独立？

解　原题中的二维随机变量 (X,Y) 的联合分布律为

X Y	0	1	2
0	$\dfrac{1}{8}$	$\dfrac{1}{4}$	$\dfrac{1}{8}$
1	$\dfrac{1}{6}$	$\dfrac{1}{6}$	$\dfrac{1}{6}$

X 和 Y 的边缘分布律为

X	0	1	2
$p_i.$	$\frac{7}{24}$	$\frac{5}{12}$	$\frac{7}{24}$

Y	0	1
$p._j$	$\frac{1}{2}$	$\frac{1}{2}$

由于 $P\{X=0,Y=0\}=\frac{1}{8}\neq P\{X=0\}\cdot P\{Y=0\}=\frac{7}{24}\times\frac{1}{2}=\frac{7}{48}$,故 X 与 Y 不独立.

3. 判断习题 $3-1,3$ 中的随机变量 X,Y 是否相互独立?

解　(1) 无放回条件下.原题中的二维随机变量 (X,Y) 的联合分布律为

Y \\ X	1	2	3
1	0	$\frac{1}{12}$	$\frac{1}{6}$
2	$\frac{1}{12}$	0	$\frac{1}{6}$
3	$\frac{1}{6}$	$\frac{1}{6}$	$\frac{1}{6}$

X 和 Y 的边缘分布律为

X	1	2	3
$p_i.$	$\frac{1}{4}$	$\frac{1}{4}$	$\frac{1}{2}$

Y	1	2	3
$p._j$	$\frac{1}{4}$	$\frac{1}{4}$	$\frac{1}{2}$

由于 $P\{X=1,Y=1\}=0\neq P\{X=1\}\cdot P\{Y=1\}=\frac{1}{4}\times\frac{1}{4}=\frac{1}{16}$,故 X 与 Y 不独立.

(2) 有放回条件下.原题中的二维随机变量 (X,Y) 的联合分布律为

Y \\ X	1	2	3
1	$\frac{1}{16}$	$\frac{1}{16}$	$\frac{1}{8}$
2	$\frac{1}{16}$	$\frac{1}{16}$	$\frac{1}{8}$
3	$\frac{1}{8}$	$\frac{1}{8}$	$\frac{1}{4}$

X 和 Y 的边缘分布律为

X	1	2	3
$p_i.$	$\frac{1}{4}$	$\frac{1}{4}$	$\frac{1}{2}$

Y	1	2	3
$p._j$	$\frac{1}{4}$	$\frac{1}{4}$	$\frac{1}{2}$

由于 $P\{X=i,Y=j\}=P\{X=i\}\cdot P\{Y=j\},i,j=1,2,3$,故 X 与 Y 相互独立.

4. 判断习题 3-1,4 中的随机变量 X,Y 是否相互独立?

解 原题中的二维随机变量(X,Y)的联合分布律为

Y \ X	0	1
0	$\frac{2}{15}$	$\frac{4}{15}$
1	$\frac{4}{15}$	$\frac{1}{3}$

X 和 Y 的边缘分布律为

X	0	1
$p_i.$	$\frac{2}{5}$	$\frac{3}{5}$

Y	0	1
$p._j$	$\frac{2}{5}$	$\frac{3}{5}$

由于 $P\{X=1,Y=1\}=\dfrac{1}{3}\neq P\{X=1\}\cdot P\{Y=1\}=\dfrac{3}{5}\times\dfrac{3}{5}=\dfrac{9}{25}$,故 X 与 Y 不独立.

5. 判断习题 3-2,1 中的随机变量 X,Y 是否相互独立?

解 原题中随机变量(X,Y)的联合分布律为

Y \ X	0	1
0	$\frac{1}{4}$	$\frac{1}{4}$
1	$\frac{1}{4}$	$\frac{1}{4}$

X 和 Y 的边缘分布律为

X	0	1
$p_i.$	$\frac{1}{2}$	$\frac{1}{2}$

Y	0	1
$p._j$	$\frac{1}{2}$	$\frac{1}{2}$

由于 $P\{X=i,Y=j\}=P\{X=i\}\cdot P\{Y=j\},i,j=0,1$,故 X 与 Y 相互独立.

6. 判断习题 3-1,5 中的随机变量 X,Y 是否相互独立?

解 原题中的二维随机变量(X,Y)的联合概率密度为

$$f(x,y)=\begin{cases}\dfrac{1}{3}(3x^2+xy), & 0\leqslant x\leqslant 1,0\leqslant y\leqslant 2,\\ 0, & \text{其他}.\end{cases}$$

X 和 Y 的边缘概率密度为

$$f_X(x) = \begin{cases} 2x^2 + \dfrac{2}{3}x, & 0 \leqslant x \leqslant 1, \\ 0, & \text{其他}, \end{cases} \quad \text{和} \quad f_Y(y) = \begin{cases} \dfrac{y+2}{6}, & 0 \leqslant y \leqslant 2, \\ 0, & \text{其他}. \end{cases}$$

由于 $f(x,y) \neq f_X(x) \cdot f_Y(y)$，故 X 与 Y 不独立.

7. 判断习题 3-1,6 中的随机变量 X,Y 是否相互独立？

解　原题中的二维随机变量 (X,Y) 的联合概率密度为

$$f(x,y) = \begin{cases} \dfrac{1}{(b-a)(d-c)}, & a \leqslant x \leqslant b, c \leqslant y \leqslant d, \\ 0, & \text{其他}. \end{cases}$$

X 和 Y 的边缘概率密度为

$$f_X(x) = \begin{cases} \dfrac{1}{b-a}, & a \leqslant x \leqslant b, \\ 0, & \text{其他}, \end{cases} \quad \text{和} \quad f_Y(y) = \begin{cases} \dfrac{1}{d-c}, & c \leqslant y \leqslant d, \\ 0, & \text{其他}. \end{cases}$$

由于 $f(x,y) = f_X(x) \cdot f_Y(y)$，故 X 与 Y 独立.

8. 判断习题 3-1,7 中的随机变量 X,Y 是否相互独立？

解　原题中的二维随机变量 (X,Y) 的联合概率密度为

$$f(x,y) = \begin{cases} 12\mathrm{e}^{-3x-4y}, & x > 0, y > 0, \\ 0, & \text{其他}. \end{cases}$$

X 和 Y 的边缘概率密度为

$$f_X(x) = \begin{cases} 3\mathrm{e}^{-3x}, & x > 0, \\ 0, & \text{其他}, \end{cases} \quad \text{和} \quad f_Y(y) = \begin{cases} 4\mathrm{e}^{-4y}, & y > 0, \\ 0, & \text{其他}. \end{cases}$$

由于 $f(x,y) = f_X(x) \cdot f_Y(y)$，故 X 与 Y 独立.

9. 判断习题 3-2,8 中的随机变量 X,Y 是否相互独立？

解　原题中的二维随机变量 (X,Y) 的联合概率密度为

$$f(x,y) = \begin{cases} 4xy, & 0 \leqslant x \leqslant 1, 0 \leqslant y \leqslant 1, \\ 0, & \text{其他}. \end{cases}$$

X 和 Y 的边缘概率密度为

$$f_X(x) = \begin{cases} 2x, & 0 \leqslant x \leqslant 1, \\ 0, & \text{其他}, \end{cases} \quad \text{和} \quad f_Y(y) = \begin{cases} 2y, & 0 \leqslant y \leqslant 1, \\ 0, & \text{其他}. \end{cases}$$

由于 $f(x,y) = f_X(x) \cdot f_Y(y)$，故 X 与 Y 独立.

10. 设二维连续型随机变量 (X,Y) 的联合概率密度为

$$f(x,y) = \begin{cases} \dfrac{k}{4}xy, & 0 \leqslant x \leqslant 4, 0 \leqslant y \leqslant \sqrt{x}, \\ 0, & \text{其他}. \end{cases}$$

求：(1) 常数 k；(2) $P\{X \leqslant 1\}$ 和 $P\{Y \leqslant 1\}$；(3) 关于 X 和关于 Y 的边缘概率密度；(4) 随机变量 X,Y 是否相互独立？

解　(1) 由二维连续型随机变量联合概率密度的性质第(2)条可知 $\int_{-\infty}^{+\infty} \int_{-\infty}^{+\infty} f(x,y)\mathrm{d}x\mathrm{d}y = 1$，即

$$\int_0^4 \mathrm{d}x \int_0^{\sqrt{x}} \frac{k}{4}xy\mathrm{d}y = 1,$$

$$\frac{k}{8}\int_0^4 x^2 \mathrm{d}x = 1,$$

$$\frac{k}{8}\times\frac{64}{3} = 1,$$

$$k = \frac{3}{8}.$$

故随机变量(X,Y)的联合概率密度为

$$f(x,y) = \begin{cases} \dfrac{3}{32}xy, & 0\leqslant x\leqslant 4, 0\leqslant y\leqslant\sqrt{x}, \\ 0, & \text{其他}. \end{cases}$$

(2) $P\{X\leqslant 1\} = \iint\limits_{x\leqslant 1} f(x,y)\mathrm{d}x\mathrm{d}y = \int_0^1\mathrm{d}x\int_0^{\sqrt{x}}\frac{3}{32}xy\mathrm{d}y = \int_0^1\frac{3}{64}x^2\mathrm{d}x = \frac{1}{64},$

$P\{Y\leqslant 1\} = \iint\limits_{y\leqslant 1} f(x,y)\mathrm{d}x\mathrm{d}y = \int_0^1\mathrm{d}y\int_{y^2}^4\frac{3}{32}xy\mathrm{d}x = \int_0^1\left(\frac{3}{4}y-\frac{3}{64}y^5\right)\mathrm{d}y = \frac{47}{128}.$

(3) 由于$f_X(x) = \displaystyle\int_{-\infty}^{+\infty} f(x,y)\mathrm{d}y$,可知

$$f_X(x) = \begin{cases} \displaystyle\int_0^{\sqrt{x}}\frac{3}{32}xy\mathrm{d}y, & 0\leqslant x\leqslant 4, \\ 0, & \text{其他} \end{cases} = \begin{cases} \dfrac{3}{64}x^2, & 0\leqslant x\leqslant 1, \\ 0, & \text{其他}. \end{cases}$$

同理由于$f_Y(y) = \displaystyle\int_{-\infty}^{+\infty} f(x,y)\mathrm{d}x$,可知

$$f_Y(y) = \begin{cases} \displaystyle\int_{y^2}^4\frac{3}{32}xy\mathrm{d}x, & 0\leqslant y\leqslant 2, \\ 0, & \text{其他} \end{cases} = \begin{cases} \dfrac{3}{4}y-\dfrac{3}{64}y^5, & 0\leqslant y\leqslant 2, \\ 0, & \text{其他}. \end{cases}$$

(4) 由于$f(x,y)\neq f_X(x)\cdot f_Y(y)$,故$X$与$Y$不独立.

习题 3-5

下面的$1\sim 4$题有如下题设:设二维随机变量(X,Y)的分布律为

Y＼X	-1	1	2
-1	0.1	0.2	0.3
2	0.2	0.1	0.1

1. 求$Z=X+Y$的分布律.

2. 求$Z=XY$的分布律.

3. 求$Z=\dfrac{X}{Y}$的分布律.

4. 求$Z=\max\{X,Y\}$的分布律.

解　由(X,Y)的分布律可知

p_{ij}	0.1	0.2	0.3	0.2	0.1	0.1
(X,Y)	$(-1,-1)$	$(-1,1)$	$(-1,2)$	$(2,-1)$	$(2,1)$	$(2,2)$
$Z=X+Y$	-2	0	1	1	3	4
$Z=X\cdot Y$	1	-1	-2	-2	2	4
$Z=\dfrac{X}{Y}$	1	-1	$-\dfrac{1}{2}$	-2	2	1
$Z=\max\{X,Y\}$	-1	1	2	2	2	2

故第 1 题中 $Z=X+Y$ 的分布律为

Z	-2	0	1	3	4
p_k	0.1	0.2	0.5	0.1	0.1

第 2 题中 $Z=XY$ 的分布律为

Z	-2	-1	1	2	4
p_k	0.5	0.2	0.1	0.1	0.1

第 3 题中 $Z=\dfrac{X}{Y}$ 的分布律为

Z	-2	-1	$-\dfrac{1}{2}$	1	2
p_k	0.2	0.2	0.3	0.2	0.1

第 4 题中 $Z=\max\{X,Y\}$ 的分布律为

Z	-1	1	2
p_k	0.1	0.2	0.7

5. 设相互独立的两个离散型随机变量 X,Y 具有相同分布,且分布律为

X	0	1
p_k	$\dfrac{1}{2}$	$\dfrac{1}{2}$

记 $M=\max\{X,Y\}$,$N=\min\{X,Y\}$,求 M 和 N 的分布律.

解　由于 X 与 Y 相互独立,有

$$P\{X=i,Y=j\}=P\{X=i\}\cdot P\{Y=j\}, \quad i,j=0,1.$$

故(X,Y)的联合分布律为

Y \ X	0	1
0	$\dfrac{1}{4}$	$\dfrac{1}{4}$
1	$\dfrac{1}{4}$	$\dfrac{1}{4}$

由分布律可知

p_{ij}	$\dfrac{1}{4}$	$\dfrac{1}{4}$	$\dfrac{1}{4}$	$\dfrac{1}{4}$
(X,Y)	$(0,0)$	$(0,1)$	$(1,0)$	$(1,1)$
$M=\max\{X,Y\}$	0	1	1	1
$N=\min\{X,Y\}$	0	0	0	1

故 $M=\max\{X,Y\}$ 的分布律为

M	0	1
p_k	$\dfrac{1}{4}$	$\dfrac{3}{4}$

$N=\min\{X,Y\}$ 的分布律为

N	0	1
p_k	$\dfrac{3}{4}$	$\dfrac{1}{4}$

6. 设二维随机变量 (X,Y) 的联合概率密度为

$$f(x,y) = \begin{cases} \mathrm{e}^{-(x+y)}, & x>0, y>0, \\ 0, & \text{其他,} \end{cases}$$

求随机变量 $Z=X+Y$ 的概率密度函数.

解 随机变量 $Z=X+Y$ 的概率密度函数为

$$f_Z(z) = \int_{-\infty}^{+\infty} f(x, z-x)\,\mathrm{d}x.$$

被积函数 $f(x, z-x)$ 不为零的区域(见图 3-5)为

$$\begin{cases} x>0, \\ z-x>0. \end{cases}$$

当 $z<0$ 时,被积函数为零,故 $f_Z(z)=0$;

当 $z \geqslant 0$ 时,$f_Z(z) = \int_0^z \mathrm{e}^{-z}\,\mathrm{d}x = z\mathrm{e}^{-z}.$

综上所述,可得 $Z=X+Y$ 的概率密度函数为

$$f_Z(z) = \begin{cases} z\mathrm{e}^{-z}, & z \geqslant 0, \\ 0, & \text{其他.} \end{cases}$$

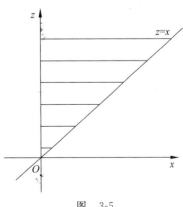

图 3-5

7. 设随机变量 X_1, X_2, X_3 相互独立,且都服从参数为 1 的指数分布,求 $M = \max\{X_1, X_2, X_3\}$ 的概率密度.

解 已知 X_1, X_2, X_3 都服从参数为 1 的指数分布,故其分布函数为

$$F(x) = \begin{cases} 1 - e^{-x}, & x \geqslant 0, \\ 0, & x < 0. \end{cases}$$

进而

$$\begin{aligned} F_M(z) &= P\{M \leqslant z\} = P\{\max\{X_1, X_2, X_3\} \leqslant z\} \\ &= P\{X_1 \leqslant z, X_2 \leqslant z, X_3 \leqslant z\} \\ &= P\{X_1 \leqslant z\} \cdot P\{X_2 \leqslant z\} \cdot P\{X_3 \leqslant z\} = [F(z)]^3. \end{aligned}$$

故

$$f_M(z) = F'_M(z) = 3[F(z)]^2 \cdot F'(z) = \begin{cases} 3e^{-z}(1 - e^{-z})^2, & z \geqslant 0, \\ 0, & z < 0. \end{cases}$$

8. 设 X, Y 为两个随机变量,且 $P\{X \geqslant 0, Y \geqslant 0\} = \dfrac{3}{7}$, $P\{X \geqslant 0\} = P\{Y \geqslant 0\} = \dfrac{4}{7}$,求 $P\{\max\{X, Y\} \geqslant 0\}$ 和 $P\{\min\{X, Y\} < 0\}$.

解
$$\begin{aligned} P\{\max\{X, Y\} \geqslant 0\} &= P\{(X \geqslant 0) \bigcup (Y \geqslant 0)\} \\ &= P\{X \geqslant 0\} + P\{Y \geqslant 0\} - P\{X \geqslant 0, Y \geqslant 0\} \\ &= \frac{4}{7} + \frac{4}{7} - \frac{3}{7} = \frac{5}{7}, \end{aligned}$$

$$\begin{aligned} P\{\min\{X, Y\} < 0\} &= 1 - P\{\min(X, Y) \geqslant 0\} = 1 - P\{X \geqslant 0, Y \geqslant 0\} \\ &= 1 - \frac{3}{7} = \frac{4}{7}. \end{aligned}$$

注意 此题中 X 和 Y 这两个随机变量不满足相互独立的条件,故不能用常规方法解决.

总习题 3

1. 一大批产品中有一等品 30%、二等品 50%、三等品 20%. 从中有放回地抽取 5 件,随机变量 X 和 Y 分别表示取到的 5 件产品中一等品、二等品的数量,求 (X, Y) 的联合分布律.

解 由题可知 X 和 Y 的可能取值为 $0, 1, 2, 3, 4, 5$,其联合分布律为

$$\begin{aligned} p_{ij} = P\{X = i, Y = j\} &= \begin{cases} C_5^i \cdot C_{5-i}^j \cdot 0.3^i \cdot 0.5^j \cdot 0.2^{(5-i-j)}, & i + j \leqslant 5, \\ 0, & \text{其他} \end{cases} \\ &= \begin{cases} \dfrac{5!}{i!\,j!\,(5-i-j)!} \cdot 0.3^i \cdot 0.5^j \cdot 0.2^{(5-i-j)}, & i + j \leqslant 5, \\ 0, & \text{其他}. \end{cases} \end{aligned}$$

2. 将一枚硬币抛三次,用 X 表示前两次中正面出现的次数,用 Y 表示三次中正面出现的次数. 求:(1) (X, Y) 的联合分布律;(2) X 和 Y 的边缘分布律.

解 由题可知 X 可能的取值为 $0, 1, 2$,Y 可能的取值为 $0, 1, 2, 3$,其分布律如下:

$$P\{X = 0, Y = 0\} = \frac{1}{2^3} = \frac{1}{8}, \quad P\{X = 0, Y = 1\} = \frac{1}{2^3} = \frac{1}{8},$$

$$P\{X = 0, Y = 2\} = \frac{0}{2^3} = 0, \quad P\{X = 0, Y = 3\} = \frac{0}{2^3} = 0,$$

$$P\{X=1,Y=0\}=\frac{0}{2^3}=0,\quad P\{X=1,Y=1\}=\frac{C_2^1}{2^3}=\frac{2}{8},$$

$$P\{X=1,Y=2\}=\frac{C_2^1}{2^3}=\frac{2}{8},\quad P\{X=1,Y=3\}=\frac{0}{2^3}=0,$$

$$P\{X=2,Y=0\}=\frac{0}{2^3}=0,\quad P\{X=2,Y=1\}=\frac{0}{2^3}=0,$$

$$P\{X=2,Y=2\}=\frac{1}{2^3}=\frac{1}{8},\quad P\{X=2,Y=3\}=\frac{1}{2^3}=\frac{1}{8}.$$

边缘分布律为

$$P\{X=0\}=\frac{1}{8}+\frac{1}{8}+0+0=\frac{1}{4},\quad P\{X=1\}=0+\frac{2}{8}+\frac{2}{8}+0=\frac{1}{2},$$

$$P\{X=2\}=0+0+\frac{1}{8}+\frac{1}{8}=\frac{1}{4},\quad P\{Y=0\}=\frac{1}{8}+0+0=\frac{1}{8},$$

$$P\{Y=1\}=\frac{1}{8}+\frac{2}{8}+0=\frac{3}{8},\quad P\{Y=2\}=0+\frac{2}{8}+\frac{1}{8}=\frac{3}{8},$$

$$P\{Y=3\}=0+0+\frac{1}{8}=\frac{1}{8}.$$

综上所述,(X,Y)的联合分布律及边缘分布为

X＼Y	0	1	2	3	$p_i.$
0	$\frac{1}{8}$	$\frac{1}{8}$	0	0	$\frac{1}{4}$
1	0	$\frac{2}{8}$	$\frac{2}{8}$	0	$\frac{1}{2}$
2	0	0	$\frac{1}{8}$	$\frac{1}{8}$	$\frac{1}{4}$
$p._j$	$\frac{1}{8}$	$\frac{3}{8}$	$\frac{3}{8}$	$\frac{1}{8}$	

3. 设随机变量(X,Y)的概率密度为

$$f(x,y)=\begin{cases}A(3-x-y),&0<x<1,1<y<2,\\0,&\text{其他}.\end{cases}$$

求:(1) 常数A;(2) 求$P\left\{X<\frac{1}{2},Y<\frac{3}{2}\right\}$;(3) 求$P\{X+Y\leqslant2\}$.

解　(1) 由二维连续型随机变量联合概率密度的性质第(2)条可知$\int_{-\infty}^{+\infty}\int_{-\infty}^{+\infty}f(x,y)\mathrm{d}x\mathrm{d}y=1$,即

$$\int_0^1\mathrm{d}x\int_1^2A(3-x-y)\mathrm{d}y=1,$$

$$A\int_0^1\left(\frac{3}{2}-x\right)\mathrm{d}x=1,$$

$$A=1.$$

故二维随机变量(X,Y)的概率密度为

$$f(x,y) = \begin{cases} (3-x-y), & 0<x<1, 1<y<2, \\ 0, & \text{其他}. \end{cases}$$

(2) $P\left\{X<\dfrac{1}{2}, Y<\dfrac{3}{2}\right\} = \iint\limits_{x<\frac{1}{2}, y<\frac{3}{2}} f(x,y)\mathrm{d}x\mathrm{d}y = \int_0^{\frac{1}{2}}\mathrm{d}x\int_1^{\frac{3}{2}}(3-x-y)\mathrm{d}y$

$$= \int_0^{\frac{1}{2}}\left(\frac{7}{8}-\frac{1}{2}x\right)\mathrm{d}x = \frac{3}{8}.$$

(3) $P\{X+Y\leqslant 2\} = \iint\limits_{x+y\leqslant 2} f(x,y)\mathrm{d}x\mathrm{d}y = \int_0^1\mathrm{d}x\int_1^{2-x}(3-x-y)\mathrm{d}y$

$$= \int_0^1\left(\frac{3}{2}-2x+\frac{1}{2}x^2\right)\mathrm{d}x = \frac{2}{3}.$$

4. 已知二维随机变量(X,Y)的分布函数为

$$F(x,y) = \begin{cases} c(1-\mathrm{e}^{-2x})(1-\mathrm{e}^{-y}), & x,y>0, \\ 0, & \text{其他}. \end{cases}$$

求：(1) 常数c；(2) (X,Y)的概率密度；(3) $P\{X+Y<1\}$.

解　(1) 由二维随机变量联合分布函数的性质第(2)条可知$F(+\infty,+\infty)=1$,即

$$\lim_{\substack{x\to+\infty\\y\to+\infty}}F(x,y)=1,$$

$$\lim_{\substack{x\to+\infty\\y\to+\infty}}c(1-\mathrm{e}^{-2x})(1-\mathrm{e}^{-y})=1,$$

$$c=1.$$

故二维随机变量(X,Y)的分布函数为

$$F(x,y) = \begin{cases} (1-\mathrm{e}^{-2x})(1-\mathrm{e}^{-y}), & x,y>0, \\ 0, & \text{其他}. \end{cases}$$

(2) 在$F(x,y)$偏导数存在的点上有

$$\frac{\partial^2}{\partial x\partial y}F(x,y) = f(x,y),$$

故(X,Y)的概率密度为

$$f(x,y) = \begin{cases} \dfrac{\partial^2}{\partial x\partial y}(1-\mathrm{e}^{-2x})(1-\mathrm{e}^{-y}), & x,y>0, \\ 0, & \text{其他} \end{cases}$$

$$= \begin{cases} 2\mathrm{e}^{-2x}\mathrm{e}^{-y}, & x,y>0, \\ 0, & \text{其他}. \end{cases}$$

(3) $P\{X+Y<1\} = \iint\limits_{x+y<1} f(x,y)\mathrm{d}x\mathrm{d}y = \int_0^1\mathrm{d}x\int_0^{1-x}2\mathrm{e}^{-2x}\mathrm{e}^{-y}\mathrm{d}y$

$$= \int_0^1(2\mathrm{e}^{-2x}-2\mathrm{e}^{-x-1})\mathrm{d}x = (1-\mathrm{e}^{-1})^2.$$

5. 一台机器生产直径为X(单位：cm)的螺钉,另一台机器生产内径为Y(单位：cm)的螺母,设(X,Y)的密度函数为

$$f(x,y) = \begin{cases} 2500, & 0.49 < x < 0.51, 0.51 < y < 0.53, \\ 0, & \text{其他}. \end{cases}$$

如果螺母的内径比螺钉的直径大 0.004，但不超过 0.036，则二者可以配套，现任取一枚螺钉和一枚螺母，则二者能配套的概率是多少？

解 由题可知二者能配套的条件为 $0.004 < Y - X < 0.036$，故

$$P\{0.004 < Y - X < 0.036\} = 1 - P\{Y - X \leqslant 0.004\} - P\{Y - X \geqslant 0.036\}$$

$$= 1 - \iint\limits_{y-x \leqslant 0.004} f(x,y)\mathrm{d}x\mathrm{d}y - \iint\limits_{y-x \geqslant 0.036} f(x,y)\mathrm{d}x\mathrm{d}y$$

$$= 1 - \int_{0.506}^{0.51} \mathrm{d}x \int_{0.51}^{x+0.004} 2500\mathrm{d}y - \int_{0.49}^{0.494} \mathrm{d}x \int_{x+0.036}^{0.53} 2500\mathrm{d}y$$

$$= 0.96.$$

6. 设有三封信投入三个邮筒中，若 X, Y 分别表示投入第一、第二个邮筒中的信的数量，求 (X, Y) 的分布律和边缘分布律.

解 由题可知 X 和 Y 的可能的取值为 $0, 1, 2, 3$，其联合分布律为

$$P\{X=0, Y=0\} = \frac{1}{3^3} = \frac{1}{27}, \quad P\{X=0, Y=1\} = \frac{C_3^1}{3^3} = \frac{1}{9},$$

$$P\{X=0, Y=2\} = \frac{C_3^2}{3^3} = \frac{1}{9}, \quad P\{X=0, Y=1\} = \frac{1}{3^3} = \frac{1}{27},$$

$$P\{X=1, Y=0\} = \frac{C_3^1}{3^3} = \frac{1}{9}, \quad P\{X=1, Y=1\} = \frac{C_3^1 \cdot C_2^1}{3^3} = \frac{2}{9},$$

$$P\{X=1, Y=2\} = \frac{C_3^1}{3^3} = \frac{1}{9}, \quad P\{X=1, Y=3\} = \frac{0}{3^3} = 0,$$

$$P\{X=2, Y=0\} = \frac{C_3^2}{3^3} = \frac{1}{9}, \quad P\{X=2, Y=1\} = \frac{C_3^2}{3^3} = \frac{1}{9},$$

$$P\{X=2, Y=2\} = \frac{0}{3^3} = 0, \quad P\{X=2, Y=3\} = \frac{0}{3^3} = 0,$$

$$P\{X=3, Y=0\} = \frac{1}{3^3} = \frac{1}{27}, \quad P\{X=3, Y=1\} = \frac{0}{3^3} = 0,$$

$$P\{X=3, Y=2\} = \frac{0}{3^3} = 0, \quad P\{X=3, Y=3\} = \frac{0}{3^3} = 0.$$

X 和 Y 的边缘分布律为

$$P\{X=0\} = \frac{1}{27} + \frac{1}{9} + \frac{1}{9} + \frac{1}{27} = \frac{8}{27}, \quad P\{X=1\} = \frac{1}{9} + \frac{2}{9} + \frac{1}{9} + 0 = \frac{4}{9},$$

$$P\{X=2\} = \frac{1}{9} + \frac{1}{9} + 0 + 0 = \frac{2}{9}, \quad P\{X=3\} = \frac{1}{27} + 0 + 0 + 0 = \frac{1}{27},$$

$$P\{Y=0\} = \frac{1}{27} + \frac{1}{9} + \frac{1}{9} + \frac{1}{27} = \frac{8}{27}, \quad P\{Y=1\} = \frac{1}{9} + \frac{2}{9} + \frac{1}{9} + 0 = \frac{4}{9},$$

$$P\{Y=2\} = \frac{1}{9} + \frac{1}{9} + 0 + 0 = \frac{2}{9}, \quad P\{Y=3\} = \frac{1}{27} + 0 + 0 + 0 = \frac{1}{27}.$$

故(X,Y)的分布律和边缘分布律为

Y \ X	0	1	2	3	$p._j$
0	$\frac{1}{27}$	$\frac{1}{9}$	$\frac{1}{9}$	$\frac{1}{27}$	$\frac{8}{27}$
1	$\frac{1}{9}$	$\frac{2}{9}$	$\frac{1}{9}$	0	$\frac{4}{9}$
2	$\frac{1}{9}$	$\frac{1}{9}$	0	0	$\frac{2}{9}$
3	$\frac{1}{27}$	0	0	0	$\frac{1}{27}$
$p_i.$	$\frac{8}{27}$	$\frac{4}{9}$	$\frac{2}{9}$	$\frac{1}{27}$	

7. 已知二维随机变量(X,Y)的联合概率密度为

$$f(x,y) = \begin{cases} \dfrac{2e^{-y+1}}{x^3}, & x>1, y>1, \\ 0, & 其他, \end{cases}$$

求关于X和关于Y的边缘概率密度.

解   由于$f_X(x) = \int_{-\infty}^{+\infty} f(x,y)\,\mathrm{d}y$, 可知

$$f_X(x) = \begin{cases} \int_1^{+\infty} \dfrac{2e^{-y+1}}{x^3}\,\mathrm{d}y, & x>1, \\ 0, & 其他 \end{cases} = \begin{cases} \dfrac{2}{x^3}, & x>1, \\ 0, & 其他. \end{cases}$$

同理由于$f_Y(y) = \int_{-\infty}^{+\infty} f(x,y)\,\mathrm{d}x$, 可知

$$f_Y(y) = \begin{cases} \int_1^{+\infty} \dfrac{2e^{-y+1}}{x^3}\,\mathrm{d}x, & y>1, \\ 0, & 其他 \end{cases} = \begin{cases} e^{-y+1}, & y>1, \\ 0, & 其他. \end{cases}$$

8. 设二维随机变量(X,Y)的概率密度为

$$f(x,y) = \begin{cases} 4.8y(2-x), & 0 \leqslant x \leqslant 1, 0 \leqslant y \leqslant x, \\ 0, & 其他, \end{cases}$$

求关于X和Y的边缘概率密度.

解   由于$f_X(x) = \int_{-\infty}^{+\infty} f(x,y)\,\mathrm{d}y$, 可知

$$f_X(x) = \begin{cases} \int_0^x 4.8y(2-x)\,\mathrm{d}y, & 0 \leqslant x \leqslant 1, \\ 0, & 其他 \end{cases} = \begin{cases} 2.4x^2(2-x), & 0 \leqslant x \leqslant 1, \\ 0, & 其他. \end{cases}$$

同理由于$f_Y(y) = \int_{-\infty}^{+\infty} f(x,y)\,\mathrm{d}x$, 可知

$$f_Y(y) = \begin{cases} \int_y^1 4.8y(2-x)\,\mathrm{d}x, & 0 \leqslant y \leqslant 1, \\ 0, & 其他 \end{cases} = \begin{cases} 2.4y(3-4y+y^2), & 0 \leqslant y \leqslant 1, \\ 0, & 其他. \end{cases}$$

9. 设二维随机变量(X,Y)的概率密度为

$$f(x,y)=\begin{cases}\dfrac{21}{4}x^2y, & x^2\leqslant y\leqslant 1,\\[2mm]0, & \text{其他},\end{cases}$$

求关于X和Y的边缘概率密度.

解　由于$f_X(x)=\displaystyle\int_{-\infty}^{+\infty}f(x,y)\mathrm{d}y$, 可知

$$f_X(x)=\begin{cases}\displaystyle\int_{x^2}^{1}\dfrac{21}{4}x^2y\mathrm{d}y, & -1\leqslant x\leqslant 1,\\[3mm]0, & \text{其他}\end{cases}=\begin{cases}\dfrac{21}{8}x^2(1-x^4), & -1\leqslant x\leqslant 1,\\[2mm]0, & \text{其他}.\end{cases}$$

同理由于$f_Y(y)=\displaystyle\int_{-\infty}^{+\infty}f(x,y)\mathrm{d}x$, 可知

$$f_Y(y)=\begin{cases}\displaystyle\int_{-\sqrt{y}}^{\sqrt{y}}\dfrac{21}{4}x^2y\mathrm{d}x, & 0\leqslant y\leqslant 1,\\[3mm]0, & \text{其他}\end{cases}=\begin{cases}\dfrac{7}{2}y^{\frac{5}{2}}, & 0\leqslant y\leqslant 1,\\[2mm]0, & \text{其他}.\end{cases}$$

10. 第$2,6,7,8$题中的X和Y相互独立吗?

解　第2题中, 由于$P\{X=0,Y=0\}=\dfrac{1}{8}\neq P\{X=0\}\cdot P\{Y=0\}=\dfrac{1}{4}\times\dfrac{1}{8}=\dfrac{1}{32}$, 故$X$与$Y$不独立;

第6题中, 由于$P\{X=2,Y=2\}=0\neq P\{X=2\}\cdot P\{Y=2\}=\dfrac{2}{9}\times\dfrac{2}{9}=\dfrac{4}{81}$, 故$X$与$Y$不独立;

第7题中, 由于$f(x,y)=f_X(x)\cdot f_Y(y)$, 故$X$与$Y$独立;

第8题中, 由于$f(x,y)\neq f_X(x)\cdot f_Y(y)$, 故$X$与$Y$不独立.

11. 设二维随机变量(X,Y)的联合概率密度为

$$f(x,y)=\begin{cases}1, & |y|<x,0<x<1,\\0, & \text{其他},\end{cases}$$

求条件概率密度$f(x\,|\,y)$.

解　由题可知$f_Y(y)=\begin{cases}1-y, & 0<y<1,\\1+y, & -1<y\leqslant 0,\\0, & \text{其他}.\end{cases}$

故对于$-1<y\leqslant 0$, 有

$$f(x\,|\,y)=\frac{f(x,y)}{f_Y(y)}=\begin{cases}\dfrac{1}{1+y}, & -y<x<1,\\[2mm]0, & \text{其他};\end{cases}$$

对于$0<y<1$, 有

$$f(x\,|\,y)=\frac{f(x,y)}{f_Y(y)}=\begin{cases}\dfrac{1}{1-y}, & y<x<1,\\[2mm]0, & \text{其他}.\end{cases}$$

12. 已知随机变量X和Y相互独立且都服从$[0,1]$上的均匀分布, 求方程$x^2+Xx+Y=0$有实根的概率.

解 由随机变量 X 和 Y 服从 $[0,1]$ 上的均匀分布,可知 X 和 Y 的概率密度分别为

$$f_X(x) = \begin{cases} 1, & 0 \leqslant x \leqslant 1, \\ 0, & \text{其他,} \end{cases} \quad \text{和} \quad f_Y(y) = \begin{cases} 1, & 0 \leqslant y \leqslant 1, \\ 0, & \text{其他.} \end{cases}$$

由 X 和 Y 相互独立,可知 X 和 Y 的联合概率密度为

$$f(x,y) = f_X(x) \cdot f_Y(y) = \begin{cases} 1, & 0 \leqslant x \leqslant 1, 0 \leqslant y \leqslant 1, \\ 0, & \text{其他.} \end{cases}$$

一元二次方程方程 $x^2 + Xx + Y = 0$ 有实根的充要条件是判别式 $\Delta = X^2 - 4Y \geqslant 0$,故

$$P\{x^2 + Xx + Y = 0 \text{ 有实根}\} = P\{X^2 - 4Y \geqslant 0\} = \iint\limits_{x^2 - 4y \geqslant 0} f(x,y)\mathrm{d}x\mathrm{d}y$$

$$= \int_0^1 \mathrm{d}x \int_0^{\frac{x^2}{4}} \mathrm{d}y = \frac{1}{12}.$$

13. 打靶时,弹着点 $A(X,Y)$ 的坐标 X 和 Y 相互独立,且 $X \sim N(0,1)$, $Y \sim N(0,1)$. 记分规则为 A 落在 $G_1 = \{(x,y) \mid x^2 + y^2 < 1\}$ 得 5 分;落在 $G_2 = \{(x,y) \mid 1 \leqslant x^2 + y^2 \leqslant 9\}$ 得 2 分;落在 $G_3 = \{(x,y) \mid x^2 + y^2 > 9\}$ 不得分,用 Z 表示打靶得分,写出 (X,Y) 的概率密度及 Z 的分布律.

解 由题已知 $X \sim N(0,1)$, $Y \sim N(0,1)$,可得 X 和 Y 的概率密度分别为

$$f_X(x) = \frac{1}{\sqrt{2\pi}} \mathrm{e}^{-\frac{x^2}{2}}, \quad -\infty < x < +\infty,$$

和

$$f_Y(y) = \frac{1}{\sqrt{2\pi}} \mathrm{e}^{-\frac{y^2}{2}}, \quad -\infty < y < +\infty.$$

由 X 和 Y 相互独立,可知 (X,Y) 的概率密度为

$$f(x,y) = f_X(x) \cdot f_Y(y) = \frac{1}{2\pi} \mathrm{e}^{-\frac{x^2+y^2}{2}}, \quad (x,y) \in \mathbf{R}^2.$$

随机变量 Z 可能的取值为 $0, 2, 5$,概率分别为

$$P\{Z = 0\} = P\{(X,Y) \in G_3\} = \iint\limits_{x^2+y^2 > 9} f(x,y)\mathrm{d}x\mathrm{d}y$$

$$= \int_0^{2\pi} \mathrm{d}\theta \int_3^{+\infty} \frac{1}{2\pi} \mathrm{e}^{-\frac{r^2}{2}} r \mathrm{d}r = \mathrm{e}^{-\frac{9}{2}},$$

$$P\{Z = 2\} = P\{(X,Y) \in G_2\} = \iint\limits_{1 \leqslant x^2+y^2 \leqslant 9} f(x,y)\mathrm{d}x\mathrm{d}y$$

$$= \int_0^{2\pi} \mathrm{d}\theta \int_1^3 \frac{1}{2\pi} \mathrm{e}^{-\frac{r^2}{2}} r \mathrm{d}r = \mathrm{e}^{-\frac{1}{2}} - \mathrm{e}^{-\frac{9}{2}},$$

$$P\{Z = 5\} = P\{(X,Y) \in G_1\} = \iint\limits_{x^2+y^2 < 1} f(x,y)\mathrm{d}x\mathrm{d}y$$

$$= \int_0^{2\pi} \mathrm{d}\theta \int_0^1 \frac{1}{2\pi} \mathrm{e}^{-\frac{r^2}{2}} r \mathrm{d}r = 1 - \mathrm{e}^{-\frac{1}{2}}.$$

故 Z 的分布律为

Z	0	2	5
p_k	$e^{-\frac{9}{2}}$	$e^{-\frac{1}{2}} - e^{-\frac{9}{2}}$	$1 - e^{-\frac{1}{2}}$

14. 甲、乙两人独立地各进行一次射击,假设甲的命中率为 0.4,乙的命中率为 0.5,随机变量 X 和 Y 分别表示甲和乙的命中次数,试求 $P\{X \leqslant Y\}$.

解 X 和 Y 可能取值为 $0,1$,则

$$P\{X \leqslant Y\} = 1 - P\{X > Y\} = 1 - P\{X = 1, Y = 0\} = 1 - 0.4 \times (1 - 0.5) = 0.8.$$

15. 设二维随机变量 (X,Y) 的概率密度为

$$f(x,y) = \begin{cases} \dfrac{1}{2}(x+y)e^{-(x+y)}, & x > 0, y > 0, \\ 0, & \text{其他}. \end{cases}$$

求:(1) X 与 Y 是否相互独立;(2) 求 $Z = X + Y$ 的概率密度.

解 (1) 由于 $f_X(x) = \displaystyle\int_{-\infty}^{+\infty} f(x,y)\mathrm{d}y$, 可知

$$f_X(x) = \begin{cases} \displaystyle\int_0^{+\infty} \dfrac{1}{2}(x+y)e^{-(x+y)}\mathrm{d}y, & x > 0, \\ 0, & \text{其他} \end{cases}$$

$$= \begin{cases} \dfrac{1}{2}e^{-x}(x+1), & x > 0, \\ 0, & \text{其他}. \end{cases}$$

同理由于 $f_Y(y) = \displaystyle\int_{-\infty}^{+\infty} f(x,y)\mathrm{d}x$, 可知

$$f_Y(y) = \begin{cases} \displaystyle\int_0^{+\infty} \dfrac{1}{2}(x+y)e^{-(x+y)}\mathrm{d}x, & y > 0, \\ 0, & \text{其他} \end{cases}$$

$$= \begin{cases} \dfrac{1}{2}e^{-y}(y+1), & x > 0, \\ 0, & \text{其他}. \end{cases}$$

由于 $f(x,y) \neq f_X(x) \cdot f_Y(y)$,故 X 与 Y 不独立.

(2) 随机变量 $Z = X + Y$ 的概率密度函数为 $f_Z(z) = \displaystyle\int_{-\infty}^{+\infty} f(x, z-x)\mathrm{d}x$.

被积函数 $f(x, z-x)$ 不为零的区域为

$$\begin{cases} x > 0, \\ z - x > 0, \end{cases}$$

如图 3-6 所示.

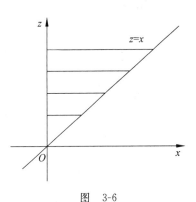

图 3-6

当 $z < 0$ 时,被积函数为零,故 $f_Z(z) = 0$;

当 $z \geqslant 0$ 时, $f_Z(z) = \displaystyle\int_0^z \dfrac{1}{2}ze^{-z}\mathrm{d}x = \dfrac{1}{2}z^2 e^{-z}$.

综上所述,我们可得 $Z=X+Y$ 的密度函数为

$$f_Z(z) = \begin{cases} \dfrac{1}{2}z^2 \mathrm{e}^{-z}, & z \geqslant 0, \\ 0, & z < 0. \end{cases}$$

16. 设二维随机变量(X,Y)的概率密度为

$$f(x,y) = \begin{cases} c\mathrm{e}^{-(x+y)}, & 0 < x < 1, \ y > 0, \\ 0, & \text{其他}. \end{cases}$$

求:(1) 求常数 c;(2) 求关于 X 和 Y 的边缘概率密度 $f_X(x)$ 和 $f_Y(y)$;(3) 求 $M=\max\{X,Y\}$ 和 $N=\min\{X,Y\}$ 的分布函数.

解 (1) 由二维连续型随机变量联合概率密度的性质第(2)条可知 $\displaystyle\int_{-\infty}^{+\infty}\int_{-\infty}^{+\infty} f(x,$ $y)\mathrm{d}x\mathrm{d}y = 1$,即

$$\int_0^1 \mathrm{d}x \int_0^{+\infty} c \cdot \mathrm{e}^{-(x+y)}\mathrm{d}y = 1,$$

$$c\int_0^1 \mathrm{e}^{-x}\mathrm{d}x = 1,$$

$$c = \frac{\mathrm{e}}{\mathrm{e}-1}.$$

故二维随机变量(X,Y)的概率密度为

$$f(x,y) = \begin{cases} \dfrac{1}{\mathrm{e}-1}\mathrm{e}^{1-(x+y)}, & 0 < x < 1, y > 0, \\ 0, & \text{其他}. \end{cases}$$

(2) 由于 $f_X(x) = \displaystyle\int_{-\infty}^{+\infty} f(x,y)\mathrm{d}y$,可知

$$f_X(x) = \begin{cases} \displaystyle\int_0^{+\infty} \dfrac{1}{\mathrm{e}-1}\mathrm{e}^{1-(x+y)}\mathrm{d}y, & 0 < x < 1, \\ 0, & \text{其他} \end{cases}$$

$$= \begin{cases} \dfrac{1}{\mathrm{e}-1}\mathrm{e}^{1-x}, & 0 < x < 1, \\ 0, & \text{其他}. \end{cases}$$

同理由于 $f_Y(y) = \displaystyle\int_{-\infty}^{+\infty} f(x,y)\mathrm{d}x$,可知

$$f_Y(y) = \begin{cases} \displaystyle\int_0^1 \dfrac{1}{\mathrm{e}-1}\mathrm{e}^{1-(x+y)}\mathrm{d}x, & y > 0, \\ 0, & \text{其他} \end{cases}$$

$$= \begin{cases} \mathrm{e}^{-y}, & y > 0, \\ 0, & \text{其他}. \end{cases}$$

(3) 由于 $f(x,y)=f_X(x) \cdot f_Y(y)$,故 X 与 Y 独立,且 X 和 Y 的分布函数分别为

$$F_X(x) = \begin{cases} 0, & x \leqslant 0, \\ \dfrac{\mathrm{e}-\mathrm{e}^{1-x}}{\mathrm{e}-1}, & 0 < x < 1, \\ 1, & x \geqslant 1, \end{cases} \quad \text{和} \quad F_Y(y) = \begin{cases} 1-\mathrm{e}^{-y}, & y \geqslant 0, \\ 0, & y < 0. \end{cases}$$

$$F_M(z) = P\{M \leqslant z\} = P\{\max\{X,Y\} \leqslant z\} = P\{X \leqslant z, Y \leqslant z\}$$
$$= P\{X \leqslant z\} \cdot P\{Y \leqslant z\} = F_X(z) \cdot F_Y(z)$$
$$= \begin{cases} 0, & z < 0, \\ \dfrac{(1 - e^{-z})^2}{1 - e^{-1}}, & 0 \leqslant z < 1, \\ 1 - e^{-z}, & z \geqslant 1. \end{cases}$$

$$F_N(z) = P\{N \leqslant z\} = P\{\min\{X,Y\} \leqslant z\} = 1 - P\{\min\{X,Y\} > z\}$$
$$= 1 - P\{X > z, Y > z\} = 1 - P\{X > z\} \cdot P\{Y > z\}$$
$$= 1 - [1 - F_X(z)] \cdot [1 - F_Y(z)]$$
$$= \begin{cases} 0, & z < 0, \\ 1 - \dfrac{e^{1-2z} - e^{-z}}{e - 1}, & 0 \leqslant z < 1, \\ 1, & z \geqslant 1. \end{cases}$$

17. 设某种型号的晶体管寿命(单位：h)近似服从 $N(160, 20^2)$ 分布,随机地选取 4 只,求其中没有一只寿命小于 180h 的概率.

解 设随机变量 X_1, X_2, X_3, X_4 分别表示 4 只晶体管的寿命,则 X_1, X_2, X_3, X_4 相互独立,且都服从 $N(160, 20^2)$ 分布.没有一只寿命小于 180h,即 $\min\{X_1, X_2, X_3, X_4\} \geqslant 180$.

$$P\{\min\{X_1, X_2, X_3, X_4\} \geqslant 180\} = P\{X_1 \geqslant 180, X_2 \geqslant 180, X_3 \geqslant 180, X_4 \geqslant 180\}$$
$$= P\{X_1 \geqslant 180\} P\{X_2 \geqslant 180\} P\{X_3 \geqslant 180\} P\{X_4 \geqslant 180\}$$
$$= [1 - \Phi(1)]^4 = [1 - 0.8413]^4 = 0.0006343.$$

18. 已知方程 $x^2 + \xi x + \eta = 0$ 的两根独立且均服从 $[-1,1]$ 上的均匀分布,试求系数 ξ 的概率密度函数.

解 设方程的两个根为 X 和 Y,则 $\xi = -(X + Y)$.由题意可知,X 和 Y 的概率密度 $f_X(x)$ 和 $f_Y(y)$ 分别为

$$f_X(x) = \begin{cases} 1, & 0 \leqslant x \leqslant 1, \\ 0, & \text{其他} \end{cases} \quad \text{和} \quad f_Y(y) = \begin{cases} 1, & 0 \leqslant y \leqslant 1, \\ 0, & \text{其他}. \end{cases}$$

ξ 的分布函数为

$$F_\xi(z) = P\{\xi \leqslant z\} = P\{-(X + Y) \leqslant z\} = P\{X + Y \geqslant -z\} = \iint\limits_{X+Y \geqslant -z} f(x,y) \mathrm{d}x\mathrm{d}y.$$

积分区域 $G: x + y \geqslant -z$ 是直线 $x + y = -z$ 的右上方的半平面,化为累次积分,可得

$$F_\xi(z) = \int_{-\infty}^{+\infty} \left[\int_{-z-y}^{+\infty} f(x,y) \mathrm{d}x \right] \mathrm{d}y.$$

令 $u = x + y$,则 $x = u - y$, $\mathrm{d}x = \mathrm{d}u$,故

$$F_\xi(z) = \int_{-\infty}^{+\infty} \left[\int_{-z}^{+\infty} f(u - y, y) \mathrm{d}u \right] \mathrm{d}y,$$

交换积分次序可得

$$F_\xi(z) = \int_{-z}^{+\infty} \left[\int_{-\infty}^{+\infty} f(u - y, y) \mathrm{d}y \right] \mathrm{d}u = -\int_{+\infty}^{-z} \left[\int_{-\infty}^{+\infty} f(u - y, y) \mathrm{d}y \right] \mathrm{d}u.$$

上式两端同时对 z 求导,有

$$f_\xi(z) = \int_{-\infty}^{+\infty} f(-z - y, y) \mathrm{d}y,$$

被积函数 $f(-z-y,y)$ 不为零的区域(图 3-7)为

$$\begin{cases} 0 \leqslant -z-y \leqslant 1, \\ 0 \leqslant y \leqslant 1. \end{cases}$$

当 $z<-2$ 或 $z>0$ 时,被积函数为零,故 $f_{\xi}(z)=0$;

当 $-1 \leqslant z \leqslant 0$ 时, $f_{\xi}(z)=\displaystyle\int_0^{-z} \mathrm{d}y = -z$;

当 $-2 \leqslant z < -1$ 时, $f_{\xi}(z)=\displaystyle\int_{-z-1}^1 \mathrm{d}y = 2-z$.

综上所述,我们可得 $\xi=-(X+Y)$ 的密度函数为

$$f_{\xi}(z)=\begin{cases} -z, & -1 \leqslant z \leqslant 0, \\ 2-z, & -2 \leqslant z < -1, \\ 0, & \text{其他.} \end{cases}$$

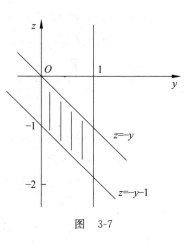

图 3-7

19. 设 X,Y 是相互独立的随机变量,且 $X \sim \pi(\lambda_1)$,$Y \sim \pi(\lambda_2)$,试证明 $Z=X+Y \sim \pi(\lambda_1+\lambda_2)$.

证明　Z 可能的取值为 $0,1,2,\cdots$,Z 的分布律为

$$P\{Z=k\}=P\{X+Y=k\}=\sum_{i=0}^k P\{X=i\}P\{Y=k-i\}$$

$$=\sum_{i=0}^k \frac{\lambda_1^i \mathrm{e}^{-\lambda_1} \lambda_2^{k-i} \mathrm{e}^{-\lambda_2}}{i!(k-i)!}=\frac{1}{k!}\mathrm{e}^{-(\lambda_1+\lambda_2)}\sum_{i=0}^k \frac{k!}{i!(k-i)!}\lambda_1^i \lambda_2^{k-i}$$

$$=\frac{(\lambda_1+\lambda_2)^k \mathrm{e}^{-(\lambda_1+\lambda_2)}}{k!}, \quad k=0,1,2,\cdots.$$

故 $Z=X+Y \sim \pi(\lambda_1+\lambda_2)$.

20. 设 X,Y 是相互独立的随机变量,且 $X \sim B(n_1,p)$,$Y \sim B(n_2,p)$,试证明 $Z=X+Y \sim B(n_1+n_2,p)$.

证明　Z 可能的取值为 $0,1,2,\cdots,n_1+n_2$,Z 的分布律为

$$P\{Z=k\}=P\{X+Y=k\}=\sum_{i=0}^k P\{X=i\}P\{Y=k-i\}$$

$$=\sum_{i=0}^k \mathrm{C}_{n_1}^i p^i (1-p)^{n_1-i} \mathrm{C}_{n_2}^{k-i} p^{k-i} (1-p)^{n_2-k+i}$$

$$=\sum_{i=0}^k \frac{n_1!n_2!}{i!(n_1-i)!(k-i)!(n_2-k+i)!} p^k (1-p)^{n_1+n_2-k}$$

$$=p^k (1-p)^{n_1+n_2-k}\sum_{i=0}^k \frac{n_1!n_2!}{i!(n_1-i)!(k-i)!(n_2-k+i)!}$$

$$=\mathrm{C}_{n_1+n_2}^k p^k (1-p)^{n_1+n_2-k}, \quad k=0,1,2,\cdots,n_1+n_2.$$

故 $Z=X+Y \sim B(n_1+n_2,p)$.

21. 设连续型随机变量 $X_1,X_2,\cdots,X_n$ 独立同分布,试证:

$$P\{X_n > \max\{X_1,X_2,\cdots,X_{n-1}\}\}=\frac{1}{n}.$$

证明　已知连续型随机变量 $X_1,X_2,\cdots,X_n$ 同分布,不妨设其分布函数和概率密度分别为 $F(x)$ 和 $f(x)$,设 $M=\max\{X_1,X_2,\cdots,X_{n-1}\}$,其分布函数和概率密度分别为 $F_M(x)$ 和

$f_M(x)$. 由 $X_1,X_2,\cdots,X_n$ 相互独立可知 X_n 和 M 相互独立.

M 的分布函数为

$$\begin{aligned}
F_M(x) &= P\{M \leqslant x\} = P\{\max\{X_1,X_2,\cdots,X_{n-1}\} \leqslant x\} \\
&= P\{X_1 \leqslant x, X_2 \leqslant x, \cdots, X_{n-1} \leqslant x\} \\
&= P\{X_1 \leqslant x\}P\{X_2 \leqslant x\}\cdots P\{X_{n-1} \leqslant x\} \\
&= [F(x)]^{n-1}.
\end{aligned}$$

M 的概率密度为

$$f_M(x) = F'_M(x) = \{[F(x)]^{n-1}\}' = (n-1)[F(x)]^{n-2}f(x).$$

故 (M, X_n) 的联合概率密度为

$$f_{M,X_n}(x,y) = f_M(x) \cdot f_{X_n}(y) = (n-1)[F(x)]^{n-2}f(x)f(y).$$

进而

$$\begin{aligned}
P\{X_n > \max\{X_1,X_2,\cdots,X_{n-1}\}\} &= P\{M < X_n\} = \iint\limits_{x<y} f_{M,X_n}(x,y)\mathrm{d}x\mathrm{d}y \\
&= \int_{-\infty}^{+\infty}\mathrm{d}x \int_x^{+\infty} (n-1)[F(x)]^{n-2}f(x)f(y)\mathrm{d}y \\
&= (n-1)\int_{-\infty}^{+\infty} [F(x)]^{n-2}f(x)[1-F(x)]\mathrm{d}x \\
&= (n-1)\int_{-\infty}^{+\infty} \{[F(x)]^{n-2} - [F(x)]^{n-1}\}\mathrm{d}F(x) \\
&= (n-1)\left(\frac{1}{n-1} - \frac{1}{n}\right) = \frac{1}{n}.
\end{aligned}$$

训 练 题

1. 设袋中装有 5 个小球,分别标有数字 $1,2,3,4,5$,从中任取两球. X 表示两球当中小的号码,Y 表示两球当中大的号码,求 (X,Y) 的分布律.

2. 将一枚硬币抛 3 次,用 X 表示 3 次中正面出现的次数,用 Y 表示正面出现次数与反面出现次数之差的绝对值,试求 (X,Y) 的分布律.

3. 设二维随机变量 (X,Y) 的概率密度为

$$f(x,y) = \begin{cases} Ay(1-x), & 0 \leqslant x \leqslant 1, 0 \leqslant y \leqslant x, \\ 0, & \text{其他}. \end{cases}$$

求:(1) 常数 A;(2) $P\{X-2Y>0\}$.

4. 设二维随机变量 (X,Y) 服从区域 D 上的均匀分布,其中区域 D 由曲线 $x=y^2$ 和 $y=x^2$ 围成. 求:(1) (X,Y) 的概率密度;(2) $P\{X \geqslant Y\}$.

5. 设二维随机变量 (X,Y) 的概率密度为

$$f(x,y) = \begin{cases} k(1-y), & 0 < x < y < 1, \\ 0, & \text{其他}. \end{cases}$$

求:(1) 常数 k;(2) $P\{X>0.5, Y>0.5\}$;(3) $P\{X+Y<1\}$.

6. 从 $(0,1)$ 中随机的取两个数,求其积不小于 $\frac{3}{16}$,且其和不大于 1 的概率.

7. 求第 1 题中的边缘分布,X 与 Y 是否相互独立?

8. 求第 2 题中的边缘分布,X 与 Y 是否相互独立?

9. 求第 3 题中的边缘分布,X 与 Y 是否相互独立?

10. 求第 4 题中的边缘分布,X 与 Y 是否相互独立?

11. 设随机变量 X 与 Y 相互独立,其联合分布律为

Y \ X	x_1	x_2	x_3
y_1	a	$\frac{1}{9}$	c
y_2	$\frac{1}{9}$	b	$\frac{1}{3}$

求联合分布律中的 a,b,c.

12. 设 k_1,k_2 分别是掷一枚骰子两次先后出现的点数,试求方程 $x^2+k_1x+k_2=0$ 有重根的概率.

13. 设二维随机变量 (X,Y) 的概率密度为

$$f(x,y) = \begin{cases} 6, & 0 < x^2 < y < x < 1, \\ 0, & \text{其他}. \end{cases}$$

求:(1) X 和 Y 的边缘概率密度;(2) X 与 Y 是否相互独立?

14. 设二维随机变量 (X,Y) 的概率密度为

$$f(x,y) = \begin{cases} \frac{1}{2}(x+y)\mathrm{e}^{-(x+y)}, & x > 0, y > 0, \\ 0, & \text{其他}, \end{cases}$$

求:(1) X 与 Y 是否相互独立? (2) $Z=X+Y$ 的概率密度.

15. 设随机变量 X 和 Y 的分布律分别为

X	-1	0	1
p_k	$\frac{1}{4}$	$\frac{1}{2}$	$\frac{1}{4}$

Y	0	1
p_k	$\frac{1}{2}$	$\frac{1}{2}$

已知 $P\{XY=0\}=1$,试求 $Z=\max\{X,Y\}$ 的分布律.

16. 设 $X \sim U[0,3]$,$Y \sim U[2,4]$,且 X 与 Y 相互独立. 求:(1) $M=\max\{X,Y\}$ 的分布函数;(2) $N=\min\{X,Y\}$ 的分布函数.

17. 假设 X 和 Y 的联合概率密度如下:

$$f(x,y) = \begin{cases} \dfrac{\mathrm{e}^{-\frac{x}{y}}\mathrm{e}^{-y}}{y}, & x > 0, y > 0, \\ 0, & \text{其他}, \end{cases}$$

求 $P\{X>1|Y=y\}$.

18. 设随机变量 $X_1,X_2,\cdots,X_n$ 相互独立,且 $X_i \sim \exp(\lambda_i),i=1,2,\cdots,n$,试证:

$$P\{X_i = \min\{X_1,X_2,\cdots,X_n\}\} = \frac{\lambda_i}{\lambda_1+\lambda_2+\cdots+\lambda_n}.$$

答　案

1.

Y＼X	1	2	3	4	$p._{·j}$
2	$\frac{1}{10}$	0	0	0	$\frac{1}{10}$
3	$\frac{1}{10}$	$\frac{1}{10}$	0	0	$\frac{2}{10}$
4	$\frac{1}{10}$	$\frac{1}{10}$	$\frac{1}{10}$	0	$\frac{3}{10}$
5	$\frac{1}{10}$	$\frac{1}{10}$	$\frac{1}{10}$	$\frac{1}{10}$	$\frac{4}{10}$
$p_{i·}$	$\frac{4}{10}$	$\frac{3}{10}$	$\frac{2}{10}$	$\frac{1}{10}$	

2.

Y＼X	0	1	2	3	$p._{·j}$
1	0	$\frac{3}{8}$	$\frac{3}{8}$	0	$\frac{3}{4}$
3	$\frac{1}{8}$	0	0	$\frac{1}{8}$	$\frac{1}{4}$
$p_{i·}$	$\frac{1}{8}$	$\frac{3}{8}$	$\frac{3}{8}$	$\frac{1}{8}$	

3. (1) 24；　(2) $\frac{1}{4}$.

4. (1) $f(x,y)=\begin{cases}3,&(x,y)\in D,\\0,&其他;\end{cases}$　(2) $\frac{1}{2}$.

5. (1) $k=6$；　(2) $\frac{1}{8}$；　(3) $\frac{3}{4}$.

6. 0.044.

7. 第 1 题中右列和尾行为边缘分布，X 与 Y 不独立.

8. 第 2 题中右列和尾行为边缘分布，X 与 Y 不独立.

9. $f_X(x)=\begin{cases}12x^2(1-x),&0\leqslant x\leqslant1,\\0,&其他,\end{cases}$ $f_Y(y)=\begin{cases}12y(1-y)^2,&0\leqslant y\leqslant1,\\0,&其他.\end{cases}$ X 与 Y 不独立.

10. $f_X(x)=\begin{cases}3(\sqrt{x}-x^2),&0\leqslant x\leqslant1,\\0,&其他,\end{cases}$ $f_Y(y)=\begin{cases}3(\sqrt{y}-y^2),&0\leqslant y\leqslant1,\\0,&其他.\end{cases}$ X 与 Y 不独立.

11. $a=\frac{1}{18}$；$b=\frac{2}{9}$；$c=\frac{1}{6}$.

12. $\dfrac{1}{18}$.

13. (1) $f_X(x)=\begin{cases}6(x-x^2), & 0<x<1,\\0, & \text{其他},\end{cases}$ $f_Y(y)=\begin{cases}6(\sqrt{y}-y), & 0<y<1,\\0, & \text{其他}.\end{cases}$

(2) X 与 Y 不独立.

14. (1) X 与 Y 不独立;(2) $f_Z(z)=\begin{cases}\dfrac{z^2}{2}\mathrm{e}^{-z}, & z>0,\\0, & \text{其他}.\end{cases}$

15.

Z	0	1
p_k	$\dfrac{1}{4}$	$\dfrac{3}{4}$

16. (1) $F_M(z)=\begin{cases}0, & z<2,\\[4pt]\dfrac{z^2-2z}{6}, & 2\leqslant z<3,\\[4pt]\dfrac{z-2}{2}, & 3\leqslant z\leqslant4,\\[4pt]1, & z>4.\end{cases}$ (2) $F_N(z)=\begin{cases}0, & z<0,\\[4pt]\dfrac{z}{3}, & 0\leqslant z<2,\\[4pt]-1+\dfrac{7}{6}z-\dfrac{z^2}{6}, & 2\leqslant z\leqslant3,\\[4pt]1, & z>3.\end{cases}$

17. $P\{X>1\,|\,Y=y\}=\mathrm{e}^{-\frac{1}{y}},y>0$.

18. 略.

第4章

随机变量的数字特征

知 识 点

一、数学期望

1. 数学期望的定义

(1) 离散型. 设离散型随机变量 X 的分布律为 $P\{X=x_k\}=p_k, k=1,2,\cdots$, 若级数 $\sum_{k=1}^{\infty} x_k p_k$ 绝对收敛, 则称级数 $\sum_{k=1}^{\infty} x_k p_k$ 为随机变量 X 的**数学期望**或**均值**. 记为 $E(X)$, 即

$$E(X) = \sum_{k=1}^{\infty} x_k p_k.$$

(2) 连续型. 设连续型随机变量 X 的密度函数为 $f(x)$, 若积分 $\int_{-\infty}^{+\infty} x f(x) \mathrm{d}x$ 绝对收敛, 则称积分 $\int_{-\infty}^{+\infty} x f(x) \mathrm{d}x$ 的值为 X 的**数学期望**或**均值**. 记为 $E(X)$, 即

$$E(X) = \int_{-\infty}^{+\infty} x f(x) \mathrm{d}x.$$

2. 随机变量的函数的数学期望

定理 1 设 Y 为随机变量 X 的函数, $Y=g(X)$ ($y=g(x)$ 是连续函数), 则:

(1) 如果 X 是离散型随机变量, 分布律为 $P\{X=x_k\}=p_k, k=1,2,\cdots$, 且级数 $\sum_{k=1}^{\infty} g(x_k) p_k$ 绝对收敛, 则有 $E(Y)=E[g(X)]=\sum_{k=1}^{\infty} g(x_k) p_k$.

(2) 如果 X 是连续型随机变量, 它的概率密度为 $f(x)$, 且 $\int_{-\infty}^{+\infty} g(x) f(x) \mathrm{d}x$ 绝对收敛, 则有 $E(Y)=E[g(X)]=\int_{-\infty}^{+\infty} g(x) f(x) \mathrm{d}x$.

定理 2 设 (X,Y) 是二维离散型随机变量, $Z=g(X,Y)$ 是随机变量 (X,Y) 的连续函数,

(1) 如果 (X,Y) 是二维离散型随机变量, 联合分布律为 $p_{ij}=P\{X=x_i, Y=y_j\}, i,j=1, 2,\cdots$, 则有

$$E(Z) = E[g(X,Y)] = \sum_{i=1}^{\infty} \sum_{j=1}^{\infty} g(x_i, y_j) p_{ij}.$$

(2) 如果(X,Y)是二维连续型随机变量,联合分布密度为$f(x,y)$,则有

$$E(Z) = E[g(X,Y)] = \int_{-\infty}^{+\infty} \int_{-\infty}^{+\infty} g(x,y) f(x,y) \mathrm{d}x \mathrm{d}y.$$

3. 数学期望的性质

(1) 设a是常数,则有$E(a)=a$.

(2) 设X是随机变量,a是常数,则有$E(aX)=aE(X)$.

(3) 设X,Y是随机变量,则有$E(X+Y)=E(X)+E(Y)$.

推论 1 $E(aX+bY)=aE(X)+bE(Y)$,其中a,b都是常数.

$$E\left(\sum_{i=1}^{n} a_i X_i\right) = \sum_{i=1}^{n} a_i E(X_i).$$

(4) 设X,Y是相互独立的随机变量,则有$E(XY)=E(X)E(Y)$.

二、方差

1. 方差的定义

设X是随机变量,若$E\{[X-E(X)]^2\}$存在,则称$E\{[X-E(X)]^2\}$为X的方差,记为$D(X)$(或$\mathrm{Var}(X)$),即

$$D(X) = E\{[X-E(X)]^2\}.$$

称$\sqrt{D(X)}$为X的均方差或标准差,记为$\sigma(X)$.

2. 方差的计算

(1) 根据方差的定义

① 若X是离散型随机变量,分布律为$P\{X=x_k\}=p_k, k=1,2,\cdots$,则

$$D(X) = \sum_{k=1}^{\infty} [x_k - E(X)]^2 p_k.$$

② 若X是连续型随机变量,它的概率密度函数为$f(x)$,则

$$D(X) = \int_{-\infty}^{+\infty} [x - E(X)]^2 f(x) \mathrm{d}x.$$

(2) 根据方差的另一个计算公式:

$$D(X) = E(X^2) - [E(X)]^2.$$

3. 方差的性质

(1) 设a是常数,则有$D(a)=0, D(X)\geqslant 0$.

(2) 设a是常数,则有$D(aX)=a^2 D(X), D(X+a)=D(X)$.

(3) $D(aX+bY)=a^2 D(X)+b^2 D(Y)+2abE\{[X-E(X)][Y-E(Y)]\}$,当$X,Y$相互独立时,$D(X+Y)=D(X)+D(Y)$.

推论 2 若$X_1, X_2, \cdots, X_n$是相互独立的随机变量,则

$$D\left(\sum_{i=1}^{n} c_i X_i\right) = \sum_{i=1}^{n} c_i^2 D(X_i).$$

(4) $D(X)=0$的充要条件是X的概率为一常数,即

$$P\{X = c\} = 1.$$

4. 常见随机变量的期望和方差

1）离散型

（1）0-1分布

分布律：

X	0	1
p_k	$1-p$	p

期望：$E(X)=p$，方差：$D(X)=p(1-p)$.

（2）二项分布

分布律：$P\{X=k\}=C_n^k p^k (1-p)^{n-k}, k=0,1,\cdots,n$.

期望：$E(X)=np$，方差：$D(X)=np(1-p)$.

（3）泊松分布

分布律：$p_k=P\{X=k\}=\dfrac{\lambda^k}{k!}e^{-\lambda}, k=0,1,2,\cdots$.

期望：$E(X)=\lambda$，方差：$D(X)=\lambda$.

2）连续型

（1）均匀分布 $X\sim U(a,b)$

概率密度函数：

$$f(x)=\begin{cases}\dfrac{1}{b-a}, & a<x<b,\\ 0, & 其他.\end{cases}$$

期望：$E(X)=\dfrac{a+b}{2}$，方差：$D(X)=\dfrac{(b-a)^2}{12}$.

（2）指数分布

概率密度函数：

$$f(x)=\begin{cases}\dfrac{1}{\theta}e^{-\frac{x}{\theta}}, & x>0,\\ 0, & x\leqslant 0.\end{cases}$$

期望：$E(X)=\theta$，方差：$D(X)=\theta^2$.

（3）正态分布 $X\sim N(\mu,\sigma^2)$

概率密度函数：

$$f(x)=\dfrac{1}{\sqrt{2\pi}\sigma}e^{-\frac{(x-\mu)^2}{2\sigma^2}}, \quad -\infty<x<+\infty.$$

期望：$E(X)=\mu$，方差：$D(X)=\sigma^2$.

三、协方差与相关系数

1. 协方差及相关系数的定义

定义 1 $E[X-E(X)][Y-E(Y)]$称为随机变量 X 与 Y 的**协方差**，记为 $\mathrm{Cov}(X,Y)$，即

$$\mathrm{Cov}(X,Y)=E[X-E(X)][Y-E(Y)],$$

而

$$\rho_{XY} = \frac{\text{Cov}(X,Y)}{\sqrt{D(X)}\,\sqrt{D(Y)}}, \quad D(X) \neq 0, D(Y) \neq 0$$

称为随机变量 X 与 Y 的**相关系数**.

2. 协方差的性质

(1) 设 X,Y 相互独立,则 $\text{Cov}(X,Y)=0$,反之未必成立;对于任意常数 c,$\text{Cov}(X,c)=\text{Cov}(c,Y)=0$;

(2) $\text{Cov}(X,Y)=\text{Cov}(Y,X)$;

(3) $\text{Cov}(X,X)=D(X)$;

(4) $\text{Cov}(X,Y)=E(XY)-E(X)E(Y)$;

(5) $D(X\pm Y)=D(X)+D(Y)\pm 2\text{Cov}(X,Y)$;

(6) $\text{Cov}(aX,bY)=ab\text{Cov}(X,Y)$;

(7) $\text{Cov}(X_1+X_2,Y)=\text{Cov}(X_1,Y)+\text{Cov}(X_2,Y)$.

3. 相关系数的性质

设 ρ_{XY} 是 X 和 Y 的相关系数,则有

(1) $|\rho_{XY}|\leqslant 1$;

(2) 若 X 和 Y 相互独立,则 $\rho_{XY}=0$,反之未必成立. 当 (X,Y) 服从二元正态分布时,$\rho_{XY}=0\Leftrightarrow X,Y$ 相互独立.

4. 相关性定义

定义 2　若设随机变量 X 和 Y 的相关系数 ρ_{XY} 存在,且 $\rho_{XY}=0(\text{Cov}(X,Y)=0)$,则称 X 与 Y 不相关；否则称 X 与 Y 不相关.

四、矩

定义 3　设 X 和 Y 是两个随机变量:

若 $E(X^k),k=1,2,\cdots$ 存在,则称它为 X 的 k 阶原点矩,简称 k 阶矩;

若 $E\{[X-E(X)]^k\},k=1,2,\cdots$ 存在,则称它为 X 的 k 阶中心矩;

若 $E(X^k Y^l),k,l=1,2,\cdots$ 存在,则称它为 X 和 Y 的 $k+l$ 阶混合矩;

若 $E\{[X-E(X)]^k[Y-E(Y)]^l\},k,l=1,2,\cdots$ 存在,则称它为 X 和 Y 的 $k+l$ 阶混合中心矩.

显然,X 的数学期望 $E(X)$ 是 X 的一阶原点矩,方差 $D(X)$ 是 X 的二阶中心矩,协方差 $\text{Cov}(X,Y)$ 是 X 和 Y 的二阶混合中心矩.

典 型 例 题

一、利用定义求随机变量的期望

1. 离散型随机变量

已知分布律,利用公式 $E(X)=\sum\limits_{k=1}^{\infty}x_k p_k$ 解题.

例 4-1 设随机变量 X 的分布律为

X	-1	0	1
p_k	0.2	0.7	0.1

求 $E(X)$.

解 由数学期望的定义知

$$E(X) = (-1) \times 0.2 + 0 \times 0.7 + 1 \times 0.1 = -0.1.$$

2. 连续型随机变量

已知 X 的概率密度函数 $f(x)$，利用公式 $E(X) = \int_{-\infty}^{+\infty} x f(x) \mathrm{d}x$ 解题.

例 4-2 已知连续型随机变量 X 的概率密度函数为

$$f(x) = \begin{cases} \mathrm{e}^{-x}, & x > 0, \\ 0, & x \leqslant 0, \end{cases}$$

求 $E(X)$.

解 $E(X) = \int_{-\infty}^{+\infty} x f(x) \mathrm{d}x = \int_{-\infty}^{0} x \cdot 0 \mathrm{d}x + \int_{0}^{+\infty} x \mathrm{e}^{-x} \mathrm{d}x = -\mathrm{e}^{-x} \Big|_{0}^{+\infty} = 1.$

二、随机变量函数的期望

1. 一维随机变量函数的期望：$Y = g(X)$

如果 X 是离散型随机变量，其分布律为 $P\{X = x_k\} = p_k, k = 1, 2, \cdots$，则利用 $E(Y) = E[g(X)] = \sum_{k=1}^{\infty} g(x_k) p_k$ 求解；如果 X 是连续型随机变量，其概率密度函数为 $f(x)$，则利用 $E(X) = \int_{-\infty}^{+\infty} g(x) f(x) \mathrm{d}x$ 求解.

例 4-3 已知离散型随机变量 X 的分布律：

X	2	4	5
p_k	0.2	0.3	0.5

求：(1) $E(2X+1)$；(2) $E(X^2)$.

解 (1) 由 $E[g(X)] = \sum_{k=1}^{n} g(X_k) p_k$，有

$$E(2X+1) = (2 \times 2 + 1) \times 0.2 + (4 \times 2 + 1) \times 0.3 + (5 \times 2 + 1) \times 0.5$$
$$= 1 + 2.7 + 5.5 = 9.2.$$

(2) 由 $E[g(X)] = \sum_{k=1}^{n} g(X_k) p_k$，有

$$E(X^2) = 2^2 \times 0.2 + 4^2 \times 0.3 + 5^2 \times 0.5 = 0.8 + 4.8 + 12.5 = 18.1.$$

例 4-4 设长方形的高 $X \sim U(0,5)$，已知长方形的周长为 10，求长方形的长的期望.

解 设长方形的长为 Y，$Y = 5 - X$，由 $X \sim U(0,5)$，可以知道 X 的概率密度函数为

$$f(x) = \begin{cases} \dfrac{1}{5}, & 0 < x < 5, \\ 0, & \text{其他,} \end{cases}$$

则

$$E(Y) = \int_{-\infty}^{+\infty} (5-x)f(x)\mathrm{d}x$$

$$= \int_{-\infty}^{0} (5-x) \times 0\mathrm{d}x + \int_{0}^{5} (5-x) \times \frac{1}{5}\mathrm{d}x + \int_{5}^{+\infty} (5-x) \times 0\mathrm{d}x$$

$$= x - \frac{1}{10}x^2 \Big|_{0}^{5} = 2.5.$$

2. 二维随机变量函数的期望: $Z = g(X,Y)$

若 (X,Y) 是二维离散型随机变量, 联合分布律为 $p_{ij} = P\{X=x_i, Y=y_j\}, i,j=1,2,\cdots,$ 利用 $E(Z) = E[g(X,Y)] = \sum\limits_{i=1}^{\infty}\sum\limits_{j=1}^{\infty} g(x_i,y_j)p_{ij}$ 求解.

若 (X,Y) 是二维连续型随机变量, 联合分布密度为 $f(x,y)$, 则利用 $E(Z) = E[g(X, Y)] = \int_{-\infty}^{+\infty}\int_{-\infty}^{+\infty} g(x,y)f(x,y)\mathrm{d}x\mathrm{d}y$ 求解.

例 4-5 设 (X,Y) 的分布律为

Y \ X	−2	1	2
2	0.2	0.1	0
3	0.1	0	0.3
4	0.1	0.1	0.1

(1) 求 $E(X), E(Y)$; (2) 设 $Z=2X+Y$, 求 $E(Z)$; (3) 设 $W=(X+Y)^2$, 求 $E(W)$.

解 (1) X 和 Y 的边缘分布律分别为

X	−2	1	2
p_k	0.4	0.2	0.4

Y	2	3	4
p_k	0.3	0.4	0.3

$$E(X) = -2 \times 0.4 + 1 \times 0.2 + 2 \times 0.4 = 0.2,$$

$$E(Y) = 2 \times 0.3 + 3 \times 0.4 + 4 \times 0.3 = 3.$$

(2) 随机变量 Z 的分布律为

Z	−2	−1	0	4	5	6	7	8
p_k	0.2	0.1	0.1	0.1	0	0.1	0.3	0.1

则 $E(Z) = -2 \times 0.2 - 1 \times 0.1 + 0 \times 0.1 + 4 \times 0.1 + 5 \times 0 + 6 \times 0.1 + 7 \times 0.3 + 8 \times 0.1 = 3.4.$

(3) 随机变量 W 的分布律为

W	0	1	4	9	16	25	36
p_k	0.2	0.1	0.1	0.1	0	0.4	0.1

则 $E(W) = 0 \times 0.2 + 1 \times 0.1 + 4 \times 0.1 + 9 \times 0.1 + 16 \times 0 + 25 \times 0.4 + 36 \times 0.1 = 15.$

例 4-6 设 (X,Y) 的概率密度函数为

$$f(x,y) = \begin{cases} axy, & 0 \leqslant y \leqslant x \leqslant 1, \\ 0, & \text{其他.} \end{cases}$$

求 a 的值,以及 $E(X),E(Y),E(XY)$.

解　由 $\int_{-\infty}^{+\infty}\int_{-\infty}^{+\infty}f(x,y)\mathrm{d}x\mathrm{d}y=1$,得

$$\int_0^1\left(\int_0^x axy\mathrm{d}y\right)\mathrm{d}x=\int_0^1\frac{1}{2}ax^3\mathrm{d}x=\frac{1}{8}ax^4\bigg|_0^1=\frac{1}{8}a=1,$$

则 $a=8$,故 (X,Y) 的概率密度函数为

$$f(x,y)=\begin{cases}8xy, & 0\leqslant y\leqslant x\leqslant 1,\\0, & 其他.\end{cases}$$

$$E(X)=\int_{-\infty}^{+\infty}\int_{-\infty}^{+\infty}xf(x,y)\mathrm{d}x\mathrm{d}y=\int_0^1\int_0^x x\cdot 8xy\mathrm{d}x\mathrm{d}y=\frac{4}{5}x^5\bigg|_0^1=\frac{4}{5},$$

$$E(Y)=\int_{-\infty}^{+\infty}\int_{-\infty}^{+\infty}yf(x,y)\mathrm{d}x\mathrm{d}y=\int_0^1\int_0^x y\cdot 8xy\mathrm{d}x\mathrm{d}y=\frac{8}{15}x^5\bigg|_0^1=\frac{8}{15},$$

$$E(XY)=\int_{-\infty}^{+\infty}\int_{-\infty}^{+\infty}xyf(x,y)\mathrm{d}x\mathrm{d}y=\int_0^1\int_0^x xy\cdot 8xy\mathrm{d}x\mathrm{d}y=\frac{8}{3\times 6}x^6\bigg|_0^1=\frac{4}{9}.$$

三、利用期望的性质解题

例 4-7　设 $X\sim N(5,2^2),Y\sim N(3,1^2)$,求 $E(2X+3),E(3Y-1),E(2X+3Y)$.

解　由 $X\sim N(5,2^2),Y\sim N(3,1^2)$ 得

$$E(X)=5, \quad E(Y)=3,$$
$$E(2X+3)=2E(X)+3=13,$$
$$E(3Y-1)=3E(Y)-1=8,$$
$$E(2X+3Y)=2E(X)+3E(Y)=19.$$

例 4-8　设随机变量 X,Y 的概率密度函数分别为

$$f(x)=\begin{cases}2x, & 0\leqslant x\leqslant 1,\\0, & 其他,\end{cases}\qquad f(y)=\begin{cases}\dfrac{y^2}{9}, & 0\leqslant y\leqslant 3,\\0, & 其他.\end{cases}$$

且 X,Y 相互独立,求 $E(XY)$.

解　$E(XY)=E(X)E(Y)=\int_{-\infty}^{+\infty}xf(x)\mathrm{d}x\int_{-\infty}^{+\infty}yf(y)\mathrm{d}y=\int_0^1 2x^2\mathrm{d}x\int_0^3\frac{y^3}{9}\mathrm{d}y=\frac{3}{2}.$

四、方差的计算

1. 利用方差的定义计算方差

例 4-9　设 X 的分布律为

X	2	4	5
p_k	0.2	0.3	0.5

求 $D(X)$.

解　$E(X)=2\times 0.2+4\times 0.3+5\times 0.5=4.1,$

$D(X)=(2-4.1)^2\times 0.2+(4-4.1)^2\times 0.3+(5-4.1)^2\times 0.5$

$\qquad=0.882+0.003+0.405=1.29.$

2. 利用 $D(X)=E(X^2)-[E(X)]^2$ 计算方差

例 4-10　设 $X \sim U(2,5)$，求 $D(X)$.

解　由 $X \sim U(2,5)$ 可得

$$E(X) = \frac{2+5}{2} = \frac{7}{2}.$$

X 的概率密度函数为

$$f(x) = \begin{cases} \dfrac{1}{3}, & 2 \leqslant x \leqslant 5, \\ 0, & 其他. \end{cases}$$

$$D(X) = E(X^2) - [E(X)]^2 = \int_2^5 x^2 \times \frac{1}{3} \mathrm{d}x - \left(\frac{7}{2}\right)^2 = \frac{3}{4}.$$

五、利用方差性质解题

例 4-11　设 $X \sim \pi(7)$，求 $D(2X+3)$.

解　由 $X \sim \pi(7)$，得

$$D(X) = 7,$$
$$D(2X+3) = 2^2 D(X) = 28.$$

例 4-12　设 $X_1 \sim N(3,2^2)$，$X_2 \sim N(5,3^2)$ 且 X_1, X_2 相互独立，$Z = 2X_1 + X_2$，则 Z 服从怎样的分布？

解　由 $X_1 \sim N(3,2^2)$，$X_2 \sim N(5,3^2)$ 可得

$$E(X_1) = 3, \quad D(X_1) = 2^2; \quad E(X_2) = 5, \quad D(X_2) = 3^2,$$
$$E(Z) = E(2X_1 + X_2) = 2E(X_1) + E(X_2) = 11,$$
$$D(Z) = D(2X_1 + X_2) = 2^2 D(X_1) + D(X_2) = 25.$$

则 $Z \sim N(11,5^2)$.

六、协方差及相关系数

1. 利用定义求解

$$\mathrm{Cov}(X,Y) = E[X - E(X)][Y - E(Y)] = E(XY) - E(X)E(Y),$$
$$\rho_{XY} = \frac{\mathrm{Cov}(X,Y)}{\sqrt{D(X)}\,\sqrt{D(Y)}}.$$

例 4-13　设 (X,Y) 的分布律为

Y \ X	-4	-2	2	4
2	0	$\dfrac{1}{4}$	$\dfrac{1}{4}$	0
8	$\dfrac{1}{4}$	0	0	$\dfrac{1}{4}$

求 $\mathrm{Cov}(X,Y)$，ρ_{XY}.

解　$E(X) = -4 \times \dfrac{1}{4} - 2 \times \dfrac{1}{4} + 2 \times \dfrac{1}{4} + 4 \times \dfrac{1}{4} = 0$,

$$E(Y) = 2 \times \frac{1}{2} + 8 \times \frac{1}{2} = 5,$$

$$E(XY) = -32 \times \frac{1}{4} + 32 \times \frac{1}{4} - 16 \times 0 + 16 \times 0 - 8 \times 0 + 8 \times 0 - 4 \times \frac{1}{4} + 4 \times \frac{1}{4} = 0,$$

$$\mathrm{Cov}(X,Y) = E[X - E(X)][Y - E(Y)] = E(XY) - E(X)E(Y) = 0,$$

$$\rho_{XY} = \frac{\mathrm{Cov}(X,Y)}{\sqrt{D(X)}\sqrt{D(Y)}} = 0.$$

2. 利用性质 $D(X+Y) = D(X) + D(Y) + 2\mathrm{Cov}(X,Y)$ 求解

例 4-14 设随机变量 $X \sim N(2,2)$，$Y = 3X + 7$，求 $E(Y)$，$D(Y)$，$\mathrm{Cov}(X,Y)$，ρ_{XY}.

解 由随机变量 $X \sim N(2,2)$ 可得

$$E(X) = 2, \quad D(X) = 2,$$
$$E(Y) = E(3X+7) = 3E(X) + 7 = 3 \times 2 + 7 = 13,$$
$$D(Y) = D(3X+7) = 3^2 D(X) = 3^2 \times 2 = 18.$$

由 $D(X+Y) = D(X) + D(Y) + 2\mathrm{Cov}(X,Y)$ 得

$$\mathrm{Cov}(X,Y) = \frac{1}{2}[D(X+3X+7) - D(X) - D(Y)] = \frac{1}{2}[4^2 D(X) - D(X) - D(Y)] = 6,$$

$$\rho_{XY} = \frac{\mathrm{Cov}(X,Y)}{\sqrt{D(X)}\sqrt{D(Y)}} = \frac{6}{\sqrt{2}\sqrt{18}} = 1.$$

例 4-15 设随机变量 X 的方差 $D(X) = 4$，随机变量 Y 的方差 $D(Y) = 9$，并且 X, Y 的相关系数 $\rho_{XY} = 0.5$，求 $D(2X+Y)$，$D(X-2Y)$.

解 由 $\rho_{XY} = \dfrac{\mathrm{Cov}(X,Y)}{\sqrt{D(X)}\sqrt{D(Y)}}$ 得

$$\mathrm{Cov}(X,Y) = \rho_{XY}\sqrt{D(X)}\sqrt{D(Y)} = 0.5 \times 2 \times 3 = 3,$$
$$D(2X+Y) = 2^2 D(X) + D(Y) + 2 \times 2 \times 1 \times \mathrm{Cov}(X,Y) = 16 + 9 + 4 \times 3 = 37,$$
$$D(X-2Y) = D(X) + (-2)^2 D(Y) + 2 \times 1 \times (-2) \times \mathrm{Cov}(X,Y) = 4 + 36 - 4 \times 3 = 28.$$

例 4-16 设随机变量 (X,Y) 的分布律与例 4-13 相同，验证 X 和 Y 是不相关的，但 X 和 Y 不是相互独立的.

解 $E(X) = -4 \times \dfrac{1}{4} - 2 \times \dfrac{1}{4} + 2 \times \dfrac{1}{4} + 4 \times \dfrac{1}{4} = 0,$

$$E(Y) = 2 \times \frac{1}{2} + 8 \times \frac{1}{2} = 5,$$

$$E(XY) = -32 \times \frac{1}{4} + 32 \times \frac{1}{4} - 16 \times 0 + 16 \times 0 - 8 \times 0 + 8 \times 0 - 4 \times \frac{1}{4} + 4 \times \frac{1}{4} = 0,$$

$$\mathrm{Cov}(X,Y) = E[X - E(X)][Y - E(Y)] = E(XY) - E(X)E(Y) = 0,$$

$$\rho_{XY} = \frac{\mathrm{Cov}(X,Y)}{\sqrt{D(X)}\sqrt{D(Y)}} = 0.$$

故 X 和 Y 是不相关的.

X 和 Y 的边缘分布律分别是

X	-4	-2	2	4
p_k	$\frac{1}{4}$	$\frac{1}{4}$	$\frac{1}{4}$	$\frac{1}{4}$

Y	2	8
p_k	$\frac{1}{2}$	$\frac{1}{2}$

由 $P\{X=4,Y=2\}=0,P\{X=4\}P\{Y=2\}=\frac{1}{4}\times\frac{1}{2}=\frac{1}{8}$,得

$$P\{X=4,Y=2\}\neq P\{X=4\}P\{Y=2\},$$

可知 X 和 Y 不是相互独立的.

习 题 详 解

习题 4-1

1. 对某一目标进行连续射击,直到第一次命中为止,每次射击命中的概率为 p,求子弹消耗量 X 的期望.

解 X 的分布律为

$$P\{X=k\}=q^{k-1}p,k=1,2,\cdots,q=1-p,$$

$$E(X)=\sum_{k=1}^{\infty}kq^{k-1}p=p\sum_{k=1}^{\infty}kq^{k-1}=(1-q)\sum_{k=1}^{\infty}kq^{k-1}=\sum_{k=1}^{\infty}kq^{k-1}-\sum_{k=1}^{\infty}kq^{k}$$

$$=(1+2q+3q^2+\cdots)-(q+2q^2+3q^3+\cdots)$$

$$=1+q+q^2+\cdots=\frac{1}{1-q}=\frac{1}{p}.$$

2. 设随机变量 X 的概率密度函数为 $f(x)=\begin{cases}x, & 0\leqslant x\leqslant1,\\ 2-x, & 1<x\leqslant2,\\ 0, & 其他,\end{cases}$ 求 $E(X)$.

解 $E(X)=\int_{-\infty}^{+\infty}xf(x)\mathrm{d}x=\int_0^1 x^2\mathrm{d}x+\int_1^2 x(2-x)\mathrm{d}x=1.$

3. 设随机变量 X 的分布律为

X	-2	0	2
p_k	0.4	0.3	0.3

求 $E(X),E(X^2),E(3X^2+5)$.

解 根据定义有

$$E(X)=\sum_{k=1}^{\infty}x_kp_k=(-2)\times0.4+0\times0.3+2\times0.3=-0.2,$$

$$E(X^2)=\sum_{k=1}^{\infty}x_k^2p_k=(-2)^2\times0.4+0^2\times0.3+2^2\times0.3=2.8,$$

$$E(3X^2 + 5) = E(3X^2) + 5 = 3 \times 2.8 + 5 = 13.4.$$

4. 设离散型随机变量 X 的分布律为：$P\{X=i\} = \dfrac{1}{2^i}, i = 1, 2, \cdots$，求 $Y = \sin\left(\dfrac{\pi}{2}X\right)$ 的期望.

解 $Y = \sin\left(\dfrac{\pi}{2} \times 1\right) \times \dfrac{1}{2} + \sin\left(\dfrac{\pi}{2} \times 2\right) \times \dfrac{1}{2^2} + \cdots + \sin\left(\dfrac{\pi}{2} \times i\right) \times \dfrac{1}{2^i} + \cdots$

$$= \dfrac{1}{2} + 0 + \left(-\dfrac{1}{2^3}\right) + 0 + \left(-\dfrac{1}{2^5}\right) + \cdots = \dfrac{\dfrac{1}{2}}{1 - \left(-\dfrac{1}{2^2}\right)} = \dfrac{2}{5}.$$

5. 某工厂生产的圆盘其直径在区间 (a, b) 内服从均匀分布，求圆盘面积的数学期望.

解 设圆盘的直径为 D，其面积为 S，由题意：

$$f_D(x) = \begin{cases} \dfrac{1}{b-a}, & a < x < b, \\ 0, & \text{其他.} \end{cases}$$

由 $S = \pi \cdot \left(\dfrac{D}{2}\right)^2 = \dfrac{\pi}{2^2}D^2$，故

$$E(S) = E\left(\dfrac{\pi}{2^2}D^2\right) = \dfrac{\pi}{2^2}E(D^2) = \dfrac{\pi}{2^2}\int_a^b x^2 \cdot \dfrac{1}{b-a}dx = \dfrac{\pi}{12}(a^2 + ab + b^2).$$

6. 设 (X, Y) 的分布律为

Y \ X	1	2	3
4	0.2	0.1	0.1
5	0.1	0	0.2
6	0.1	0.1	0.1

求：(1) $E(X)$ 和 $E(Y)$；(2) 设 $Z = Y/X$，求 $E(Z)$；(3) 设 $Z = (X-Y)^2$，求 $E(Z)$.

解 (1) X 和 Y 的边缘分布律分别为

X	1	2	3
p_k	0.4	0.2	0.4

Y	4	5	6
p_k	0.4	0.3	0.3

$$E(X) = 1 \times 0.4 + 2 \times 0.2 + 3 \times 0.4 = 2,$$
$$E(Y) = 4 \times 0.4 + 5 \times 0.3 + 6 \times 0.3 = 4.9.$$

(2) 随机变量 Z 的分布律为

Z	$\dfrac{4}{3}$	$\dfrac{5}{3}$	2	$\dfrac{5}{2}$	3	4	5	6
p_k	0.1	0.2	0.2	0	0.1	0.2	0.1	0.1

$$E(Z) = \dfrac{4}{3} \times 0.1 + \dfrac{5}{3} \times 0.2 + 2 \times 0.2 + \dfrac{5}{2} \times 0 + 3 \times 0.1 + 4 \times 0.2 + 5 \times 0.1 + 6 \times 0.1 \approx 3.0667.$$

（3）随机变量 Z 的分布律为

Z	1	4	9	16	25
p_k	0.1	0.3	0.3	0.2	0.1

$$E(Z) = 1 \times 0.1 + 4 \times 0.3 + 9 \times 0.3 + 9 \times 0.3 + 16 \times 0.2 + 25 \times 0.1 = 9.7.$$

7. 设 (X, Y) 的概率密度函数为

$$f(x, y) = \begin{cases} 12y^2, & 0 \leqslant y \leqslant x \leqslant 1, \\ 0, & \text{其他}. \end{cases}$$

求 $E(X), E(Y), E(XY), E(X^2 + Y^2)$.

解　$E(X) = \displaystyle\int_{-\infty}^{+\infty} \int_{-\infty}^{+\infty} x f(x, y) \mathrm{d}x \mathrm{d}y = \dfrac{4}{5},$

$E(Y) = \displaystyle\int_{-\infty}^{+\infty} \int_{-\infty}^{+\infty} y f(x, y) \mathrm{d}x \mathrm{d}y = \dfrac{3}{5},$

$E(XY) = \displaystyle\int_{-\infty}^{+\infty} \int_{-\infty}^{+\infty} xy f(x, y) \mathrm{d}x \mathrm{d}y = \dfrac{1}{2},$

$E(X^2 + Y^2) = \displaystyle\int_{-\infty}^{+\infty} \int_{-\infty}^{+\infty} (x^2 + y^2) f(x, y) \mathrm{d}x \mathrm{d}y = \dfrac{16}{15}.$

习题 4-2

1. 设甲、乙两个厂家生产同一种产品的使用寿命（单位：天）X, Y 的分布律分别为

X	900	1000	1100
p_k	0.1	0.8	0.1

Y	950	1000	1050
p_k	0.3	0.4	0.3

比较两个厂家产品的质量.

解　$E(X) = \displaystyle\sum_{k=1}^{\infty} x_k p_k = 900 \times 0.1 + 1000 \times 0.8 + 1100 \times 0.1 = 1000,$

$E(Y) = \displaystyle\sum_{k=1}^{\infty} y_k p_k = 950 \times 0.3 + 1000 \times 0.4 + 1050 \times 0.3 = 1000,$

$D(X) = \displaystyle\sum_{k=1}^{\infty} [x_k - E(X)]^2 p_k = (900 - 1000)^2 \times 0.1 + (1000 - 1000)^2 \times 0.8 +$
$(1100 - 1000)^2 \times 0.1 = 2000,$

$D(Y) = \displaystyle\sum_{k=1}^{\infty} [y_k - E(Y)]^2 p_k = (950 - 1000)^2 \times 0.3 + (1000 - 1000)^2 \times 0.4 +$
$(1050 - 1000)^2 \times 0.3 = 1500.$

故甲厂家产品的质量更好.

2. 12 个零件中有 9 个是合格品，3 个是次品，在其中任取 1 个，若取出的是次品就不再放回，求在取得合格品前已取出的次品的数学期望与方差.

解　设取出的次品数为 X，则 X 可能值为：0, 1, 2, 3.

$$P\{X=0\}=\frac{9}{12}, \quad P\{X=1\}=\frac{3}{12}\times\frac{9}{11}=\frac{9}{44}, \quad P\{X=2\}=\frac{3}{12}\times\frac{2}{11}\times\frac{9}{10}=\frac{9}{220},$$

$$P\{X=3\}=\frac{3}{12}\times\frac{2}{11}\times\frac{1}{10}\times\frac{9}{9}=\frac{1}{220},$$

$$E(X)=0\times\frac{9}{12}+1\times\frac{9}{44}+2\times\frac{9}{220}+3\times\frac{1}{220}=\frac{3}{10},$$

$$E(X^2)=0^2\times\frac{9}{12}+1^2\times\frac{9}{44}+2^2\times\frac{9}{220}+3^2\times\frac{1}{220}=\frac{9}{22},$$

$$D(X)=E(X^2)-\left[E(X)\right]^2=\frac{9}{22}-\left(\frac{3}{10}\right)^2=\frac{351}{1100}.$$

3. 设 X 的概率密度函数为

$$f(x)=\begin{cases}1+x, & -1\leqslant x\leqslant 0,\\1-x, & 0<x\leqslant 1,\\0, & \text{其他},\end{cases}$$

求 $D(X)$.

解　$E(X)=\displaystyle\int_{-\infty}^{+\infty}xf(x)\mathrm{d}x=\int_{-1}^{0}x(1+x)\mathrm{d}x+\int_{0}^{1}x(1-x)\mathrm{d}x=0,$

$$E(X^2)=\int_{-\infty}^{+\infty}x^2f(x)\mathrm{d}x=\int_{-1}^{0}x^2(1+x)\mathrm{d}x+\int_{0}^{1}x^2(1-x)\mathrm{d}x=\frac{1}{6},$$

$$D(X)=E(X^2)-\left[E(X)\right]^2=\frac{1}{6}.$$

4. 设随机变量 X 的概率密度函数为

$$f(x)=\begin{cases}ax^2+bx+c, & 0<x<1,\\0, & \text{其他},\end{cases}$$

并且已知 $E(X)=0.5, D(X)=0.15$，求 a,b,c 的值.

解　由概率密度的性质 $\displaystyle\int_{-\infty}^{+\infty}f(x)\mathrm{d}x=1$ 可得

$$\int_{-\infty}^{+\infty}f(x)\mathrm{d}x=\int_{0}^{1}(ax^2+bx+c)\mathrm{d}x=\frac{1}{3}ax^3+\frac{1}{2}bx^2+cx\Big|_{0}^{1}=\frac{1}{3}a+\frac{1}{2}b+c=1.$$

$$(4\text{-}1)$$

由 $E(X)=\displaystyle\int_{-\infty}^{+\infty}xf(x)\mathrm{d}x=0.5$ 可得

$$\int_{-\infty}^{+\infty}xf(x)\mathrm{d}x=\int_{0}^{1}x(ax^2+bx+c)\mathrm{d}x=\frac{1}{4}ax^4+\frac{1}{3}bx^3+\frac{1}{2}cx^2\Big|_{0}^{1}=\frac{1}{4}a+\frac{1}{3}b+\frac{1}{2}c=\frac{1}{2}.$$

$$(4\text{-}2)$$

由

$$D(X)=E(X^2)-\left[E(X)\right]^2 \text{ 可得 } E(X^2)=D(X)+\left[E(X)\right]^2,$$

$$E(X^2)=\int_{-\infty}^{+\infty}x^2f(x)\mathrm{d}x=\int_{0}^{1}x^2(ax^2+bx+c)\mathrm{d}x=\frac{1}{5}ax^5+\frac{1}{4}bx^4+\frac{1}{3}cx^3\Big|_{0}^{1}$$

$$=\frac{1}{5}a+\frac{1}{4}b+\frac{1}{3}c=\frac{3}{20}+\left(\frac{1}{2}\right)^2=\frac{2}{5},$$

$$(4\text{-}3)$$

由式(4-1)、式(4-2)、式(4-3)联立组成方程组,可解得: $a=12, b=-12, c=3$.

5. 设随机变量 X 服从参数为 λ 的泊松分布,并且 $E[(X-1)(X-2)]=1$,求 λ 的值.

解　由 X 服从参数为 λ 的泊松分布,可知

$$E(X) = D(X) = \lambda,$$
$$E[(X-1)(X-2)] = E(X^2 - 3X + 2) = E(X^2) - 3E(X) + 2$$
$$= D(X) + [E(X)]^2 - 3E(X) + 2 = \lambda + \lambda^2 - 3\lambda + 2$$
$$= \lambda^2 - 2\lambda + 2,$$

则有
$$\lambda^2 - 2\lambda + 2 = 1,$$

从而
$$\lambda = 1.$$

习题 4-3

1. 设随机变量 X 服从参数为 2 的泊松分布，$Y = 3X - 2$，求 $E(Y)$，$D(Y)$，$\text{Cov}(X,Y)$，ρ_{XY}.

解 由随机变量 X 服从参数为 2 的泊松分布可得
$$E(X) = 2, \quad D(X) = 2,$$
$$E(Y) = E(3X - 2) = 3E(X) - 2 = 3 \times 2 - 2 = 4,$$
$$D(Y) = D(3X - 2) = 3^2 D(X) = 3^2 \times 2 = 18.$$

由 $D(X+Y) = D(X) + D(Y) + 2\text{Cov}(X,Y)$ 得
$$\text{Cov}(X,Y) = \frac{1}{2}[D(X + 3X - 2) - D(X) - D(Y)] = \frac{1}{2}[4^2 D(X) - D(X) - D(Y)]$$
$$= 6,$$
$$\rho_{XY} = \frac{\text{Cov}(X,Y)}{\sqrt{D(X)}\sqrt{D(Y)}} = \frac{6}{\sqrt{2}\sqrt{18}} = 1.$$

2. 设随机变量 X 的方差 $D(X) = 16$，随机变量 Y 的方差 $D(Y) = 25$，并且 X, Y 的相关系数 $\rho_{XY} = 0.5$，求 $D(X+Y)$，$D(X-Y)$.

解 由 $\rho_{XY} = \frac{\text{Cov}(X,Y)}{\sqrt{D(X)}\sqrt{D(Y)}}$ 得
$$\text{Cov}(X,Y) = \rho_{XY}\sqrt{D(X)}\sqrt{D(Y)} = 0.5 \times 4 \times 5 = 10,$$
$$D(X+Y) = D(X) + D(Y) + 2\text{Cov}(X,Y) = 16 + 25 + 2 \times 10 = 61,$$
$$D(X-Y) = D(X) + D(Y) - 2\text{Cov}(X,Y) = 16 + 25 - 2 \times 10 = 21.$$

3. 已知 $X \sim N(1,9)$，$Y \sim N(0,16)$，$\rho_{XY} = -\frac{1}{2}$，设 $Z = \frac{X}{3} + \frac{Y}{2}$，求 $E(Z)$，$D(Z)$，ρ_{XZ}.

解 由 $X \sim N(1,9)$，$Y \sim N(0,16)$ 可得
$$E(X) = 1, \quad D(X) = 9, \quad E(Y) = 0, \quad D(Y) = 16,$$
$$E(Z) = E\left(\frac{X}{3} + \frac{Y}{2}\right) = \frac{1}{3}E(X) + \frac{1}{2}E(Y) = \frac{1}{3} \times 1 + \frac{1}{2} \times 0 = \frac{1}{3},$$
$$\text{Cov}(X,Y) = \rho_{XY}\sqrt{D(X)}\sqrt{D(Y)} = -\frac{1}{2} \times 3 \times 4 = -6,$$
$$D(Z) = D\left(\frac{X}{3} + \frac{Y}{2}\right) = \left(\frac{1}{3}\right)^2 D(X) + \left(\frac{1}{2}\right)^2 D(Y) + 2 \times \frac{1}{3} \times \frac{1}{2}\text{Cov}(X,Y)$$
$$= 1 + 4 - 2 = 3,$$

$$\text{Cov}(X,Z) = \text{Cov}\left(X, \frac{1}{3}X + \frac{1}{2}Y\right) = \frac{1}{3}\text{Cov}(X,X) + \frac{1}{2}\text{Cov}(X,Y)$$

$$= \frac{1}{3}D(X) + \frac{1}{2}\text{Cov}(X,Y) = \frac{1}{3} \times 9 + \frac{1}{2} \times (-6) = 0,$$

$$\rho_{XZ} = \frac{\text{Cov}(X,Z)}{\sqrt{D(X)}\sqrt{D(Z)}} = 0.$$

4. 设随机变量 (X,Y) 的概率密度函数为

$$f(x,y) = \begin{cases} x+y, & 0 \leqslant x \leqslant 1, 0 \leqslant y \leqslant 1, \\ 0, & \text{其他.} \end{cases}$$

求 $E(X), E(Y), \text{Cov}(X,Y), \rho_{XY}, D(X+Y)$.

解 根据公式得

$$E(X) = \int_{-\infty}^{+\infty} \int_{-\infty}^{+\infty} x f(x,y) \mathrm{d}x\mathrm{d}y = \int_0^1 \int_0^1 x(x+y)\mathrm{d}x\mathrm{d}y$$

$$= \int_0^1 \left(\frac{1}{3}x^3 + yx \Big|_0^1\right)\mathrm{d}y = \frac{7}{12},$$

$$E(Y) = \int_{-\infty}^{+\infty} \int_{-\infty}^{+\infty} y f(x,y) \mathrm{d}x\mathrm{d}y = \int_0^1 \int_0^1 y(x+y)\mathrm{d}x\mathrm{d}y$$

$$= \int_0^1 \left(\frac{1}{3}y^3 + yx \Big|_0^1\right)\mathrm{d}x = \frac{7}{12},$$

$$D(X) = \int_{-\infty}^{+\infty} \int_{-\infty}^{+\infty} \left(x - \frac{7}{12}\right)^2 f(x,y) \mathrm{d}x\mathrm{d}y$$

$$= \int_0^1 \mathrm{d}x \int_0^1 \left(x - \frac{7}{12}\right)^2 (x+y)\mathrm{d}y = \frac{11}{144}.$$

同理

$$D(Y) = \frac{11}{144},$$

$$\text{Cov}(X,Y) = E(XY) - E(X)E(Y) = \int_{-\infty}^{+\infty} \int_{-\infty}^{+\infty} xy f(x,y)\mathrm{d}x\mathrm{d}y - \frac{49}{144}$$

$$= \int_0^1 \mathrm{d}x \int_0^1 xy(x+y)\mathrm{d}y - \frac{49}{144} = -\frac{1}{144},$$

$$\rho_{XY} = \frac{\text{Cov}(X,Y)}{\sqrt{D(X)}\sqrt{D(Y)}} = \frac{-\dfrac{1}{144}}{\dfrac{11}{144}} = -\frac{1}{11},$$

$$D(X+Y) = D(X) + D(Y) + 2\text{Cov}(X,Y) = \frac{5}{36}.$$

5. 设随机变量 (X,Y) 的概率密度函数为

$$f(x,y) = \begin{cases} \dfrac{1}{4}, & |x| \leqslant y, 0 \leqslant y \leqslant 2, \\ 0, & \text{其他.} \end{cases}$$

求：(1) X,Y 的边缘概率密度；(2) $E(X), E(Y), D(X), D(Y), \text{Cov}(X,Y)$.

解 (1) 由 $f_X(x) = \int_{-\infty}^{+\infty} f(x,y)\mathrm{d}y$ 得

$$f_X(x) = \begin{cases} \int_{-x}^{2} \dfrac{1}{4}\mathrm{d}y, & -2 < x < 0, \\ \int_{x}^{2} \dfrac{1}{4}\mathrm{d}y, & 0 \leqslant x < 2, \\ 0, & \text{其他} \end{cases}$$

$$= \begin{cases} \dfrac{1}{4}(x+2), & -2 < x < 0, \\ \dfrac{1}{4}(2-x), & 0 \leqslant x < 2, \\ 0, & \text{其他.} \end{cases}$$

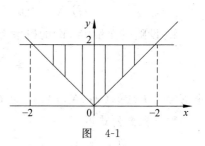

图 4-1

如图 4-1 所示,同理,由 $f_Y(x) = \int_{-\infty}^{+\infty} f(x,y)\mathrm{d}x$ 得

$$f_Y(y) = \begin{cases} \int_{-y}^{y} \dfrac{1}{4}\mathrm{d}x, & 0 < y < 2, \\ 0, & \text{其他} \end{cases} = \begin{cases} \dfrac{1}{2}y, & 0 < y < 2, \\ 0, & \text{其他.} \end{cases}$$

(2) $E(X) = \displaystyle\int_{-\infty}^{+\infty} x f_X(x)\mathrm{d}x = \int_{-2}^{0} x\,\dfrac{1}{4}(2+x)\mathrm{d}x + \int_{0}^{2} x\,\dfrac{1}{4}(2-x)\mathrm{d}x = 0,$

$E(Y) = \displaystyle\int_{-\infty}^{+\infty} y f_Y(y)\mathrm{d}x = \int_{0}^{2} y\,\dfrac{1}{2}y\mathrm{d}x = \dfrac{4}{3},$

$D(X) = E(X^2) - [E(X)]^2 = \displaystyle\int_{-\infty}^{+\infty} x^2 f_X(x)\mathrm{d}x$

$\qquad = \displaystyle\int_{-2}^{0} x^2\,\dfrac{1}{4}(2+x)\mathrm{d}x + \int_{0}^{2} x^2\,\dfrac{1}{4}(2-x)\mathrm{d}x = \dfrac{2}{3},$

$D(Y) = E(Y^2) - [E(Y)]^2 = \displaystyle\int_{-\infty}^{+\infty} y^2 f_Y(y)\mathrm{d}x - \dfrac{16}{9}$

$\qquad = \displaystyle\int_{0}^{2} y^2\,\dfrac{1}{2}y\mathrm{d}x - \dfrac{16}{9} = \dfrac{2}{9},$

$E(XY) = \displaystyle\int_{-\infty}^{+\infty}\int_{-\infty}^{+\infty} xy f(x,y)\mathrm{d}x\mathrm{d}y = \int_{0}^{2}\mathrm{d}y\int_{-y}^{y} xy\,\dfrac{1}{4}\mathrm{d}x = 0,$

$\mathrm{Cov}(X,Y) = E(XY) - E(X)E(Y) = 0.$

6. 设随机变量 (X,Y) 的分布律为

X Y	-8	-1	1	8
4	0	$\dfrac{1}{4}$	$\dfrac{1}{4}$	0
12	$\dfrac{1}{4}$	0	0	$\dfrac{1}{4}$

验证 X 和 Y 是不相关的,但 X 和 Y 不是相互独立的.

解 首先验证不相关.

$$E(X) = -8 \times \dfrac{1}{4} - 1 \times \dfrac{1}{4} + 1 \times \dfrac{1}{4} + 8 \times \dfrac{1}{4} = 0,$$

$$E(Y) = 4 \times \frac{1}{2} + 12 \times \frac{1}{2} = 8,$$

$$E(XY) = -96 \times \frac{1}{4} + 96 \times \frac{1}{4} - 32 \times 0 + 32 \times 0 - 12 \times 0 + 12 \times 0 - 4 \times \frac{1}{4} +$$

$$4 \times \frac{1}{4} = 0,$$

$$\text{Cov}(X,Y) = E[X - E(X)][Y - E(Y)] = E(XY) - E(X)E(Y) = 0,$$

$$\rho_{XY} = \frac{\text{Cov}(X,Y)}{\sqrt{D(X)}\sqrt{D(Y)}} = 0.$$

故 X 和 Y 是不相关的.

X 和 Y 的边缘分布律分别为

X	-8	-1	1	8
p_k	$\frac{1}{4}$	$\frac{1}{4}$	$\frac{1}{4}$	$\frac{1}{4}$

Y	4	12
p_k	$\frac{1}{2}$	$\frac{1}{2}$

由 $P\{X=8,Y=4\}=0, P\{X=8\}P\{Y=4\} = \frac{1}{4} \times \frac{1}{2} = \frac{1}{8}$,得

$$P\{X = 8, Y = 4\} \neq P\{X = 8\}P\{Y = 4\}.$$

可知 X 和 Y 不是相互独立的.

总习题 4

一、填空题

1. 设随机变量 X 服从参数为 5 的泊松分布,则 $E(X) = $_____,$D(X) = $_____.

解 由 $X \sim \pi(\lambda)$,则 $E(X) = D(X) = \lambda$,而 $\lambda = 5$,故

$$E(X) = D(X) = 5.$$

2. 设随机变量 X 服从参数为 3 的指数分布,则 $E(X) = $_____,$D(X) = $_____.

解 由 X 服从参数为 θ 的指数分布,则 $E(X) = \theta, D(X) = \theta^2$,而 $\theta = 3$,故

$$E(X) = 3, \quad D(X) = 9.$$

3. 设 $X \sim B(n,p)$,且 $E(X) = 6, D(X) = 3.6$,则 $n = $_____.

解 由 $X \sim B(n,p)$,则 $E(X) = np, D(X) = np(1-p)$,故

$$\begin{cases} np = 6, \\ np(1-p) = 3.6, \end{cases}$$

解出 $n = 15, p = 0.4$.

4. 设随机变量 $X \sim U(2,5)$,则 $E(X) = $_____,$D(X) = $_____.

解 由 $X \sim U(a,b)$,则 $E(X) = \frac{a+b}{2}, D(X) = \frac{(b-a)^2}{12}$,而 $a = 2, b = 5$,故

$$E(X) = 3.5, \quad D(X) = 0.75.$$

5. 设随机变量 X 的期望方差分别为 μ 和 σ^2,令 $Y = aX + b$,则有 $E(Y) = $_____,

$D(Y) = \underline{\hspace{2cm}}$.

解 $E(Y) = E(aX + b) = aE(X) + b = a\mu + b$.

$D(Y) = D(aX + b) = a^2 D(X) = a^2 \sigma^2$.

二、选择题

1. 设 $X \sim N(50, 10^2)$，则随机变量（　　）$\sim N(0, 1)$.

    A. $\dfrac{X-50}{100}$ B. $\dfrac{X-50}{10}$ C. $\dfrac{X-100}{50}$ D. $\dfrac{X-10}{50}$

解 由 $X \sim N(\mu, \sigma^2)$，则 $\dfrac{X-\mu}{\sigma} \sim N(0,1)$，故答案为 B.

2. 设 $X \sim N(2, \sigma^2)$，已知 $P(2 \leqslant X \leqslant 4) = 0.4$，则 $P(X \leqslant 0) = ($　　$)$.

    A. 0.4   B. 0.3   C. 0.2   D. 0.1

解 由 $P(2 \leqslant X \leqslant 4) = 0.4$，即

$$\Phi\left(\frac{4-2}{\sigma}\right) - \Phi\left(\frac{2-2}{\sigma}\right) = 0.4,$$

因此 $\Phi\left(\dfrac{2}{\sigma}\right) = 0.9$，而

$$P(X \leqslant 0) = \Phi\left(\frac{0-2}{\sigma}\right) = \Phi\left(-\frac{2}{\sigma}\right) = 1 - \Phi\left(\frac{2}{\sigma}\right) = 0.1.$$

答案为 D.

3. 已知 $X \sim N(2, 2^2)$，若 $aX + b \sim N(0, 1)$，则有（　　）.

    A. $a = 2, b = -2$ B. $a = -2, b = -1$

    C. $a = \dfrac{1}{2}, b = -1$ D. $a = \dfrac{1}{2}, b = 2$

解 由 $X \sim N(\mu, \sigma^2)$，则 $\dfrac{X-\mu}{\sigma} \sim N(0,1)$，故

$$\frac{X-2}{2} = aX + b,$$

解出 $a = \dfrac{1}{2}, b = -1$，答案为 C.

4. 已知 $E(X) = -1, D(X) = 3$，则 $E[3(X^2 - 2)] = ($　　$)$.

    A. 30   B. 9   C. 6   D. 36

解 由数学期望的性质可知

$$E[3(X^2 - 2)] = 3E(X^2) - 6.$$

而 $E(X^2) = D(X) + [E(X)]^2 = 3 + 1 = 4$，故

$$E[3(X^2 - 2)] = 3 \times 4 - 6 = 6.$$

答案为 C.

5. 设随机变量 X 的概率密度函数为 $f(x)$，则 $E(X^2) = ($　　$)$.

    A. $\displaystyle\int_{-\infty}^{+\infty} x f(x) \mathrm{d}x$ B. $\displaystyle\int_{-\infty}^{+\infty} x^2 f(x) \mathrm{d}x$

    C. $\displaystyle\int_{-\infty}^{+\infty} x f^2(x) \mathrm{d}x$ D. $\displaystyle\int_{-\infty}^{+\infty} (x - E(X))^2 f(x) \mathrm{d}x$

解 由连续型随机变量函数的数学期望计算公式可知

$$E[g(X)] = \int_{-\infty}^{+\infty} g(x) f(x) \mathrm{d}x.$$

答案为 B.

三、解答题

1. 设随机变量 X 的函数密度函数为 $f(x) = \begin{cases} 3(x-1)^2, & 1 \leqslant x \leqslant 2, \\ 0, & \text{其他,} \end{cases}$ 求 $E(X)$.

解 $E(X) = \int_{-\infty}^{+\infty} x f(x) \mathrm{d}x = \int_1^2 3x(x-1)^2 \mathrm{d}x$

$$= \left(\frac{3}{4} x^4 - 2x^3 + \frac{3}{2} x^2 \right) \Big|_1^2 = \frac{7}{4}.$$

2. 已知随机变量 X 的分布函数为

$$F(x) = \begin{cases} 0, & x \leqslant 0, \\ \dfrac{x}{8}, & 0 < x \leqslant 8, \\ 1, & x > 8, \end{cases}$$

求 $E(X)$.

解 随机变量 X 的函数密度函数为 $f(x) = F'(x) = \begin{cases} \dfrac{1}{4}, & 0 < x < 4, \\ 0, & \text{其他,} \end{cases}$ 其期望为

$$E(X) = \int_{-\infty}^{+\infty} x f(x) \mathrm{d}x = \int_0^4 x \frac{1}{4} \mathrm{d}x = \frac{x^2}{8} \Big|_0^4 = 2.$$

3. 设随机变量 X 服从两点分布,即

$$P(X=1) = p, \quad P(X=0) = 1-p,$$

求 $E(2X^2+1)$.

解 $E(2X^2+1) = 2p+1.$

4. 设随机变量 X 的函数密度函数为

$$f(x) = \begin{cases} 3x^2, & 0 \leqslant x < 1, \\ 0, & \text{其他,} \end{cases}$$

求 $E(X), D(X)$.

解 因为随机变量 X 的期望为

$$E(X) = \int_0^1 x \cdot 3x^2 \mathrm{d}x = \frac{3}{4} x^4 \Big|_0^1 = \frac{3}{4},$$

且

$$E(X^2) = \int_0^1 x^2 \cdot 3x^2 \mathrm{d}x = \frac{3}{5} x^5 \Big|_0^1 = \frac{3}{5}.$$

所以,随机变量 X 的方差为

$$D(X) = E(X^2) - (E(X))^2 = \frac{3}{5} - \frac{9}{16} = \frac{3}{80}.$$

5. 设随机变量 X 具有分布律 $P\{X=k\}=\dfrac{1}{2^k}, k=1,2,\cdots.$ 求 $E(X),D(X),E(2X+1),$ $D(2X+1).$

解　$E(X)=\displaystyle\sum_{k=1}^{\infty} x_k \cdot p_k = \sum_{k=1}^{\infty} k \cdot \dfrac{1}{2^k}=2,$

$$D(X)=\sum_{k=1}^{\infty}\left[x_k-E(X)\right]^2 p_k = \sum_{k=1}^{\infty}\left[k-2\right]^2 \dfrac{1}{2^k}=2,$$

$$E(2X+1)=2E(X)+1=5,$$

$$D(2X+1)=2^2 D(X)=8.$$

6. 设二维随机变量 (X,Y) 的联合概率密度为

$$f(x,y)=\begin{cases}\dfrac{6}{7}\left(x^2+\dfrac{1}{2}xy\right), & 0<x<1, 0<y<2, \\ 0, & \text{其他,}\end{cases}$$

求 (X,Y) 的相关系数.

解　由于 $E(X)=\displaystyle\int_{-\infty}^{\infty}\int_{-\infty}^{\infty} xf(x,y)\mathrm{d}x\mathrm{d}y=\int_0^1\int_0^2 \dfrac{6}{7}x\left(x^2+\dfrac{1}{2}xy\right)\mathrm{d}y\mathrm{d}x$

$$=\int_0^1\left(\dfrac{12}{7}x^3+\dfrac{6}{7}x^2\right)\mathrm{d}x=\dfrac{5}{7},$$

$$E(X^2)=\int_0^1\int_0^2 \dfrac{6}{7}x^2\left(x^2+\dfrac{1}{2}xy\right)\mathrm{d}x\mathrm{d}y=\dfrac{39}{70},$$

故

$$D(X)=\dfrac{39}{70}-\left(\dfrac{5}{7}\right)^2=\dfrac{23}{490}.$$

因为

$$E(Y)=\int_0^1\int_0^2 \dfrac{6}{7}y\left(x^2+\dfrac{1}{2}xy\right)\mathrm{d}y\mathrm{d}x=\dfrac{8}{7},$$

$$E(Y^2)=\int_0^1\int_0^2 \dfrac{6}{7}y^2\left(x^2+\dfrac{1}{2}xy\right)\mathrm{d}y\mathrm{d}x=\dfrac{34}{21},$$

所以

$$D(Y)=\dfrac{34}{21}-\left(\dfrac{8}{7}\right)^2=\dfrac{46}{147}.$$

而

$$E(XY)=\int_0^1\int_0^2 \dfrac{6}{7}xy\left(x^2+\dfrac{1}{2}xy\right)\mathrm{d}y\mathrm{d}x=\dfrac{17}{21},$$

于是 $\mathrm{Cov}(X,Y)=E(XY)-E(X)E(Y)=\dfrac{17}{21}-\dfrac{5}{7}\times\dfrac{8}{7}=-\dfrac{1}{147}.$

(X,Y) 的相关系数为

$$\rho_{XY}=\dfrac{\mathrm{Cov}(X,Y)}{\sqrt{D(X)}\sqrt{D(Y)}}=-\dfrac{\sqrt{15}}{69}.$$

7. 箱中装有 6 个球,其中红、白、黑球的个数分别为 1,2,3 个,现从箱中随机地取出 2 个球,记 X 为取出的红球个数,Y 为取出的白球个数.

（1）求随机变量(X,Y)的概率分布；

（2）求 $\text{Cov}(X,Y)$.

解　（1）$P\{X=0,Y=0\}=\dfrac{C_3^2}{C_6^2}=\dfrac{3}{15}$,　$P\{X=0,Y=1\}=\dfrac{C_2^1C_3^1}{C_6^2}=\dfrac{6}{15}$,

$$P\{X=0,Y=2\}=\dfrac{C_2^2}{C_6^2}=\dfrac{1}{15},\quad P\{X=1,Y=0\}=\dfrac{C_3^1}{C_6^2}=\dfrac{3}{15},$$

$$P\{X=1,Y=1\}=\dfrac{C_2^1}{C_6^2}=\dfrac{2}{15},\quad P\{X=1,Y=2\}=0.$$

则(X,Y)的联合分布律为

X \ Y	0	1	2	$p_{\cdot j}$
0	$\dfrac{3}{15}$	$\dfrac{6}{15}$	$\dfrac{1}{15}$	$\dfrac{2}{3}$
1	$\dfrac{3}{15}$	$\dfrac{2}{15}$	0	$\dfrac{1}{3}$
$p_{i\cdot}$	$\dfrac{6}{15}$	$\dfrac{8}{15}$	$\dfrac{1}{15}$	

（2）由(X,Y)的联合分布律可得

$$E(X)=0\times\dfrac{2}{3}+1\times\dfrac{1}{3}=\dfrac{1}{3},\quad E(Y)=0\times\dfrac{6}{15}+1\times\dfrac{8}{15}+2\times\dfrac{1}{15}=\dfrac{2}{3},$$

$$E(XY)=1\times1\times\dfrac{2}{15}=\dfrac{2}{15}.$$

则

$$\text{Cov}(X,Y)=E(XY)-E(X)E(Y)=\dfrac{2}{15}-\dfrac{1}{3}\times\dfrac{2}{3}=-\dfrac{4}{45}.$$

训　练　题

1. 已知随机变量 X 的分布律为

X	2	4	8	10
p_k	0.2	0.2	0.1	0.5

求 $E(X)$.

2. 已知随机变量 X 的概率密度函数 $f(x)=\begin{cases}\dfrac{1}{5}\mathrm{e}^{-\frac{x}{5}}, & x>0,\\ 0, & \text{其他},\end{cases}$ 求 $E(X)$.

3. 设长方形的边长 $X\sim U(0,5)$，已知长方形的周长是 10，求长方形面积的期望.

4. 已知随机变量 X 的分布律：

X	2	3	5	6
p_k	0.1	0.2	0.3	0.4

求 $E(3X-1)$.

5. 设 (X,Y) 的分布律为

Y \ X	1	2	3
-1	0.2	0.1	0
0	0.1	0	0.3
1	0.1	0.1	0.1

求 $E(Y),E(Z)$,其中 $Z=(X-Y)^2$.

6. 设 (X,Y) 的概率密度函数为

$$f(x,y) = \begin{cases} 12y^2, & 0 \leqslant y \leqslant x \leqslant 1, \\ 0, & \text{其他,} \end{cases}$$

求 $E(X),E(Y),E(XY),E(X^2+Y^2)$.

7. 设 (X,Y) 在区域 A 上服从均匀分布,其中 A 为 x 轴、y 轴和直线 $x+y+1=0$ 所围成的区域,求 $E(X),E(-3x+2y),E(XY)$.

8. 设 $X \sim \pi(3),Y \sim \pi(5)$,且 X,Y 相互独立,求

$$E(5X+9), \quad E(5Y-7), \quad E(5X+7Y), \quad E(XY).$$

9. 设 X 的分布律为

X	4	3	2
p_k	0.2	0.3	0.5

求 $D(X)$.

10. 设 $X \sim U(1,5)$,求 $D(X)$.

11. 设随机变量 X 服从 $\theta=7$ 的指数分布,求 $D(2X+1)$.

12. 设 $X_1 \sim N(3,7^2),X_2 \sim N(5,4^2)$,其中 X_1,X_2 相互独立,$Z=3X_1+5X_2$,求 Z 服从怎样的分布?

13. 设长方形的长 $X \sim U(2,6)$,已知长方形周长为 20,求长方形的宽的方差.

14. 二维随机变量 (X,Y) 的联合概率密度为

$$f(x,y) = \begin{cases} 1, & |y| < x, 0 < x < 1, \\ 0, & \text{其他,} \end{cases}$$

求 $E(X),E(Y),\mathrm{Cov}(X,Y)$.

15. 设 $X \sim N(3,2^2),Y \sim N(7,3^2),X,Y$ 的相关系数 $\rho_{XY}=\dfrac{1}{2}$,设 $Z=3X+2Y$,求 $E(Z)$, $D(Z),\rho_{XZ}$.

答　案

1. 7.　　　2. 5.　　　3. $\dfrac{25}{6}$.　　　4. 13.1.　　　5. 0,5.

6. $\dfrac{4}{5}$,$\dfrac{3}{5}$,$\dfrac{1}{2}$,$\dfrac{16}{15}$.　　　7. $-\dfrac{1}{3}$,$\dfrac{1}{3}$,$\dfrac{1}{12}$.　　　8. 24,18,50,15.

9. 0.61.　　　10. $\dfrac{4}{3}$.　　　11. 99.　　　12. $Z \sim N(34,152)$.　　　13. $\dfrac{4}{3}$.

14. $\dfrac{2}{3}$,0,0.　　　15. 23,108,$\dfrac{\sqrt{3}}{2}$.

第5章

大数定律及中心极限定理

知 识 点

一、切比雪夫不等式

设随机变量 X 的数学期望为 $E(X)$,方差为 $D(X)$,对于任意给定的正数 ε,有

$$P\{|X-E(X)|\geqslant\varepsilon\}\leqslant\frac{D(X)}{\varepsilon^2},$$

或

$$P\{|X-E(X)|<\varepsilon\}\geqslant1-\frac{D(X)}{\varepsilon^2}.$$

上述两式称为切比雪夫不等式.

二、切比雪夫大数定律

定理1 设随机变量序列 $X_1,X_2,\cdots,X_n,\cdots$ 相互独立,且具有相同的数学期望和方差,$E(X_k)=\mu,D(X_k)=\sigma^2,k=1,2,\cdots,n,\cdots$,则对任意给定的正数 ε,都有

$$\lim_{n\to\infty}P\left\{\left|\frac{1}{n}\sum_{k=1}^{n}X_k-\mu\right|<\varepsilon\right\}=1.$$

定理2(切比雪夫大数定律) 设随机变量序列 $X_1,X_2,\cdots,X_n,\cdots$ 相互独立,每个分量分别存在方差 $D(X_1),D(X_2),\cdots,D(X_n),\cdots$,且有共同的上界,即 $D(X_i)\leqslant c$,则对任意给定的正数 ε,都有

$$\lim_{n\to\infty}P\left\{\left|\frac{1}{n}\sum_{k=1}^{n}X_k-\frac{1}{n}\sum_{k=1}^{n}E(X_k)\right|<\varepsilon\right\}=1.$$

定理1是切比雪夫大数定律的特殊形式.

三、依概率收敛

定义 设 $X_1,X_2,\cdots,X_n,\cdots$ 是一个随机变量序列,a 是一个常数,若对于任意给定的正数 ε,有

$$\lim_{n\to\infty}P\{|X_n-a|<\varepsilon\}=1,$$

则称随机变量序列 $X_1, X_2, \cdots, X_n, \cdots$ 依概率收敛于 a，记为 $X_n \xrightarrow{P} a$.

四、伯努利大数定律

定理 3 设在 n 次重复独立试验中事件 A 发生 Y_n 次，每次试验事件 A 发生的概率为 p，则对任意的正数 ε，总有

$$\lim_{n \to \infty} P\left\{ \left| \frac{Y_n}{n} - p \right| < \varepsilon \right\} = 1.$$

定理 4（辛钦大数定律）

设随机变量序列 $X_1, X_2, \cdots, X_n, \cdots$ 相互独立，服从同一分布，且数学期望 $E(X_k) = \mu$，$k = 1, 2, \cdots, n, \cdots$，则对任意给定的正数 ε，都有

$$\lim_{n \to \infty} P\left\{ \left| \frac{1}{n} \sum_{k=1}^{n} X_k - \mu \right| < \varepsilon \right\} = 1.$$

显然，伯努利大数定律是辛钦大数定律的特殊情况.

五、独立同分布的中心极限定理

定理 5 设随机变量序列 $X_1, X_2, \cdots, X_n, \cdots$ 相互独立，且服从同一分布，$E(X_k) = \mu$，$D(X_k) = \sigma^2 \neq 0, k = 1, 2, \cdots, n, \cdots$，则随机变量之和 $\sum_{k=1}^{n} X_k$ 的标准化随机变量

$$Y_n = \frac{\sum\limits_{k=1}^{n} X_k - E(\sum\limits_{k=1}^{n} X_k)}{\sqrt{D(\sum\limits_{k=1}^{n} X_k)}} = \frac{\sum\limits_{k=1}^{n} X_k - n\mu}{\sqrt{n}\sigma}$$

的分布函数 $F_n(x)$ 对于任意实数 x 满足

$$\lim_{n \to \infty} F_n(x) = \lim_{n \to \infty} P\left\{ \frac{\sum\limits_{k=1}^{n} X_k - n\mu}{\sqrt{n}\sigma} \leqslant x \right\} = \int_{-\infty}^{x} \frac{1}{\sqrt{2\pi}} \mathrm{e}^{-\frac{t^2}{2}} \mathrm{d}t = \Phi(x).$$

即 Y_n 的极限分布为标准正态分布.

六、李雅普诺夫（Liapunov）定理

定理 6 设随机变量 $X_1, X_2, \cdots, X_n, \cdots$ 相互独立，数学期望和方差分别为 $E(X_k) = \mu_k$，$D(X_k) = \sigma_k^2 \neq 0, k = 1, 2, \cdots, n, \cdots$，记

$$B_n^2 = \sum_{k=1}^{n} \sigma_k^2.$$

若存在正数 δ，使得当 $n \to \infty$ 时，

$$\frac{1}{B_n^{2+\delta}} \sum_{k=1}^{n} E\{ |X_k - \mu_k|^{2+\delta} \} \to 0,$$

则随机变量之和 $\sum\limits_{k=1}^{n} X_k$ 的标准化随机变量

$$Z_n = \frac{\sum\limits_{k=1}^{n} X_k - E(\sum\limits_{k=1}^{n} X_k)}{\sqrt{D(\sum\limits_{k=1}^{n} X_k)}} = \frac{\sum\limits_{k=1}^{n} X_k - \sum\limits_{k=1}^{n} \mu_k}{B_n}$$

的分布函数 $F_n(x)$ 对于任意实数 x,满足

$$\lim_{n\to\infty} F_n(x) = \lim_{n\to\infty} P\left\{ \frac{\sum\limits_{k=1}^{n} X_k - \sum\limits_{k=1}^{n} \mu_k}{B_n} \leqslant x \right\} = \int_{-\infty}^{x} \frac{1}{\sqrt{2\pi}} e^{-\frac{t^2}{2}} dt = \Phi(x).$$

即 Z_n 的极限分布为标准正态分布.

七、棣莫弗-拉普拉斯(De Moivre-Laplace)定理

定理 7　设随机变量 $Y_n(n=1,2,\cdots)$ 服从参数为 $n,p(0<p<1)$ 的二项分布,则对于任意实数 x,有

$$\lim_{n\to\infty} P\left\{ \frac{Y_n - np}{\sqrt{np(1-p)}} \leqslant x \right\} = \int_{-\infty}^{x} \frac{1}{\sqrt{2\pi}} e^{-\frac{t^2}{2}} dt = \Phi(x).$$

典 型 例 题

一、切比雪夫不等式的应用

例 5-1　设 $D(X)=2.5$,试用切比雪夫不等式估计 $P\{|X-E(X)|\geqslant 5\}$ 的值.

解　对于任意的 $\varepsilon>0$,有 $P\{|X-E(X)|\geqslant\varepsilon\}\leqslant\dfrac{D(X)}{\varepsilon^2}$ 成立,取 $\varepsilon=5$,即

$$P\{|X-E(X)|\geqslant 5\} \leqslant \frac{2.5}{5^2} = 0.1.$$

例 5-2　已知某种灯泡寿命的平均值是 7300h,标准差是 700,试用切比雪夫不等式估计灯泡寿命在 $5200\sim9400\text{h}$ 之间的概率.

解　设随机变量 X 表示灯泡寿命,则

$$E(X) = 7300, \quad D(X) = 700^2.$$

由切比雪夫不等式有

$$P\{5200 \leqslant X \leqslant 9400\} = P\{|X-7300| \leqslant 2100\} > 1 - \frac{700^2}{2100^2} = \frac{8}{9}.$$

二、大数定律的验证

例 5-3　设 $\{X_n\}$ 为独立同分布的随机变量序列,其共同分布函数为

$$F(x) = \frac{1}{2} + \frac{1}{\pi}\arctan\frac{x}{a}, \quad -\infty < x < +\infty.$$

试问随机变量序列 $\{X_n\}$ 是否服从辛钦大数定律?

解　由分布函数可知其概率密度函数为

$$f(x) = \frac{a}{\pi(a^2 + x^2)}, \quad -\infty < x < +\infty.$$

进而 $E(X_n) = \int_{-\infty}^{+\infty} x \cdot f(x) \mathrm{d}x = \int_{-\infty}^{+\infty} \dfrac{ax}{\pi(a^2 + x^2)} \mathrm{d}x$，这个广义积分值不存在，故 X_n 的期望不存在，即 $\{X_n\}$ 不服从辛钦大数定律.

三、中心极限定理的应用

例 5-4　有 10 000 盏电灯，每盏灯打开的概率都是 0.7，如果电灯打开与否相互独立，试用切比雪夫不等式估计并用中心极限定理计算同时有 6800～7200 盏电灯打开的概率.

解　设随机变量 X 表示打开的电灯盏数，则 $X \sim B(10\,000, 0.7)$，有

$$E(X) = 10\,000 \times 0.7 = 7000, \quad D(X) = 10\,000 \times 0.7 \times (1 - 0.7) = 2100.$$

（1）由切比雪夫不等式估计

$$P\{6800 \leqslant X \leqslant 7200\} = P\{\,|X - 7000| \leqslant 200\}$$
$$> 1 - \frac{2100}{200^2} = 0.9475.$$

（2）用中心极限定理计算

$$P\{6800 \leqslant X \leqslant 7200\} = P\{\,|X - 7000| \leqslant 200\} = P\left\{ \left| \frac{X - 7000}{\sqrt{2100}} \right| \leqslant \frac{200}{\sqrt{2100}} \right\}$$
$$= 2\Phi\left(\frac{20}{\sqrt{21}} \right) - 1 \approx 1.$$

例 5-5　有一大批产品，次品率为 $\dfrac{1}{6}$，任意抽取 300 件，试用中心极限定理近似计算这 300 件产品中次品数在 40～60 之间的概率.

解　设随机变量 X 表示 300 件产品中的次品数，则 $X \sim B\left(300, \dfrac{1}{6}\right)$，且

$$E(X) = 300 \times \frac{1}{6} = 50, D(X) = 300 \times \frac{1}{6} \times \left(1 - \frac{1}{6}\right) = \frac{250}{6}.$$

$$P\{40 \leqslant X \leqslant 60\} = P\{\,|X - 50| \leqslant 10\} = P\left\{ \frac{|X - 50|}{\sqrt{\dfrac{250}{6}}} \leqslant \frac{10}{\sqrt{\dfrac{250}{6}}} \right\}$$

$$= 2\Phi\left(\frac{10\sqrt{6}}{\sqrt{250}} \right) - 1 = 0.8788.$$

例 5-6　一个复杂系统由 n 个相互独立起作用的部件组成，每个部件正常工作的概率均为 0.90，且至少有 80% 的部件正常工作才能使系统正常运行，问 n 至少为多大才能以 95% 的概率使整个系统正常工作.

解　设随机变量 X 表示正常工作的部件数量，则 $X \sim B(n, 0.9)$，且

$$E(X) = n \times 0.9 = 0.9n, \quad D(X) = n \times 0.9 \times (1 - 0.9) = 0.09n.$$

$$P\{X \geqslant 0.8n\} = 1 - P\{X < 0.8n\} = 1 - P\left\{ \frac{X - 0.9n}{\sqrt{0.09n}} < \frac{0.8n - 0.9n}{\sqrt{0.09n}} \right\}$$

$$= 1 - \Phi\left(-\frac{\sqrt{n}}{3} \right) = \Phi\left(\frac{\sqrt{n}}{3} \right) \geqslant 0.95.$$

查表得 $\Phi(1.645)=0.95$，进而 $\frac{\sqrt{n}}{3} \geqslant 1.645$，$n \geqslant 24.354\ 225$，即至少要有 25 个部件才能以 95% 的概率使整个系统正常工作.

例 5-7 设 $X_1,X_2,\cdots,X_{48}$ 为独立同分布的随机变量，均服从 $U(0,5)$. 其算术平均为 $\overline{X}=\frac{1}{48}\sum_{i=1}^{48}X_i$，试求 $P\{2 \leqslant \overline{X} \leqslant 3\}$.

解 由 $X_i \sim U(0,5)$ 可知 $E(X_i)=\frac{5}{2}$，$D(X_i)=\frac{25}{12}$，进而可知 $E\left(\sum_{i=1}^{48}X_i\right)=120$，$D\left(\sum_{i=1}^{48}X_i\right)=100$.

$$P\{2 \leqslant \overline{X} \leqslant 3\}=P\left\{2 \leqslant \frac{1}{48}\sum_{i=1}^{48}X_i \leqslant 3\right\}=P\left\{96 \leqslant \sum_{i=1}^{48}X_i \leqslant 144\right\}$$

$$=P\left\{\frac{96-120}{10} \leqslant \frac{\sum_{i=1}^{48}X_i-120}{10} \leqslant \frac{144-120}{10}\right\}$$

$$=2\Phi(2.4)-1=0.9836.$$

例 5-8 某校为学生开设辅导班，想要参加的学生人数服从参数为 100 的泊松分布. 为保证教学质量，该辅导班限定当报名人数达到 120 人时，报名截止. 求有学生报不上名的概率.

解 精确解为 $e^{-100}\sum_{k=120}^{+\infty}\frac{100^k}{k!}$，但算出具体的数字答案计算量非常庞大. 现用中心极限定理做近似计算.

设随机变量 X 表示想要参加的学生人数，则 $E(X)=100$，$D(X)=100$，于是

$$P\{X>120\}=1-P\{X \leqslant 120\}=1-P\left\{\frac{X-100}{10} \leqslant \frac{120-100}{10}\right\}$$

$$=1-\Phi(2)=0.0227.$$

习 题 详 解

习题 5-1

1. 在每次试验中，事件 A 发生的概率为 0.5，利用切比雪夫不等式估计在 1000 次独立试验中，事件 A 发生的次数在 400～600 之间的概率.

解 设随机变量 X 表示在 1000 次独立试验中事件 A 发生的次数，则

$$E(X)=500, \quad D(X)=250.$$

由切比雪夫不等式有

$$P\{400 \leqslant X \leqslant 600\}=P\{|X-500| \leqslant 100\}>1-\frac{250}{100^2}=0.975.$$

2. 已知随机变量的分布律为

X	1	2	3
p_k	0.2	0.3	0.5

用切比雪夫不等式估计事件$\{|X-E(X)|<1.5\}$的概率.

解　由随机变量的分布律可知

$$E(X) = 1 \times 0.2 + 2 \times 0.3 + 3 \times 0.5 = 2.3,$$

$$D(X) = (1-2.3)^2 \times 0.2 + (2-2.3)^2 \times 0.3 + (3-2.3)^2 \times 0.5 = 0.61,$$

由切比雪夫不等式有

$$P\{|X-E(X)| < 1.5\} = P\{|X-2.3| < 1.5\}$$

$$\geqslant 1 - \frac{0.61}{1.5^2} = 0.7289.$$

3. 设随机变量 X 的数学期望为 $E(X)=\mu$，方差为 $D(X)=\sigma^2$，使用切比雪夫不等式估计 $P\{|X-\mu| \geqslant 2\sigma\}$ 和 $P\{|X-\mu| \geqslant 4\sigma\}$.

解　由切比雪夫不等式，对于任意的正数 ε，都有 $P\{|X-E(X)| \geqslant \varepsilon\} \leqslant \dfrac{D(X)}{\varepsilon^2}$ 成立.

$$P\{|X-\mu| \geqslant 2\sigma\} \leqslant \frac{\sigma^2}{(2\sigma)^2} = 0.25,$$

$$P\{|X-\mu| \geqslant 4\sigma\} \leqslant \frac{\sigma^2}{(4\sigma)^2} = 0.0625.$$

4. 设 $\{X_n\}$ 为独立同分布的随机变量序列，其共同分布为

$$P\left\{X_n = \frac{2^k}{k^2}\right\} = \frac{1}{2^k}, \quad k=1,2,\cdots.$$

试问随机变量序列 $\{X_n\}$ 是否服从辛钦大数定律？

解　$E(X_n) = \displaystyle\sum_{k=1}^{+\infty} \frac{2^k}{k^2} \cdot \frac{1}{2^k} = \sum_{k=1}^{+\infty} \frac{1}{k^2}$，此级数为 $p=2$ 的 p-级数，收敛，故 $E(X_n)$ 存在.

$\{X_n\}$ 为独立同分布的随机变量序列，且其数学期望存在，故服从辛钦大数定律.

5. 设 $\{X_n\}$ 是一随机变量序列，X_n 的概率密度为

$$f_n(x) = \frac{n}{\pi(1+n^2 x^2)}, \quad -\infty < x < +\infty, n=1,2,\cdots;$$

证明 $X_n \xrightarrow{P} 0$.

证明　要证 $X_n \xrightarrow{P} 0$，只需证明 $P\{|X_n-0| < \varepsilon\} \to 1, n \to +\infty$.

$$P\{|X_n-0| < \varepsilon\} = P\{-\varepsilon < X_n < \varepsilon\} = \int_{-\varepsilon}^{\varepsilon} f_n(x)\mathrm{d}x = \int_{-\varepsilon}^{\varepsilon} \frac{n}{\pi(1+n^2 x^2)}\mathrm{d}x$$

$$= \frac{1}{\pi}(2\arctan n\varepsilon) \to 1, \quad n \to +\infty,$$

即 $X_n \xrightarrow{P} 0$.

习题 5-2

1. 由于工程需要，对施工中所用的钢管的直径进行测量，每次测量相互独立，测量的误差在$(-0.5, 0.5)$上服从均匀分布，现对测量误差加以控制，求 1500 次测量结果的误差总和

绝对值超过 15 的概率.

解　设随机变量 $X_1, X_2, \cdots, X_{1500}$ 分别表示 1500 次测量结果的误差,则 $X_1, X_2, \cdots,$ X_{1500} 相互独立,且 $X_i \sim U(-0.5, 0.5)$. 由此可知 $E(X_i) = 0, D(X_i) = \dfrac{1}{12}$,进而可知

$$E\left(\sum_{i=1}^{1500} X_i\right) = 0, D\left(\sum_{i=1}^{1500} X_i\right) = 125.$$

$$P\left\{\left|\sum_{i=1}^{1500} X_i\right| > 15\right\} = 1 - P\left\{\left|\sum_{i=1}^{1500} X_i\right| \leqslant 15\right\} = 1 - P\left\{\frac{\left|\sum_{i=1}^{1500} X_i - 0\right|}{\sqrt{125}} \leqslant \frac{15}{\sqrt{125}}\right\}$$

$$= 2 - 2\Phi\left(\frac{15}{\sqrt{125}}\right) = 0.1802.$$

2. 测量冰水混合物的温度,每次测量相互独立,测量结果服从$(-1,1)$上的均匀分布.

(1) 如果取 n 次测量的算术平均值作为测量结果,求它与自身均值的差小于一个小的正数 ε 的概率;

(2) 计算当 $n = 36, \varepsilon = \dfrac{1}{6}$ 时上述概率的近似值;

(3) 要使上述概率大于 0.95,至少应进行多少次测量?

解　设随机变量 $X_1, X_2, \cdots, X_n$ 分别表示 n 次测量的结果,则 $X_1, X_2, \cdots, X_n$ 相互独立,且 $X_i \sim U(-1, 1)$. 由此可知 $E(X_i) = 0, D(X_i) = \dfrac{1}{3}$,进而可知 $E\left(\dfrac{1}{n}\sum_{i=1}^{n} X_i\right) = 0,$

$$D\left(\frac{1}{n}\sum_{i=1}^{n} X_i\right) = \frac{1}{3n}.$$

(1) $P\left\{\left|\frac{1}{n}\sum_{i=1}^{n} X_i - 0\right| < \varepsilon\right\} = P\left\{\frac{\left|\frac{1}{n}\sum_{i=1}^{n} X_i - 0\right|}{\sqrt{\frac{1}{3n}}} < \frac{\varepsilon}{\sqrt{\frac{1}{3n}}}\right\}$

$$= 2\Phi(\sqrt{3n}\varepsilon) - 1.$$

(2) $P\left\{\left|\dfrac{1}{36}\sum_{i=1}^{36} X_i - 0\right| < \dfrac{1}{6}\right\} = 2\Phi\left(\sqrt{3 \times 36} \times \dfrac{1}{6}\right) - 1 = 2\Phi(1.732) - 1 = 0.9164.$

(3) $2\Phi(\sqrt{3n}\varepsilon) - 1 > 0.95$,即 $\Phi(\sqrt{3n}\varepsilon) > 0.975$,解得 $n = 47$.

3. 某机械厂每年生产 10 000 台挖掘机,该厂的转向机车间的正品率为 0.8,为了以 99.7% 的概率保证出厂的挖掘机都装上正品转向机,该车间每年应生产多少台转向机?

解　设随机变量 X 表示生产的合格转向机的数量,该车间年产量为 n,则 $X \sim B(n, 0.8)$,且

$$E(X) = 0.8n, \quad D(X) = 0.16n.$$

$$P\{X \geqslant 10\,000\} = 1 - P\{X < 10\,000\} = 1 - P\left\{\frac{X - 0.8n}{\sqrt{0.16n}} \leqslant \frac{10\,000 - 0.8n}{\sqrt{0.16n}}\right\}$$

$$= 1 - \Phi\left(\frac{10\,000 - 0.8n}{\sqrt{0.16n}}\right) = 99.7\%,$$

即 $\dfrac{0.8n-10\,000}{\sqrt{0.16n}}=2.75$，解得 $n=12\,655$.

4. 一家保险公司有 $10\,000$ 份寿险保单，每张保单的年保费为 12 元，被保险人在一年内死亡的概率为 0.006，死亡后保险公司须向其家属支付保险金 1000 元.

(1) 保险公司亏本的概率是多少？

(2) 保险公司一年的利润不少于 $40\,000$ 元、$60\,000$ 元、$80\,000$ 元的概率是多少？

解 设随机变量 X_i 表示第 i 张保单的赔付额，$i=1,2,\cdots,10\,000$，由题可知 X_i 的分布律为

X_i	0	1000
p_k	0.994	0.006

故 $E(X_i)=6$，$D(X_i)=5964$，进而 $E\left(\sum\limits_{i=1}^{10\,000}X_i\right)=60\,000$，$D\left(\sum\limits_{i=1}^{10\,000}X_i\right)=59\,640\,000$.

(1) $P\left\{\sum\limits_{i=1}^{10\,000}X_i>120\,000\right\}=1-P\left\{\sum\limits_{i=1}^{10\,000}X_i\leqslant120\,000\right\}$

$$=1-P\left\{\dfrac{\sum\limits_{i=1}^{10\,000}X_i-60\,000}{\sqrt{59\,640\,000}}\leqslant\dfrac{120\,000-60\,000}{\sqrt{59\,640\,000}}\right\}$$

$$=1-\Phi(7.77)=0.$$

(2) $P\left\{120\,000-\sum\limits_{i=1}^{10\,000}X_i\geqslant40\,000\right\}=P\left\{\sum\limits_{i=1}^{10\,000}X_i\leqslant80\,000\right\}$

$$=P\left\{\dfrac{\sum\limits_{i=1}^{10\,000}X_i-60\,000}{\sqrt{59\,640\,000}}\leqslant\dfrac{80\,000-60\,000}{\sqrt{59\,640\,000}}\right\}$$

$$=\Phi(2.59)=0.9952,$$

$P\left\{120\,000-\sum\limits_{i=1}^{10\,000}X_i\geqslant60\,000\right\}=P\left\{\sum\limits_{i=1}^{10\,000}X_i\leqslant60\,000\right\}$

$$=P\left\{\dfrac{\sum\limits_{i=1}^{10\,000}X_i-60\,000}{\sqrt{59\,640\,000}}\leqslant\dfrac{60\,000-60\,000}{\sqrt{59\,640\,000}}\right\}$$

$$=\Phi(0)=0.5,$$

$P\left\{120\,000-\sum\limits_{i=1}^{10\,000}X_i\geqslant80\,000\right\}=P\left\{\sum\limits_{i=1}^{10\,000}X_i\leqslant40\,000\right\}$

$$=P\left\{\dfrac{\sum\limits_{i=1}^{10\,000}X_i-60\,000}{\sqrt{59\,640\,000}}\leqslant\dfrac{40\,000-60\,000}{\sqrt{59\,640\,000}}\right\}$$

$$=\Phi(-2.59)=0.0048.$$

保险公司一年的利润不少于 $40\,000$ 元、$60\,000$ 元、$80\,000$ 元的概率分别为 $0.9952,0.5$，和 0.0048.

5. 某厂生产装饰用彩灯的灯泡,此种装饰彩灯,每条电线连接 100 个灯头.该厂产品的废品率为 0.01,问一盒中应装多少灯泡才能使其中至少含有 100 个合格产品的概率不小于 95%.

解　设随机变量 X 表示一盒中正品灯泡的数量,一盒中灯泡的总量为 n,则 $X \sim B(n, 0.99)$,且

$$E(X) = 0.99n, \quad D(X) = 0.0099n.$$

$$P\{X \geqslant 100\} = 1 - P\{X < 100\} = 1 - P\left\{\frac{X - 0.99n}{\sqrt{0.0099n}} \leqslant \frac{100 - 0.99n}{\sqrt{0.0099n}}\right\}$$

$$= 1 - \Phi\left(\frac{100 - 0.99n}{\sqrt{0.0099n}}\right) = 95\%,$$

即 $\dfrac{0.99n - 100}{\sqrt{0.0099n}} = 1.645$,解得 $n = 103$.

6. 已知初生婴儿中男孩的概率为 0.515,求在 10 000 个新生婴儿中女孩不少于男孩的概率.

解　设随机变量 X 表示新生婴儿中男孩的人数,则 $X \sim B(10\,000, 0.515)$,且

$$E(X) = 10\,000 \times 0.515 = 5150, \quad D(X) = 10\,000 \times 0.515 \times (1 - 0.515) = 2497.75.$$

$$P\{10000 - X \geqslant X\} = P\{X \leqslant 5000\} = P\left\{\frac{X - 5150}{\sqrt{2497.75}} \leqslant \frac{5000 - 5150}{\sqrt{2497.75}}\right\}$$

$$= 1 - \Phi(3.00) = 0.00135.$$

总习题 5

1. 设随机变量 X 服从参数为 2 的指数分布,试用切比雪夫不等式估计 $P\{|X - 2| > 3\}$ 的值.

解　已知 $X \sim E(2)$,可知 $E(X) = 2, D(X) = 4$.由切比雪夫不等式有

$$P\{|X - 2| > 3\} \leqslant \frac{4}{3^2} = \frac{4}{9}.$$

2. 设 $X \sim U(1,3)$,试用切比雪夫不等式估计 $P\{|X - 2| < 1\}$ 的值.

解　已知 $X \sim U(1,3)$,可知 $E(X) = 2, D(X) = \dfrac{1}{3}$.由切比雪夫不等式有

$$P\{|X - 2| < 1\} \geqslant 1 - \frac{\frac{1}{3}}{1^2} = \frac{2}{3}.$$

3. 设 $X \sim B(200, 0.01)$,试用切比雪夫不等式估计 $P\{|X - 2| < 2\}$ 的值.

解　已知 $X \sim B(200, 0.01)$,可知 $E(X) = 2, D(X) = 1.98$.由切比雪夫不等式有

$$P\{|X - 2| < 2\} \geqslant 1 - \frac{1.98}{2^2} = 0.505.$$

4. 掷一颗骰子,为了有 95% 的把握使六点出现的频率与概率 $\dfrac{1}{6}$ 之差落在 0.01 范围内,则至少需要掷多少次?

解　设随机变量 Y_n 表示六点出现的次数,则所求问题为满足不等式

$P\left\{\left|\dfrac{Y_n}{n}-\dfrac{1}{6}\right|<0.01\right\}\geqslant 0.95$ 的 n.

由题可知 $D(Y_n)=n\times\dfrac{1}{6}\times\left(1-\dfrac{1}{6}\right)=\dfrac{5n}{36}$，进而 $D\left(\dfrac{Y_n}{n}\right)=\dfrac{5}{36n}$. 由切比雪夫不等式有

$$P\left\{\left|\dfrac{Y_n}{n}-\dfrac{1}{6}\right|<0.01\right\}\geqslant 1-\dfrac{D\left(\dfrac{Y_n}{n}\right)}{(0.01)^2}=1-\dfrac{5}{36\times(0.01)^2 n},$$

即 $1-\dfrac{5}{36\times(0.01)^2 n}\geqslant 0.95$，解得 $n\geqslant 27\ 778$.

5. 在每次试验中，事件 A 发生的概率为 $\dfrac{1}{2}$，是否可以确定 1000 次独立重复试验中事件 A 发生的次数在 $400\sim 600$ 之间的概率不小于 0.975？

解 设随机变量 X 表示 1000 次试验中事件 A 发生的次数，则 $X\sim B\left(1000,\dfrac{1}{2}\right)$，故 $E(X)=500, D(X)=250$. 由切比雪夫不等式有

$$P\{400\leqslant X\leqslant 600\}=P\{|X-500|\leqslant 100\}\geqslant 1-\dfrac{250}{100^2}=0.975.$$

故可以确定 1000 次独立重复试验中事件 A 发生的次数在 $400\sim 600$ 之间的概率不小于 0.97.

6. 设 $\{X_n\}$ 为独立同分布的随机变量序列，其共同分布为

$$P\{X_n=\ln k\}=\dfrac{c}{k^2\ln k},\quad k=2,3,\cdots,$$

其中

$$c=\left(\sum_{k=2}^{+\infty}\dfrac{1}{k^2\ln k}\right)^{-1}.$$

试问随机变量序列 $\{X_n\}$ 是否服从辛钦大数定律？

解 $\{X_n\}$ 为独立同分布的随机变量序列，故只需考察 $\{X_n\}$ 的期望是否存在.

$$E(X_n)=\sum_{k=2}^{+\infty}\ln k\cdot\dfrac{c}{k^2\ln k}=c\sum_{k=2}^{+\infty}\dfrac{1}{k^2},$$

由于 $\sum\limits_{k=2}^{+\infty}\dfrac{1}{k^2}$ 收敛，即 $E(X_n)$ 存在，故随机变量序列 $\{X_n\}$ 服从辛钦大数定律.

7. 设 $X_1,X_2,\cdots,X_n,\cdots$ 为相互独立的随机变量序列，且 $X_i\sim\pi(\lambda), i=1,2,\cdots$，则

$$\lim_{n\to\infty}P\left\{\dfrac{\sum\limits_{i=1}^{n}X_i-n\lambda}{\sqrt{n\lambda}}>0\right\}$$ 的值为多少？

解 由 $X_i\sim\pi(\lambda)$ 可知，$E(X_i)=\lambda, D(X_i)=\lambda$. 进而 $E(\sum\limits_{k=1}^{n}X_k)=n\lambda, D(\sum\limits_{k=1}^{n}X_k)=n\lambda$. 定

义 $Y_n=\dfrac{\sum\limits_{k=1}^{n}X_k-E(\sum\limits_{k=1}^{n}X_k)}{\sqrt{D(\sum\limits_{k=1}^{n}X_k)}}=\dfrac{\sum\limits_{k=1}^{n}X_k-n\lambda}{\sqrt{n\lambda}}$，则由定理 5 可知 Y_n 的极限分布为标准正态分

布,从而

$$\lim_{n \to \infty} P\left\{\frac{\sum\limits_{i=1}^{n} X_i - n\lambda}{\sqrt{n\lambda}} > 0\right\} = \frac{1}{2}.$$

8. 某工厂有 400 台同样的机床,每台机床发生故障的概率均为 0.02,假设各机床独立工作,试求机床故障的台数少于两台的概率.

解 设随机变量 X 表示发生故障机床的台数,则 $X \sim B(400, 0.02)$,且

$$E(X) = 400 \times 0.02 = 8, \quad D(X) = 400 \times 0.02 \times (1 - 0.02) = 7.84$$

$$P\{0 \leqslant X < 2\} = P\left\{\frac{0-8}{\sqrt{7.84}} \leqslant \frac{X-8}{\sqrt{7.84}} < \frac{2-8}{\sqrt{7.84}}\right\} = \Phi\left(\frac{8}{2.8}\right) - \Phi\left(\frac{6}{2.8}\right)$$

$$= 0.0141.$$

9. 某保险公司承保家庭财产保险,公司以往的资料数据表明索赔户中被盗索赔户占 20%,现随意抽查 100 个索赔户,用随机变量 X 表示其中因被盗向保险公司索赔的户数. 求被盗索赔户在 14～30 之间的概率.

解 由题可知 $X \sim B(100, 0.2)$,且

$$E(X) = 100 \times 0.2 = 20, \quad D(X) = 100 \times 0.2 \times (1 - 0.2) = 16.$$

$$P\{14 \leqslant X \leqslant 30\} = P\left\{\frac{14-20}{\sqrt{16}} \leqslant \frac{X-20}{\sqrt{16}} < \frac{30-20}{\sqrt{16}}\right\}$$

$$= \Phi(2.5) + \Phi(1.5) - 1 = 0.9270.$$

10. 某零件不合格的概率为 0.05,任取 1000 件,则不合格品多于 70 件的概率是多少?

解 设随机变量 X 表示不合格的零件数,则 $X \sim B(1000, 0.05)$,且

$$E(X) = 1000 \times 0.05 = 50, \quad D(X) = 1000 \times 0.05 \times (1 - 0.05) = 47.5.$$

$$P\{X > 70\} = 1 - P\{X \leqslant 70\} = 1 - P\left\{\frac{X-50}{\sqrt{47.5}} \leqslant \frac{70-50}{\sqrt{47.5}}\right\}$$

$$= 1 - \Phi(2.90) = 0.0019.$$

11. 掷一颗骰子 100 次,记第 i 次掷出的点数为 X_i, $i = 1, 2, \cdots, 100$,点数值平均为 $\overline{X} = \frac{1}{100} \sum\limits_{i=1}^{100} X_i$,试求概率 $P\{3 \leqslant \overline{X} \leqslant 4\}$.

解 由题可知 X_i 的分布律为

X_i	1	2	3	4	5	6
p_k	$\frac{1}{6}$	$\frac{1}{6}$	$\frac{1}{6}$	$\frac{1}{6}$	$\frac{1}{6}$	$\frac{1}{6}$

故 $E(X_i) = 3.5$, $D(X_i) = \frac{35}{12}$,进而

$$E\left(\sum_{i=1}^{100} X_i\right) = 350, \quad D\left(\sum_{i=1}^{100} X_i\right) = \frac{875}{3}.$$

$$P\{3 \leqslant \overline{X} \leqslant 4\} = P\left\{3 \leqslant \frac{1}{100}\sum_{i=1}^{100}X_i \leqslant 4\right\} = P\left\{300 \leqslant \sum_{i=1}^{100}X_i \leqslant 400\right\}$$

$$= P\left\{\frac{300-350}{\sqrt{\frac{875}{3}}} \leqslant \frac{\sum_{i=1}^{100}X_i - 350}{\sqrt{\frac{875}{3}}} \leqslant \frac{400-350}{\sqrt{\frac{875}{3}}}\right\}$$

$$= 2\Phi(2.9277) - 1 = 0.9966.$$

12. 抛一枚硬币,正面出现的概率为 0.5,现抛掷 1000 次,则正面出现的次数不少于反面的概率是多少?

解　设随机变量 X 表示正面出现的次数,则 $X \sim B(1000, 0.5)$,且

$$E(X) = 1000 \times 0.5 = 500, \quad D(X) = 1000 \times 0.5 \times (1-0.5) = 250.$$

$$P\{X \geqslant 1000 - X\} = P\{X \geqslant 500\} = 1 - P\{X < 500\}$$

$$= 1 - P\left\{\frac{X-500}{\sqrt{250}} \leqslant \frac{500-500}{\sqrt{250}}\right\}$$

$$= 1 - \Phi(0) = 0.5.$$

13. 某化工厂负责供应一个地区 1000 人对香皂的需求,每个人每月最多需要一块,需要的概率为 0.6,每个人需要与否互不影响. 这家工厂每月至少生产多少块香皂才能够以 99.7% 的概率保证供应?

解　设随机变量 X 表示该地区香皂的需求量,则 $X \sim B(1000, 0.6)$,且

$$E(X) = 1000 \times 0.6 = 600, \quad D(X) = 1000 \times 0.6 \times (1-0.6) = 240.$$

设这家工厂每月至少生产 x 块香皂,则

$$P\{X \leqslant x\} = P\left\{\frac{X-600}{\sqrt{240}} \leqslant \frac{x-600}{\sqrt{240}}\right\} = \Phi\left(\frac{x-600}{\sqrt{240}}\right) = 99.7\%,$$

即 $\frac{x-600}{\sqrt{240}} = 2.75$,解得 $x = 643$.

14. 某厂生产液晶电视,月产量为 10 000 台,液晶屏车间产品合格率为 80%,为了以 99.7% 的把握保证出厂的液晶电视都能装上合格的液晶屏,求液晶屏车间每月最小产量.

解　设随机变量 X 表示生产的合格液晶屏的数量,该车间月产量为 n,则 $X \sim B(n, 0.8)$,且

$$E(X) = 0.8n, \quad D(X) = 0.16n.$$

$$P\{X \geqslant 10\ 000\} = 1 - P\{X < 10\ 000\} = 1 - P\left\{\frac{X-0.8n}{\sqrt{0.16n}} \leqslant \frac{10\ 000 - 0.8n}{\sqrt{0.16n}}\right\}$$

$$= 1 - \Phi\left(\frac{10\ 000 - 0.8n}{\sqrt{0.16n}}\right) = 99.7\%,$$

即 $\frac{0.8n - 10\ 000}{\sqrt{0.16n}} = 2.75$,解得 $n = 12\ 655$.

15. 有一批铺设地下管道用的水泥管,其中 80% 的长度不小于 3m,现从这批水泥管中随机地抽取 100 根进行测量. 则其中至少有 30 根短于 3m 的概率是多少?

解　设随机变量 X 表示长度短于 3m 的水泥管数量,则 $X \sim B(100, 0.2)$,且

$$E(X) = 100 \times 0.2 = 20, \quad D(X) = 100 \times 0.2 \times (1 - 0.2) = 16.$$

$$P\{X \geqslant 30\} = 1 - P\{X < 30\} = 1 - P\left\{\frac{X-20}{\sqrt{16}} \leqslant \frac{30-20}{\sqrt{16}}\right\}$$

$$= 1 - \Phi(2.5) = 0.0062.$$

16. 某种彩票的奖金额由摇奖决定,其分布律为

X	5	10	20	30	40	50	100
p_k	0.2	0.2	0.2	0.1	0.1	0.1	0.1

若一年中要开出 300 个奖,至少要有多少奖金才有 95% 的把握能够发放奖金?

解 设随机变量 X_i 表示一年中开出的第 i 个奖的奖金额,$i = 1, 2, \cdots, 300$. 由题可知 $E(X_i) = 29, D(X_i) = 764$,进而 $E\left(\sum\limits_{i=1}^{300} X_i\right) = 8700, D\left(\sum\limits_{i=1}^{300} X_i\right) = 229\,200$. 设所需奖金为 x,则

$$P\left\{\sum_{i=1}^{300} X_i \leqslant x\right\} = P\left\{\frac{\sum\limits_{i=1}^{300} X_i - 8700}{\sqrt{229\,200}} \leqslant \frac{x - 8700}{\sqrt{229\,200}}\right\} = \Phi\left(\frac{x-8700}{\sqrt{229\,200}}\right) \geqslant 95\%,$$

即 $\dfrac{x-8700}{\sqrt{229\,200}} \geqslant 1.645$,解得 $x = 9488$.

训 练 题

1. 若随机变量 X 的期望 $E(X) = \mu$,方差 $D(X) = \sigma^2$,其中 $\sigma > 0$,则对于任意给定的正数 k,$P\{|X - \mu| \geqslant k\sigma\} \leqslant \underline{\hspace{2cm}}$.

2. 估计 200 个新生儿中,男孩数在 80~120 之间的概率.

3. 设随机变量 X 的概率密度为

$$f(x) = \begin{cases} \dfrac{x^n}{n!} e^{-x}, & x > 0, \\ 0, & x \leqslant 0, \end{cases}$$

估计 $P\{0 < X < 2(n+1)\}$.

4. 设 $\{X_n\}$ 为相互独立同分布的随机变量序列,它们的概率密度均为

$$f(x) = \begin{cases} \dfrac{2}{x^3}, & x \geqslant 1, \\ 0, & x < 1, \end{cases}$$

试证 $\{X_n\}$ 服从辛钦大数定律.

5. 将一颗骰子掷 4 次,随机变量 X 表示 4 次的点数之和,估计 $P\{10 < X < 18\}$.

6. 用中心极限定理计算第 2 题的概率.

7. 用机器分装药品,每袋质量的期望值为 100g,标准差是 10g,一大盒内装 200 袋,求一大盒药品净质量大于 20.5kg 的概率.

8. 一批种子的发芽率为 0.9,从中抽取 1000 粒,试估计这 1000 粒种子的发芽率不低于

0.88 的概率.

9. 某工厂有 200 台机床,每台开动的概率为 0.7,假定各机床开动与否相互独立,开动时每台机床耗电 15 个单位,则至少向该工厂供多少单位的电才能以 95% 的概率保证不致因供电不足而影响生产?

10. 某汽车销售公司每天售出的汽车数量服从参数 $\lambda=2$ 的泊松分布.假设该公司一年 365 天每天都营业,且每天售出的汽车数量相互独立.求一年售出 700 辆以上汽车的概率.

11. 某产品的合格率为 99%,则一箱中至少应该装多少件产品,才能有 95% 的可能性使每箱中至少有 100 个合格产品?

答　　案

1. $\dfrac{1}{k^2}$.　　2. 0.875　　3. $\dfrac{n}{n+1}$.　　4. 求出 $E(X)=2$,满足辛钦大数定律的条件.

5. 0.271.　　6. 0.995 346.　　7. 0.0002.　　8. 0.982 57.　　9. 2265.

10. 0.8665.　　11. 104.

第6章

样本及抽样分布

知　识　点

一、总体与个体

研究对象的某项数量指标的值的全体,称为**总体**,总体中的每个元素称为**个体**. 若总体中只含有有限个个体,则称为有限总体,否则称为无限总体.

一个总体对应于一个随机变量,总体中数量指标值的分布规律即此随机变量的概率分布. 对总体的研究就相当于对一个随机变量的研究.

二、简单随机样本

1. 定义

设 $X_1, X_2, \cdots, X_n$ 是来自总体的 n 个随机变量,若 $X_1, X_2, \cdots, X_n$ 相互独立且与总体同分布,则称 $(X_1, X_2, \cdots, X_n)$ 为来自总体 X 的容量为 n 的**简单随机样本**,简称为样本.

2. 作用

总体的性质由各个个体的性质综合而定,要了解总体的性质,就必须测定各个个体的性质. 但是很多情况下,总体中所包含的个体的数目很多,要逐一测定每个个体是很困难的,甚至是有破坏性的,因此只能抽取样本来推断总体的性质.

三、样本的分布

设总体 X 的分布函数为 $F(x)$,则样本 $(X_1, X_2, \cdots, X_n)$ 的联合分布函数为

$$F(x_1, x_2, \cdots, x_n) = \prod_{i=1}^{n} F(x_i).$$

特别地,若总体 X 为连续型随机变量,其概率密度为 $f(x)$,则样本的联合概率密度为

$$f(x_1, x_2, \cdots, x_n) = \prod_{i=1}^{n} f(x_i).$$

若总体 X 为离散型随机变量,其分布律为 $p(x_i) = P\{X = x_i\}$,x_i 取遍 X 所有可能取值,则样本的联合分布律为

$$p(x_1, x_2, \cdots, x_n) = P\{X = x_1, X = x_2, \cdots, X = x_n\} = \prod_{i=1}^{n} p(x_i).$$

四、统计量

1. 定义

设$(X_1, X_2, \cdots, X_n)$为总体 X 的一个样本，$g(X_1, X_2, \cdots, X_n)$是一个不含任何未知参数的连续函数，称 $g(X_1, X_2, \cdots, X_n)$为**统计量**.

2. 常用统计量

（1）样本均值

$$\overline{X} = \frac{1}{n}\sum_{i=1}^{n} X_i.$$

（2）样本方差

$$S^2 = \frac{1}{n-1}\sum_{i=1}^{n}(X_i - \overline{X})^2 = \frac{1}{n-1}\Big(\sum_{i=1}^{n} X_i^2 - n\overline{X}^2\Big).$$

（3）样本标准差

$$S = \sqrt{S^2} = \sqrt{\frac{1}{n-1}\sum_{i=1}^{n}(X_i - \overline{X})^2}.$$

（4）样本（k 阶）原点矩

$$A_k = \frac{1}{n}\sum_{i=1}^{n} X_i^k, \quad k = 1, 2, \cdots.$$

（5）样本（k 阶）中心矩

$$B_k = \frac{1}{n}\sum_{i=1}^{n}(X_i - \overline{X})^k, \quad k = 2, 3, \cdots.$$

定理 1 设 $X_1, X_2, \cdots, X_n$ 为来自总体 X 的一个样本，$E(X) = \mu$，$D(X) = \sigma^2$，则

$$E(\overline{X}) = \mu, \quad D(\overline{X}) = \frac{\sigma^2}{n}, \quad E(S^2) = \sigma^2.$$

五、抽样分布

1. χ^2 分布

设$(X_1, X_2, \cdots, X_n)$为来自正态总体 $N(0,1)$的样本，则称统计量

$$\chi^2 = X_1^2 + X_2^2 + \cdots + X_n^2$$

所服从的分布是自由度为 n 的 χ^2 分布，记为 $\chi^2 \sim \chi^2(n)$.

（1）χ^2 分布的性质

① 设 $X_1 \sim \chi^2(n_1)$，$X_2 \sim \chi^2(n_2)$，且 X_1, X_2 相互独立，则

$$X_1 + X_2 \sim \chi^2(n_1 + n_2).$$

② 若 $\chi^2 \sim \chi^2(n)$，则 $E(\chi^2) = n$，$D(\chi^2) = 2n$.

（2）χ^2 分布的分位点

对于给定的 $\alpha(0 < \alpha < 1)$，称满足条件

$$P\{\chi^2 > \chi_\alpha^2(n)\} = \alpha$$

的点 $\chi_\alpha^2(n)$ 为 χ^2 分布的上 α 分位点.

2. t 分布

若 $X \sim N(0,1), Y \sim \chi^2(n), X, Y$ 相互独立,则称

$$t = \frac{X}{\sqrt{\dfrac{Y}{n}}}$$

所服从的分布是自由度为 n 的 t 分布,记为 $t \sim t(n)$.

t 分布的分位点:对于给定的 $\alpha(0 < \alpha < 1)$,称满足条件

$$P\{t > t_\alpha(n)\} = \alpha$$

的点 $t_\alpha(n)$ 为 t 分布的上 α 分位点.

3. F 分布

若 $X \sim \chi^2(n_1), Y \sim \chi^2(n_2), X, Y$ 独立,则称随机变量

$$F = \frac{X/n_1}{Y/n_2}$$

所服从的分布是自由度为 n_1, n_2 的 F 分布,n_1 称为第一自由度,n_2 称为第二自由度,记作 $F \sim F(n_1, n_2)$.

(1) F 分布的分位点

对于给定的 $\alpha(0 < \alpha < 1)$,称满足条件

$$P\{F > F_\alpha(n_1, n_2)\} = \alpha$$

的点 $F_\alpha(n_1, n_2)$ 为 F 分布的上 α 分位点.

(2) F 分布的性质

定理 2

① 若 $F \sim F(n_1, n_2)$,则 $1/F \sim F(n_2, n_1)$;

② $F_{1-\alpha}(m, n) = \dfrac{1}{F_\alpha(n, m)}$.

六、正态分布总体样本均值与样本方差的分布

定理 3(样本均值和样本方差的分布)　设 $(X_1, X_2, \cdots, X_n)$ 是取自正态总体 $N(\mu, \sigma^2)$ 的样本,$\overline{X}$ 和 S^2 分别为样本均值和样本方差,则有

(1) $\overline{X} \sim N\left(\mu, \dfrac{\sigma^2}{n}\right)$;

(2) $\dfrac{\overline{X} - \mu}{\sigma/\sqrt{n}} \sim N(0,1)$.

(3) $\dfrac{(n-1)S^2}{\sigma^2} \sim \chi^2(n-1)$;

(4) $\overline{X}$ 和 S^2 相互独立.

(5) $\dfrac{\overline{X} - \mu}{S/\sqrt{n}} \sim t(n-1)$.

定理 4(两总体样本均值差的分布)　设 $X \sim N(\mu_1, \sigma^2), Y \sim N(\mu_2, \sigma^2)$,且 X 与 Y 相互独

立,$X_1,X_2,\cdots,X_{n_1}$ 是取自总体 X 的样本,$Y_1,Y_2,\cdots,Y_{n_2}$ 是取自总体 Y 的样本,$\overline{X}$ 和 $\overline{Y}$ 分别是这两个样本的样本均值,S_1^2 和 S_2^2 分别是这两个样本的样本方差,则有

$$\frac{\overline{X}-\overline{Y}-(\mu_1-\mu_2)}{S_w\sqrt{\dfrac{1}{n_1}+\dfrac{1}{n_2}}} \sim t(n_1+n_2-2),$$

其中,$S_w^2=\dfrac{(n_1-1)S_1^2+(n_2-1)S_2^2}{n_1+n_2-2}$.

定理5(两总体样本方差比的分布) 设 $X\sim N(\mu_1,\sigma_1^2)$,$Y\sim N(\mu_2,\sigma_2^2)$,且 X 与 Y 相互独立,$X_1,X_2,\cdots,X_{n_1}$ 是取自 X 的样本,$Y_1,Y_2,\cdots,Y_{n_2}$ 是取自 Y 的样本,$\overline{X}$ 和 $\overline{Y}$ 分别是这两个样本的样本均值,S_1^2 和 S_2^2 分别是这两个样本的样本方差,则有

$$\frac{S_1^2/\sigma_1^2}{S_2^2/\sigma_2^2} \sim F(n_1-1,n_2-1).$$

典 型 例 题

一、求样本均值与样本方差

例 6-1 某学校为了考察一年级学生的身高,随机抽查了10名学生,测得其身高(单位:cm)分别为:115,120,131,125,119,122,118,122,124,130. 求样本均值 $\bar{x}$ 与样本方差 s^2.

解 $\bar{x}=\dfrac{1}{n}\sum_{i=1}^{n}x_i=\dfrac{1}{10}(115+120+131+125+119+122+118+122+124+130)$
$=123$,

$s^2=\dfrac{1}{n-1}\sum_{i=1}^{n}(x_i-\bar{x})^2,$

$=\dfrac{1}{9}\big[(115^2-123)^2+(120-123)^2+(131-123)^2+(125-123)^2+(119-123)^2+$

$(122-123)^2+(118-123)^2+(122-123)^2+(124-123)^2+(130-123)^2\big]$

$=26.$

二、有关样本均值的概率和样本容量的选取

例 6-2 设总体 $X\sim N(40,5^2)$,抽取容量为36的样本,求 $P\{38<\overline{X}<43\}$.

解 由于总体 $X\sim N(40,5^2)$,故样本均值

$\overline{X}\sim N\left(40,\left(\dfrac{5}{6}\right)^2\right),$

$$P\{38<\overline{X}<43\}=P\left\{\frac{38-40}{\dfrac{5}{6}}<\frac{\overline{X}-40}{\dfrac{5}{6}}<\frac{43-40}{\dfrac{5}{6}}\right\}=\varPhi(3.6)-\varPhi(-2.4)$$

$$=\varPhi(3.6)-1+\varPhi(2.4)=0.9916.$$

例 6-3 设 $(X_1,X_2,\cdots,X_{25})$ 及 $(Y_1,Y_2,\cdots,Y_{25})$ 分别是两个独立总体 $X\sim N(0,27)$ 和 $Y\sim N(1,9)$ 的样本,$\overline{X}$ 和 $\overline{Y}$ 分别表示两个样本均值,求 $P\{|\overline{X}-\overline{Y}|>1\}$.

解 由于总体 $X\sim N(0,27)$ 和 $Y\sim N(1,9)$,故

$$\overline{X} - \overline{Y} \sim N\left(-1, \frac{36}{25}\right),$$

$$P\{|\overline{X} - \overline{Y}| > 1\} = 1 - P\{|\overline{X} - \overline{Y}| \leqslant 1\} = 1 - P\{-1 \leqslant \overline{X} - \overline{Y} \leqslant 1\}$$

$$= 1 - P\left\{0 \leqslant \frac{\overline{X} - \overline{Y} + 1}{\frac{6}{5}} \leqslant 1.67\right\} = 1 - \Phi(1.67) + \Phi(0) = 0.5475.$$

例 6-4   从正态总体 $X \sim N(3.4, 6^2)$ 中抽取容量为 n 的样本,如果要求其样本均值位于区间 $(1.4, 5.4)$ 内的概率不小于 0.95,则样本容量 n 至少应取多大?

解   令 $\overline{X}$ 表示样本均值,则

$$\overline{X} \sim N\left(3.4, \frac{6^2}{n}\right),$$

$$P\{1.4 < \overline{X} < 5.4\} = P\left\{\frac{1.4 - 3.4}{6/\sqrt{n}} < \frac{\overline{X} - 3.4}{6/\sqrt{n}} < \frac{5.4 - 3.4}{6/\sqrt{n}}\right\}$$

$$= P\left\{-\frac{1}{3/\sqrt{n}} < \frac{\overline{X} - 3.4}{6/\sqrt{n}} < \frac{1}{3/\sqrt{n}}\right\} = 2\Phi\left(\frac{\sqrt{n}}{3}\right) - 1 \geqslant 0.95.$$

查标准正态分布表得 $\frac{\sqrt{n}}{3} \geqslant 1.96$,即 $n \geqslant 34.57$,故 n 至少应取 35.

三、构造 χ^2 分布或利用 χ^2 分布求概率

例 6-5   设 (X_1, X_2, X_3, X_4) 是来自正态总体 $X \sim N(0, 4)$ 的样本,$Y = a(X_1 - 2X_2)^2 + b(3X_3 - 4X_4)^2$,若统计量 Y 服从 χ^2 分布,求常数 a 和 b,并求 χ^2 分布的自由度.

解   由于 (X_1, X_2, X_3, X_4) 是来自正态总体 $X \sim N(0, 4)$ 的样本,故 X_1, X_2, X_3, X_4 相互独立,且 $X_i \sim N(0, 4)$,$i = 1, 2, 3, 4$,

$$X_1 - 2X_2 \sim N(0, 20),$$
$$3X_3 - 4X_4 \sim N(0, 100).$$

显然有

$$\frac{X_1 - 2X_2}{\sqrt{20}} \sim N(0, 1), \quad \frac{3X_3 - 4X_4}{10} \sim N(0, 1).$$

于是

$$\left(\frac{X_1 - 2X_2}{\sqrt{20}}\right)^2 + \left(\frac{3X_3 - 4X_4}{10}\right)^2 = \frac{1}{20}(X_1 - 2X_2)^2 + \frac{1}{100}(3X_3 - 4X_4)^2 \sim \chi^2(2),$$

即当 $a = \frac{1}{20}$,$b = \frac{1}{100}$ 时,X 服从 χ^2 分布,其自由度为 2.

例 6-6   设 (X_1, X_2) 是来自正态总体 $X \sim N(1, 2)$ 的样本,求 $P\{(X_1 - X_2)^2 < 0.408\}$.

解   由于 (X_1, X_2) 是来自正态总体 $X \sim N(1, 2)$ 的样本,故 X_1, X_2 相互独立,且 $X_i \sim N(1, 2)$,$i = 1, 2$. 于是

$$X_1 - X_2 \sim N(0, 4),$$

因此

$$\frac{X_1 - X_2}{2} \sim N(0, 1),$$

从而

$$\left(\frac{X_1 - X_2}{2}\right)^2 \sim \chi^2(1),$$

$$P\{(X_1 - X_2)^2 < 0.408\} = P\left\{\left(\frac{X_1 - X_2}{2}\right)^2 < 0.102\right\} = 1 - P\left\{\left(\frac{X_1 - X_2}{2}\right)^2 \geqslant 0.102\right\}$$
$$= 1 - 0.75 = 0.25.$$

四、构造 t 分布或利用 t 分布求概率

例 6-7 设总体 X 和 Y 相互独立且都服从正态分布 $N(0,3^2)$,而 $(X_1, X_2, \cdots, X_9)$ 及 $(Y_1, Y_2, \cdots, Y_9)$ 分别是来自总体 X 和 Y 的样本,试确定统计量 $U = \dfrac{X_1 + X_2 + \cdots + X_9}{3\sqrt{Y_1^2 + Y_2^2 + \cdots + Y_9^2}}$ 的分布.

解 显然 $X_1, X_2, \cdots, X_9$ 相互独立,且 $X_i \sim N(0,3^2)$, $i = 1, 2, \cdots, 9$,故

$$X_1 + X_2 + \cdots + X_9 \sim N(0, 81).$$

因此

$$\frac{X_1 + X_2 + \cdots + X_9}{9} \sim N(0,1).$$

同理 $Y_i \sim N(0,3^2)$, $i = 1, 2, \cdots, 9$,故

$$\frac{Y_i}{3} \sim N(0,1), \quad i = 1, 2, \cdots, 9.$$

从而

$$\frac{Y_1^2 + Y_2^2 + \cdots + Y_9^2}{9} \sim \chi^2(9).$$

由总体 X 和 Y 相互独立可知

$$\frac{\dfrac{X_1 + X_2 + \cdots + X_9}{9}}{\sqrt{\dfrac{Y_1^2 + Y_2^2 + \cdots + Y_9^2}{9}}} \sim t(9),$$

即

$$U = \frac{X_1 + X_2 + \cdots + X_9}{3\sqrt{Y_1^2 + Y_2^2 + \cdots + Y_9^2}} \sim t(9).$$

习 题 详 解

习题 6-1

1. 若 $(X_1, X_2, \cdots, X_n)$ 是来自正态总体 $X \sim N(1,4)$ 的样本,则 $E(X_1 X_n) = \underline{\qquad}$, $D(X_1 - 2X_2) = \underline{\qquad}$.

解 由于 $(X_1, X_2, \cdots, X_n)$ 是来自正态总体 $X \sim N(1,4)$ 的样本,故 $X_1, X_2, \cdots, X_n$ 相互独立,且

$$X_i \sim N(1,4), \quad i = 1, 2, \cdots, n,$$
$$E(X_1 X_n) = E(X_1)E(X_n) = 1 \times 1 = 1,$$
$$D(X_1 - 2X_2) = D(X_1) + 4D(X_2) = 4 + 4 \times 4 = 20.$$

2. 若 $(X_1, X_2, \cdots, X_n)$ 是来自总体 $X \sim B(1, p)$ 的样本,求 $(X_1, X_2, \cdots, X_n)$ 的联合分布律.

解　由于总体 $X \sim B(1, p)$,故

$$P\{X = x\} = p^x (1-p)^{1-x}, \quad x = 0, 1,$$

则 $(X_1, X_2, \cdots, X_n)$ 的联合分布律为

$$p(x_1, x_2, \cdots, x_n) = P\{X = x_1, X = x_2, \cdots, X = x_n\} = \prod_{i=1}^{n} p(x_i)$$

$$= \prod_{i=1}^{n} p^{x_i} (1-p)^{1-x_i}$$

$$= p^{\sum_{i=1}^{n} x_i} (1-p)^{n - \sum_{i=1}^{n} x_i}, \quad x_i = 0, 1.$$

3. 设总体 X 的分布律为

X	0	1	2
p_k	0.2	0.3	0.5

(X_1, X_2) 为来自总体的样本,求 (X_1, X_2) 的联合分布律.

解　由于 (X_1, X_2) 为来自总体 X 的样本,故 X_1, X_2 相互独立且与总体同分布,即

$$P\{X_1 = x_1, X_2 = x_2\} = P\{X_1 = x_1\} P\{X_2 = x_2\}$$

$$= P\{X = x_1\} P\{X = x_2\}.$$

故 (X_1, X_2) 的联合分布律为

X_2 ＼ X_1	0	1	2
0	0.04	0.06	0.1
1	0.06	0.09	0.15
2	0.1	0.15	0.25

4. 设总体 X 的分布律为

X	1	2	3
p_k	0.2	0.4	0.4

(X_1, X_2, X_3) 为来自总体的样本,求 $P\{X_1 = 1, X_2 = 2, X_3 = 1\}$.

解　由于 (X_1, X_2, X_3) 为来自总体 X 的样本,故 X_1, X_2, X_3 相互独立且与总体同分布,故

$$P\{X_1 = 1, X_2 = 2, X_3 = 1\} = P\{X_1 = 1\} P\{X_2 = 2\} P\{X_3 = 1\}$$

$$= P\{X = 1\} P\{X = 2\} P\{X = 1\}$$

$$= 0.016.$$

5. 若 $(X_1, X_2, \cdots, X_n)$ 是来自总体 $X \sim E(\theta)$ 的样本,求 $(X_1, X_2, \cdots, X_n)$ 的联合概率密度.

解　已知总体 $X \sim E(\theta)$,故 X 的概率密度为

$$f(x) = \begin{cases} \dfrac{1}{\theta} \mathrm{e}^{-\frac{x}{\theta}}, & x > 0, \\ 0, & \text{其他}, \end{cases}$$

故$(X_1, X_2, \cdots, X_n)$的联合概率密度为

$$f(x_1, x_2, \cdots, x_n) = \prod_{i=1}^{n} f(x_i) = \begin{cases} \displaystyle\prod_{i=1}^{n} \left(\dfrac{1}{\theta} \mathrm{e}^{-\frac{x_i}{\theta}} \right), & x_1 > 0, x_2 > 0, \cdots, x_n > 0, \\ 0, & \text{其他} \end{cases}$$

$$= \begin{cases} \dfrac{1}{\theta^n} \mathrm{e}^{-\frac{1}{\theta} \sum\limits_{i=1}^{n} x_i}, & x_1 > 0, x_2 > 0, \cdots, x_n > 0, \\ 0, & \text{其他}. \end{cases}$$

6. 设总体 X 的概率密度函数为

$$f(x) = \begin{cases} \theta x^{\theta-1}, & 0 < x < 1, \\ 0, & \text{其他}. \end{cases}$$

$(X_1, X_2, \cdots, X_n)$为来自总体的样本,求$(X_1, X_2, \cdots, X_n)$的联合概率密度.

解 $(X_1, X_2, \cdots, X_n)$的联合概率密度为

$$f(x_1, x_2, \cdots, x_n) = \prod_{i=1}^{n} f(x_i)$$

$$= \begin{cases} \displaystyle\prod_{i=1}^{n} (\theta x_i^{\theta-1}), & 0 < x_1 < 1, 0 < x_2 < 1, \cdots, 0 < x_n < 1, \\ 0, & \text{其他} \end{cases}$$

$$= \begin{cases} \theta^n \left(\displaystyle\prod_{i=1}^{n} x_i \right)^{\theta-1}, & 0 < x_1 < 1, 0 < x_2 < 1, \cdots, 0 < x_n < 1, \\ 0, & \text{其他}. \end{cases}$$

习题 6-2

1. 设$(X_1, X_2, \cdots, X_n)$是来自总体 $X \sim N(\mu, 4)$ 的一个样本,$\overline{X}$ 为样本均值,试问样本容量应取多大,才能使以下各式成立:

(1) $E(|\overline{X} - \mu|^2) \leqslant 0.1$; (2) $E(|\overline{X} - \mu|) \leqslant 0.1$; (3) $P\{|\overline{X} - \mu| \leqslant 1\} \geqslant 0.95$.

解 由已知 $\overline{X}$ 为来自总体 $X \sim N(\mu, 4)$ 的样本均值,故

$$\overline{X} \sim N\left(\mu, \frac{4}{n}\right), \quad \frac{\overline{X} - \mu}{2/\sqrt{n}} \sim N(0, 1),$$

因此

$$\left(\frac{\overline{X} - \mu}{2/\sqrt{n}} \right)^2 \sim \chi^2(1),$$

所以

$$E\left(\frac{\overline{X} - \mu}{2/\sqrt{n}} \right)^2 = 1,$$

$$E(\overline{X} - \mu)^2 = \frac{4}{n}.$$

(1) 要使 $E(|\overline{X}-\mu|^2) \leqslant 0.1$,即 $\dfrac{4}{n} \leqslant 0.1$,故 $n \geqslant 40$.

(2) 由 $\dfrac{\overline{X}-\mu}{2/\sqrt{n}} \sim N(0,1)$,故

$$E(|\overline{X}-\mu|) = \frac{2}{\sqrt{n}} \int_{-\infty}^{+\infty} |x| \frac{1}{\sqrt{2\pi}} e^{-\frac{x^2}{2}} dx = \frac{4}{\sqrt{n}} \int_{0}^{+\infty} x \frac{1}{\sqrt{2\pi}} e^{-\frac{x^2}{2}} dx$$

$$= \frac{4}{\sqrt{2n\pi}}.$$

要使 $E(|\overline{X}-\mu|) \leqslant 0.1$,即 $\dfrac{4}{\sqrt{2n\pi}} \leqslant 0.1$,故 $n \geqslant 255$.

(3) $P\{|\overline{X}-\mu| \leqslant 1\} = P\left\{\left|\dfrac{\overline{X}-\mu}{2/\sqrt{n}}\right| \leqslant \dfrac{\sqrt{n}}{2}\right\} = 2\Phi\left(\dfrac{\sqrt{n}}{2}\right) - 1$

要使 $P\{|\overline{X}-\mu| \leqslant 1\} \geqslant 0.95$,即 $2\Phi\left(\dfrac{\sqrt{n}}{2}\right) - 1 \geqslant 0.95$,故

$$\frac{\sqrt{n}}{2} \geqslant 1.96,$$

$$n \geqslant 16.$$

2. 在正态分布总体 $X \sim N(12,4)$ 中随机抽取容量为 5 的样本 $(X_1, X_2, \cdots, X_5)$,求:

(1) 样本均值与总体均值之差的绝对值大于 1 的概率;

(2) $P\{\max\{X_1, X_2, X_3, X_4, X_5\} > 15\}$;

(3) $P\{\min\{X_1, X_2, X_3, X_4, X_5\} < 10\}$.

解 (1) 由已知条件,样本均值 $\overline{X} \sim N\left(12, \dfrac{4}{5}\right)$,故 $\dfrac{\overline{X}-12}{2/\sqrt{5}} \sim N(0,1)$,所求概率为

$$P\{|\overline{X}-12| > 1\} = 1 - P\{|\overline{X}-12| \leqslant 1\}$$

$$= 1 - P\left\{\left|\frac{\overline{X}-12}{2/\sqrt{5}}\right| \leqslant \frac{\sqrt{5}}{2}\right\} = 2 - 2\Phi\left(\frac{\sqrt{5}}{2}\right) = 0.2628.$$

(2) $P\{\max\{X_1, X_2, X_3, X_4, X_5\} > 15\} = 1 - P\{\max\{X_1, X_2, X_3, X_4, X_5\} \leqslant 15\}$

$$= 1 - P\{X_1 \leqslant 15\} P\{X_2 \leqslant 15\} \cdots P\{X_5 \leqslant 15\}$$

$$= 1 - \left[\Phi\left(\frac{15-12}{2}\right)\right]^5 = 0.2923.$$

(3) $P\{\min\{X_1, X_2, X_3, X_4, X_5\} < 10\} = 1 - P\{\min\{X_1, X_2, X_3, X_4, X_5\} \geqslant 10\}$

$$= 1 - P\{X_1 \geqslant 10\} P\{X_2 \geqslant 10\} \cdots P\{X_5 \geqslant 10\}$$

$$= 1 - [1 - P\{X < 10\}]^5$$

$$= 1 - \left[1 - \Phi\left(\frac{10-12}{2}\right)\right]^5 = 0.5785.$$

3. 设 $(X_1, X_2, \cdots, X_n)$ 为来自泊松分布总体 $\pi(\lambda)$ 的一个样本,$\overline{X}, S^2$ 分别为样本均值和样本方差,求 $E(\overline{X}), D(\overline{X}), E(S^2)$.

解 由于 $(X_1, X_2, \cdots, X_n)$ 为来自泊松分布总体 $\pi(\lambda)$ 的一个样本,故 $X_1, X_2, \cdots, X_n$ 相互独立,且

$$E(X_i) = D(X_i) = \lambda, \quad i = 1, 2, \cdots, n,$$

$$E(\overline{X}) = E\left(\frac{1}{n}\sum_{i=1}^{n}X_i\right) = \frac{1}{n}\sum_{i=1}^{n}E(X_i) = \lambda,$$

$$D(\overline{X}) = D\left(\frac{1}{n}\sum_{i=1}^{n}X_i\right) = \frac{1}{n^2}\sum_{i=1}^{n}D(X_i) = \frac{\lambda}{n},$$

$$E(S^2) = E\left[\frac{1}{n-1}\left(\sum_{i=1}^{n}X_i^2 - n\overline{X}^2\right)\right] = \frac{1}{n-1}\left[\sum_{i=1}^{n}E(X_i^2) - nE(\overline{X}^2)\right].$$

由 $D(X_i) = E(X_i^2) - [E(X_i)]^2$ 可知,$E(X_i^2) = \lambda + \lambda^2$. 由 $D(\overline{X}) = E(\overline{X}^2) - [E(\overline{X})]^2$ 可知,

$E(\overline{X}^2) = \frac{\lambda}{n} + \lambda^2$.

故

$$E(S^2) = \frac{1}{n-1}\left[\sum_{i=1}^{n}(\lambda + \lambda^2) - n\left(\frac{\lambda}{n} + \lambda^2\right)\right] = \lambda.$$

4. 若 $X \sim \chi^2(6)$,且 λ_1 使 $P\{X > \lambda_1\} = 0.05$,求 λ_1 的值;若 $X \sim \chi^2(9)$,且有 λ_2 使 $P\{X < \lambda_2\} = 0.05$,求 λ_2 的值.

解 由 χ^2 分布的分位点定义,查 χ^2 分布表可知 λ_1 使 $P\{X > \lambda_1\} = 0.05$,则

$$\lambda_1 = \chi^2_{0.05}(6) = 12.592.$$

若 λ_2 使 $P\{X < \lambda_2\} = 0.05$,则

$$\lambda_2 = \chi^2_{0.95}(9) = 3.325.$$

5. 若 $X \sim t(9)$,且 λ_1 使 $P\{X < \lambda_1\} = 0.05$,求 λ_1 的值.

解 由 t 分布的分位点定义,查 t 分布表可知 λ_1 使 $P\{X < \lambda_1\} = 0.05$,则

$$\lambda_1 = -t_{0.05}(9) = -1.8331.$$

6. 若 $X \sim F(9,8)$,且 λ_1 使 $P\{X > \lambda_1\} = 0.05$,求 λ_1 的值.

解 由 F 分布的分位点定义,查 F 分布表可知 λ_1 使 $P\{X > \lambda_1\} = 0.05$,则

$$\lambda_1 = F_{0.05}(9,8) = 3.39.$$

7. 设 $(X_1, X_2, \cdots, X_n, X_{n+1})$ 为来自正态总体 $X \sim N(\mu, \sigma^2)$ 的一个样本,记 $\overline{X}, S^2$ 为前 n 个个体的样本均值与样本方差,求证:$T = \sqrt{\frac{n}{n+1}}\dfrac{X_{n+1} - \overline{X}}{S} \sim t(n-1)$.

证明 由已知条件可知

$$X_{n+1} \sim N(\mu, \sigma^2), \quad \overline{X} \sim N\left(\mu, \frac{\sigma^2}{n}\right), \quad \frac{(n-1)S^2}{\sigma^2} \sim \chi^2(n-1).$$

且 $X_{n+1}, \overline{X}, S^2$ 三者相互独立,则

$$X_{n+1} - \overline{X} \sim N\left(0, \frac{(n+1)}{n}\sigma^2\right),$$

即

$$\frac{X_{n+1} - \overline{X}}{\sigma\Big/\sqrt{\frac{n+1}{n}}} \sim N(0,1),$$

故

$$\frac{\dfrac{X_{n+1}-\overline{X}}{\sigma\Big/\sqrt{\dfrac{n+1}{n}}}}{\sqrt{\dfrac{(n-1)S^2}{\sigma^2}\Big/(n-1)}}\sim t(n-1),$$

即

$$T=\sqrt{\frac{n}{n+1}}\frac{X_{n+1}-\overline{X}}{S}\sim t(n-1).$$

8. 设 $X_1,X_2,\cdots,X_9$ 是来自正态总体 X 的一个简单随机样本，$Y_1=\dfrac{1}{6}(X_1+X_2+\cdots+X_6)$，$Y_2=\dfrac{1}{3}(X_7+X_8+X_9)$，$S^2=\dfrac{1}{2}\sum\limits_{i=7}^{9}(X_i-Y_2)^2$，$Z=\dfrac{\sqrt{2}(Y_1-Y_2)}{S}$，证明统计量 Z 服从自由度为 2 的 t 分布.

证明　记 $D(X)=\sigma^2$（未知），易知 $E(Y_1)=E(Y_2)$，$D(Y_1)=\sigma^2/6$，$D(Y_2)=\sigma^2/3$，且 Y_1 和 Y_2 独立，故

$$E(Y_1-Y_2)=0,$$

$$D(Y_1-Y_2)=\frac{\sigma^2}{6}+\frac{\sigma^2}{3}=\frac{\sigma^2}{2},$$

从而

$$U=\frac{Y_1-Y_2}{\sigma/\sqrt{2}}\sim N(0,1).$$

由正态总体样本方差的性质可知

$$\chi^2=\frac{2S^2}{\sigma^2}\sim\chi^2(2).$$

由于 Y_1 与 Y_2，Y_1 与 S^2，Y_2 与 S^2 独立，所以 Y_1-Y_2 与 S^2 独立.

于是，由 t 分布的定义可知

$$Z=\frac{\sqrt{2}(Y_1-Y_2)}{S}=\frac{U}{\sqrt{\chi^2/2}}$$

服从自由度为 2 的 t 分布.

总习题 6

1. 设总体 X 的分布律为

X	-1	2	4
p_k	0.1	0.4	0.5

(X_1,X_2,X_3) 为来自总体的样本，求 $P\{X_1=2,X_2=2,X_3=4\}$.

解　由于 (X_1,X_2,X_3) 为来自总体 X 的样本，故 X_1,X_2,X_3 相互独立且与总体同分布，故

$$P\{X_1=2,X_2=2,X_3=4\}=P\{X_1=2\}P\{X_2=2\}P\{X_3=4\}$$

$$=P\{X=2\}P\{X=2\}P\{X=4\}$$

$$=0.08.$$

2. 若 $(X_1, X_2, \cdots, X_n)$ 是来自总体 $X \sim U(a, b)$ 的样本, 求 $(X_1, X_2, \cdots, X_n)$ 的联合概率密度.

解 由 $X \sim U(a, b)$ 可知, X 的概率密度为

$$f(x) = \begin{cases} \dfrac{1}{b-a}, & a < x < b, \\ 0, & \text{其他}. \end{cases}$$

$(X_1, X_2, \cdots, X_n)$ 的联合概率密度为

$$f(x_1, x_2, \cdots, x_n) = \prod_{i=1}^{n} f(x_i)$$

$$= \begin{cases} \prod\limits_{i=1}^{n} \left(\dfrac{1}{b-a} \right), & a < x_1 < b, a < x_2 < b, \cdots, a < x_n < b, \\ 0, & \text{其他} \end{cases}$$

$$= \begin{cases} \dfrac{1}{(b-a)^n}, & a < \min\{x_1, x_2, \cdots, x_n\}, \max\{x_1, x_2, \cdots, x_n\} < b, \\ 0, & \text{其他}. \end{cases}$$

3. 设总体 X 的概率密度为

$$f(x) = \begin{cases} 3x^2, & 0 < x < 1, \\ 0, & \text{其他}, \end{cases}$$

$(X_1, X_2, \cdots, X_n)$ 为来自总体的样本, 求 $(X_1, X_2, \cdots, X_n)$ 的联合概率密度.

解 $(X_1, X_2, \cdots, X_n)$ 的联合概率密度为

$$f(x_1, x_2, \cdots, x_n) = \prod_{i=1}^{n} f(x_i)$$

$$= \begin{cases} \prod\limits_{i=1}^{n} (3x_i^2), & 0 < x_1 < 1, 0 < x_2 < 1, \cdots, 0 < x_n < 1, \\ 0, & \text{其他} \end{cases}$$

$$= \begin{cases} 3^n \left(\prod\limits_{i=1}^{n} x_i \right)^2, & 0 < \min\{x_1, x_2, \cdots, x_n\}, \max\{x_1, x_2, \cdots, x_n\} < 1, \\ 0, & \text{其他}. \end{cases}$$

4. 设样本值如下:

19.1, 20, 20.2, 19.8, 20.9, 19.5, 20.5, 19.7, 20.3,

求样本均值和样本方差.

解 $\bar{x} = \dfrac{1}{n} \sum_{i=1}^{n} x_i$

$$= \dfrac{1}{9} (19.1 + 20.0 + 20.2 + 19.8 + 20.9 + 19.5 + 20.5 + 19.7 + 20.3)$$

$$= 20,$$

$$s^2 = \frac{1}{n-1}\sum_{i=1}^{n}(x_i - \bar{x})^2$$

$$= \frac{1}{8}(0.9^2 + 0^2 + 0.2^2 + 0.2^2 + 0.9^2 + 0.5^2 + 0.5^2 + 0.3^2 + 0.3^2)$$

$$= 0.2975.$$

5. 设样本值如下:

15.8, 24.2, 14.5, 17.4, 13.2, 20.8, 17.9, 19.1, 21, 18.5, 16.4, 22.6,
求样本均值和样本方差.

解　$\bar{x} = \frac{1}{n}\sum_{i=1}^{n}x_i$

$$= \frac{1}{12}(15.8 + 24.2 + 14.5 + 17.4 + 13.2 + 20.8 + 17.9 + 19.1 + 21 + 18.5 +$$

$$16.4 + 22.6) = 18.45,$$

$$s^2 = \frac{1}{n-1}\sum_{i=1}^{n}(x_i - \bar{x})^2$$

$$= \frac{1}{11}(2.65^2 + 5.75^2 + 3.95^2 + 1.05^2 + 5.25^2 + 2.35^2 + 0.55^2 + 0.65^2 +$$

$$2.55^2 + 0.05^2 + 2.05^2 + 4.15^2)$$

$$= 10.7754.$$

6. 设总体 $X \sim N(30, 5^2)$,现抽取容量为 25 的样本,求 $P\{28 < \bar{X} < 32\}$.

解　由于总体 $X \sim N(30, 5^2)$,故样本均值

$$\bar{X} \sim N(30, 1),$$

$$P\{28 < \bar{X} < 32\} = P\left\{\frac{28-30}{1} < \frac{\bar{X}-30}{1} < \frac{32-30}{1}\right\}$$

$$= \Phi(2) - \Phi(-2) = 2\Phi(2) - 1 = 0.9544.$$

7. 设某厂生产的灯泡寿命近似服从正态分布 $X \sim N(\mu, 6)$,从中随机抽取 25 个灯泡做寿命试验,设 S^2 为其样本方差,求 $P\{S^2 > 9.1\}$.

解　由 $X \sim N(\mu, 6)$,有 $\frac{(n-1)S^2}{\sigma^2} \sim \chi^2(n-1)$,即

$$4S^2 \sim \chi^2(24),$$

$$P\{S^2 > 9.1\} = P\{4S^2 > 36.4\} = 0.05.$$

8. 设 (X_1, X_2, X_3, X_4) 是来自正态总体 $X \sim N(0,1)$ 的样本,又有 $Y = (X_1 + X_2)^2 + (X_3 - X_4)^2$,求常数 a,使 aY 服从 χ^2 分布.

解　(X_1, X_2, X_3, X_4) 是来自正态总体 $X \sim N(0,1)$ 的样本,故 X_1, X_2, X_3, X_4 相互独立,且

$$X_i \sim N(0,1), \quad i = 1,2,3,4,$$

$$X_1 + X_2 \sim N(0,2),$$

$$X_3 - X_4 \sim N(0,2).$$

显然有

$$\frac{X_1 + X_2}{\sqrt{2}} \sim N(0,1), \quad \frac{X_3 - X_4}{\sqrt{2}} \sim N(0,1),$$

于是

$$\left(\frac{X_1 + X_2}{\sqrt{2}}\right)^2 + \left(\frac{X_3 - X_4}{\sqrt{2}}\right)^2 = \frac{1}{2}(X_1 + X_2)^2 + \frac{1}{2}(X_3 - X_4)^2 \sim \chi^2(2),$$

即当 $a = \frac{1}{2}$ 时，aY 服从 χ^2 分布.

9. 若 $X \sim t(10)$，且 λ_1 使 $P\{X > \lambda_1\} = 0.05$，求 λ_1 的值.

解 由 t 分布的分位点定义，查 t 分布表可知 λ_1 使 $P\{X > \lambda_1\} = 0.05$，则
$$\lambda_1 = t_{0.05}(10) = 1.8125.$$

10. 若 $X \sim F(10,6)$，且 λ_1 使 $P\{X > \lambda_1\} = 0.05$，求 λ_1 的值.

解 由 F 分布的分位点定义，查 F 分布表可知 λ_1 使 $P\{X > \lambda_1\} = 0.05$，则
$$\lambda_1 = F_{0.05}(10,6) = 4.06.$$

训 练 题

1. 设样本值如下：21,20,22,18. 求样本均值 $\bar{x}$ 与样本方差 s^2.

2. 设样本值如下：19.1,20.0,21.2,18.8,19.6,20.5,22.0,21.6,19.4,20.3. 求样本均值 $\bar{x}$ 与样本方差 s^2.

3. 从总体 $X \sim N(\mu,4)$ 中抽取一个容量为 $n = 16$ 的样本，$\bar{X}$ 为样本均值，求 $P\{|\bar{X} - \mu| < 0.5\}$.

4. 某厂生产的灯泡寿命近似服从正态分布 $X \sim N(800,40^2)$，从中抽取 16 个灯泡作为样本，求平均寿命低于 775h 的概率.

5. 由方差 $\sigma^2 = 6$ 的正态总体中抽取容量为 $n = 25$ 的样本，S^2 为其样本方差，求 $P\{S^2 > 9.1\}$.

6. 设 $(X_1, X_2, \cdots, X_{16})$ 是来自正态总体 $X \sim N(2,1)$ 的样本，$Y = \sum\limits_{i=1}^{16}(X_i - 2)^2$，则

(1) 确定 Y 服从的分布；

(2) 若 $Z \sim N(0,1)$，确定 $\dfrac{4Z}{\sqrt{Y}}$ 服从的分布.

7. 从总体 $X \sim N(\mu_1, \sigma_1^2)$ 和 $Y \sim N(\mu_2, \sigma_2^2)$ 中分别抽取样本容量 $n_1 = n_2 = 10$ 的两个独立样本，而两样本方差分别为 $s_1^2 = 4.88$ 和 $s_2^2 = 2$，试求 $P\{\sigma_1 > \sigma_2\}$.

8. 设 $(X_1, X_2, \cdots, X_n)$ 是来自正态总体 $X \sim N(0, \sigma^2)$ 的样本，统计量 $Y = \left(\sum\limits_{i=1}^{n} X_i\right)^2$ 取值大于多少时，其概率为 0.1?

答 案

1. $\bar{x} = 20.25, s^2 = 2.917$； 2. $\bar{x} = 20.25, s^2 = 1.165$； 3. 0.6826. 4. 0.0062.

5. 0.05. 6. $\chi^2(16), t(16)$. 7. 0.9. 8. $2.706n\sigma^2$.

第7章

参 数 估 计

知 识 点

一、点估计

1. 参数估计的基本概念

根据样本的观测值,对总体分布律或分布密度中的未知参数进行估计的理论和方法,称为总体分布中未知参数的估计,简称为**参数估计**.

相关基本概念如下.

(1) 当总体分布的类型已知,分布的具体形式依赖于某个实数或实数组 θ 时,称 θ 为总体参数或参数.

(2) 当 θ 是总体的未知参数,$X_1, X_2, \cdots, X_n$ 是总体的一个样本时,如果将样本的观测值 $x_1, x_2, \cdots, x_n$ 代入统计量 $\hat{\theta}(X_1, X_2, \cdots, X_n)$ 中,并用所得的观测值 $\hat{\theta}(x_1, x_2, \cdots, x_n)$ 作为未知参数 θ 的近似值,则称 $\hat{\theta}(X_1, X_2, \cdots, X_n)$ 为 θ 的估计量,称 $\hat{\theta}(x_1, x_2, \cdots, x_n)$ 为 θ 的估计值. 在不致混淆的情况下,统称估计量和估计值为估计,并都简记为 $\hat{\theta}$,称为 θ 的**点估计**.

2. 矩估计法

用样本矩作为相应的总体矩的估计量,而以样本矩的连续函数作为相应的总体矩的连续函数的估计量,这种估计方法称为矩估计法. 矩估计法的具体做法如下:

当 $X_1, X_2, \cdots, X_n$ 是总体 X 的一个样本,且 X 的 k 阶原点矩 $E(X^k)(k=1, 2, \cdots)$ 存在时,有:

(1) 若 $\theta = E(X^k)$,则 $\hat{\theta} = A_k = \dfrac{1}{n}\sum_{i=1}^{n} X_i^k$;

(2) $\theta = f(E(X), E(X^2), \cdots, E(X^k))$,则 $\hat{\theta} = f(A_1, A_2, \cdots, A_k)$.

特别地,当总体的数学期望与方差存在时,不论总体服从什么分布,其总体均值的矩估计量都是样本均值 $\overline{X} = \dfrac{1}{n}\sum_{i=1}^{n} X_i$,总体方差的矩估计量都是二阶样本中心矩,即

$$B_2 = \frac{1}{n}\sum_{i=1}^{n} (X_i - \overline{X})^2.$$

3. 最大似然估计法

（1）样本的似然函数

设 $X_1, X_2, \cdots, X_n$ 是来自总体 X 的一个样本，$x_1, x_2, \cdots, x_n$ 为样本的观测值，它们都是常数. 若总体 X 是离散型，其分布律 $P\{X=x\}=p(x;\theta)(\theta\in\Theta)$ 的形式为已知，θ 为待估参数，Θ 是 θ 可能取值的范围，则样本的似然函数为 $L(\theta)=\prod\limits_{i=1}^{n}p(x_i;\theta)$；若总体 X 是连续型，其概率密度 $f(x;\theta)(\theta\in\Theta)$ 的形式已知，则样本的似然函数为 $L(\theta)=\prod\limits_{i=1}^{n}f(x_i;\theta)$.

（2）最大似然估计法

最大似然估计法，就是固定样本观测值 $x_1, x_2, \cdots, x_n$，在 θ 的可能取值范围 Θ 内挑选使似然函数 $L(x_1, x_2, \cdots, x_n;\theta)$ 达到最大的参数值 $\hat{\theta}$，作为参数 θ 的估计值，即取 $\hat{\theta}$ 使

$$L(x_1, x_2, \cdots, x_n;\hat{\theta}) = \max_{\theta\in\Theta}L(x_1, x_2, \cdots, x_n;\theta)$$

这样得到的 $\hat{\theta}$ 与样本值 $x_1, x_2, \cdots, x_n$ 有关，常记为 $\hat{\theta}(x_1, x_2, \cdots, x_n)$，称为参数 θ 的最大似然估计值，而相应的统计量 $\hat{\theta}(X_1, X_2, \cdots, X_n)$ 称为参数 θ 的最大似然估计量.

（3）最大似然法的步骤

① 构造似然函数 $L(\theta)$；

② 若 $L(\theta)$ 是 θ 的可微函数，写出 $\ln L(\theta)$；

③ 以 θ 为自变量求 $\dfrac{\mathrm{d}}{\mathrm{d}\theta}\ln L(\theta)$；

④ 令 $\dfrac{\mathrm{d}}{\mathrm{d}\theta}\ln L(\theta)=0$，得到所谓的似然方程；

⑤ 解方程，当 θ 只有唯一解时，可以不经过检验，直接将这个解作为所求的最大似然估计值，并写出 θ 的最大似然估计量 $\hat{\theta}$.

最大似然估计法也适用于分布中含有 k 个未知参数 $\theta_1, \theta_2, \cdots, \theta_k$ 的情况，这时似然函数 $L(\theta)$ 变为 $L(\theta_1, \theta_2, \cdots, \theta_k)$. 分别令

$$\frac{\partial}{\partial\theta_i}L(\theta)=0, \quad i=1,2,\cdots,k,$$

或令

$$\frac{\partial}{\partial\theta_i}\ln L(\theta)=0, \quad i=1,2,\cdots,k.$$

解上述 k 个方程组成的方程组，即得各未知参数 θ_i 的最大似然估计值 $\hat{\theta}_i(i=1,2,\cdots,k)$.

4. 评价估计量优劣的标准

（1）无偏性

若估计量 $\hat{\theta}=\hat{\theta}(X_1, X_2, \cdots, X_n)$ 的数学期望 $E(\hat{\theta})$ 存在，且有 $E(\hat{\theta})=\theta$，则称 $\hat{\theta}$ 是 θ 的无偏估计量.

当 $\hat{\theta}_1$ 与 $\hat{\theta}_2$ 都是 θ 的无偏估计量且常数 c_1, c_2 满足 $c_1+c_2=1$ 时，$c_1\hat{\theta}_1+c_2\hat{\theta}_2$ 也是 θ 的无偏估计量.

$$E\left(\frac{nS^2}{n-1}\right)=D(X),\frac{nS^2}{n-1}是 D(X) 的无偏估计量.$$

$$E(S^2)=\frac{n-1}{n}D(X),S^2 是 D(X) 的有偏估计量.$$

但 $\lim\limits_{n\to\infty}E(S^2)=D(X)$，所以 S^2 是 $D(X)$ 的渐近无偏估计量.

（2）有效性

设 $\hat{\theta}_1=\hat{\theta}_1(X_1,X_2,\cdots,X_n)$ 与 $\hat{\theta}_2=\hat{\theta}_2(X_1,X_2,\cdots,X_n)$ 都是 θ 的无偏估计量，若有不等式 $D(\hat{\theta}_1)<D(\hat{\theta}_2)$ 成立，则称 $\hat{\theta}_1$ 较 $\hat{\theta}_2$ 有效，称 $\hat{\theta}_1$ 为有效估计量.

（3）相合性（一致性）

设 $\hat{\theta}(X_1,X_2,\cdots,X_n)$ 为参数 θ 的估计量，若对于任意 $\theta\in\Theta$，当 $n\to\infty$ 时，$\hat{\theta}(X_1,X_2,\cdots,X_n)$ 依概率收敛于 θ，则称 $\hat{\theta}$ 为 θ 的相合估计量. 即，若对于任意 $\theta\in\Theta$ 都满足：当 $\varepsilon>0$ 时，有

$$\lim_{n\to\infty}P\{|\hat{\theta}-\theta|<\varepsilon\}=1 \quad 或 \quad \lim_{n\to\infty}P\{|\hat{\theta}-\theta|\geqslant\varepsilon\}=0,$$

则称 $\hat{\theta}$ 为 θ 的相合估计量.

二、区间估计

1. 区间估计的基本概念

对总体分布中未知参数 θ 所在的区间进行估计，并保证该区间覆盖 θ 的概率满足一定的要求，称为未知参数 θ 的区间估计.

（1）寻找来自总体 X 的样本 $X_1,X_2,\cdots,X_n$ 所确定的两个统计量 $\hat{\theta}_1=\theta_1(X_1,X_2,\cdots,X_n)$ 和 $\hat{\theta}_2=\theta_2(X_1,X_2,\cdots,X_n)(\hat{\theta}_1<\hat{\theta}_2)$，确定区间 $(\hat{\theta}_1,\hat{\theta}_2)$，对于任意 $\theta\in\Theta(\Theta$ 是 θ 的取值范围）满足

$$P\{\theta_1(X_1,X_2,\cdots,X_n)<\theta<\theta_2(X_1,X_2,\cdots,X_n)\}\geqslant1-\alpha.$$

这里 $1-\alpha$ 表示随机区间 $(\hat{\theta}_1,\hat{\theta}_2)$ 覆盖 θ 的概率，称为**置信度**或**置信水平**；$(\hat{\theta}_1,\hat{\theta}_2)$ 称为 θ 的双侧置信水平为 $1-\alpha$ 的置信区间，$\hat{\theta}_1$ 和 $\hat{\theta}_2$ 分别称为置信水平为 $1-\alpha$ 的双侧置信区间的置信下限和置信上限. 对于具体的样本值 $x_1,x_2,\cdots,x_n,(\hat{\theta}_1,\hat{\theta}_2)$ 是直线上一个普通的区间.

（2）寻找来自总体 X 的样本 $X_1,X_2,\cdots,X_n$ 所确定的统计量 $\hat{\theta}=\theta(X_1,X_2,\cdots,X_n)$，对于任意 $\theta\in\Theta(\Theta$ 是 θ 的取值范围）满足 $P\{\theta>\hat{\theta}\}\geqslant1-\alpha$，这里 $1-\alpha$ 也称为**置信度**或**置信水平**，而随机区间 $(\hat{\theta},\infty)$ 称为 θ 的置信水平为 $1-\alpha$ 的单侧置信区间，$\hat{\theta}$ 称为 θ 的置信水平为 $1-\alpha$ 的单侧置信下限.

（3）寻找来自总体 X 的样本 $X_1,X_2,\cdots,X_n$ 所确定的统计量 $\hat{\theta}=\theta(X_1,X_2,\cdots,X_n)$，对于任意 $\theta\in\Theta(\Theta$ 是 θ 的取值范围）满足 $P\{\theta<\hat{\theta}\}\geqslant1-\alpha$，这里 $1-\alpha$ 仍然称为**置信度**或**置信水平**，而随机区间 $(-\infty,\hat{\theta})$ 称为 θ 的置信水平为 $1-\alpha$ 的单侧置信区间，$\hat{\theta}$ 称为 θ 的置信水平为 $1-\alpha$ 的单侧置信上限.

2. 单个正态总体均值μ的置信区间

设总体 $X \sim N(\mu, \sigma^2)$，$X_1, X_2, \cdots, X_n$ 为来自 X 的一个样本.

（1）方差 σ^2 已知，求 μ 的置信区间

我们知道 $\overline{X}$ 是 μ 的无偏估计，且有 $Z = \dfrac{\overline{X} - \mu}{\sigma/\sqrt{n}} \sim N(0,1)$，据标准正态分布的上 α 分位点的定义，有 $P\{|Z| < z_{\alpha/2}\} = 1 - \alpha$，即 $P\left\{\overline{X} - \dfrac{\sigma}{\sqrt{n}} z_{\alpha/2} < \mu < \overline{X} + \dfrac{\sigma}{\sqrt{n}} z_{\alpha/2}\right\} = 1 - \alpha$，所以 μ 的置信水平为 $1 - \alpha$ 的置信区间为

$$\left(\overline{X} - \frac{\sigma}{\sqrt{n}} z_{\alpha/2}, \quad \overline{X} + \frac{\sigma}{\sqrt{n}} z_{\alpha/2}\right),$$

简记为 $\left(\overline{X} \pm \dfrac{\sigma}{\sqrt{n}} z_{\alpha/2}\right)$.

（2）方差 σ^2 未知，求 μ 的置信区间

此时不能使用样本函数 $\dfrac{\overline{X} - \mu}{\sigma/\sqrt{n}}$ 来寻找所要的置信区间，因其中含有未知参数 σ. 考虑到样本方差 $S^2 = \dfrac{1}{n-1} \sum_{i=1}^{n} (X_i - \overline{X})^2$ 是 σ^2 的无偏估计，由于 $T = \dfrac{\overline{X} - \mu}{S/\sqrt{n}} \sim t(n-1)$，由自由度为 $n-1$ 的 t 分布的上 α 分位点的定义有 $P\{|T| < t_{\alpha/2}(n-1)\} = 1 - \alpha$，即

$$P\left\{\overline{X} - \frac{S}{\sqrt{n}} t_{\alpha/2}(n-1) < \mu < \overline{X} + \frac{S}{\sqrt{n}} t_{\alpha/2}(n-1)\right\} = 1 - \alpha,$$

所以 μ 的置信水平为 $1 - \alpha$ 的置信区间为 $\left(\overline{X} \pm \dfrac{S}{\sqrt{n}} t_{\alpha/2}(n-1)\right)$.

3. 单个正态总体方差σ^2的置信区间

设总体 $X \sim N(\mu, \sigma^2)$，$X_1, X_2, \cdots, X_n$ 为来自 X 的一个样本.

（1）μ 未知，求 σ^2 的置信区间

由于 $S^2 = \dfrac{1}{n-1} \sum_{i=1}^{n} (X_i - \overline{X})^2$ 是 σ^2 的一个点估计，随机变量 $\chi^2 = \dfrac{(n-1)S^2}{\sigma^2} \sim \chi^2(n-1)$. 对于给定的置信水平 $1 - \alpha$，查 χ^2 分布表，可选择 $\chi^2_{\alpha/2}(n-1)$ 和 $\chi^2_{1-\alpha/2}(n-1)$ 满足

$$P\left\{\chi^2_{1-\alpha/2}(n-1) < \frac{(n-1)S^2}{\sigma^2} < \chi^2_{\alpha/2}(n-1)\right\} = 1 - \alpha,$$

即

$$P\left\{\frac{(n-1)S^2}{\chi^2_{\alpha/2}(n-1)} < \sigma^2 < \frac{(n-1)S^2}{\chi^2_{1-\alpha/2}(n-1)}\right\} = 1 - \alpha.$$

上式表明，方差 σ^2 的一个置信水平为 $1 - \alpha$ 的置信区间为：$\left(\dfrac{(n-1)S^2}{\chi^2_{\alpha/2}(n-1)}, \dfrac{(n-1)S^2}{\chi^2_{1-\alpha/2}(n-1)}\right)$，进一步还可以得到标准差 σ 的置信水平为 $1 - \alpha$ 的置信区间为

$$\left(\frac{\sqrt{n-1}S}{\sqrt{\chi^2_{\alpha/2}(n-1)}}, \frac{\sqrt{n-1}S}{\sqrt{\chi^2_{1-\alpha/2}(n-1)}}\right).$$

(2) μ 已知,求 σ^2 的置信区间

由于随机变量 $\chi^2 = \dfrac{\sum\limits_{i=1}^{n}(X_i-\mu)^2}{\sigma^2} \sim \chi^2(n)$. 对于给定的置信水平 $1-\alpha$,查 χ^2 分布表,

可选择 $\chi^2_{\alpha/2}(n)$ 和 $\chi^2_{1-\alpha/2}(n)$ 满足

$$P\left\{\chi^2_{1-\alpha/2}(n) < \frac{\sum\limits_{i=1}^{n}(X_i-\mu)^2}{\sigma^2} < \chi^2_{\alpha/2}(n)\right\} = 1-\alpha,$$

即

$$P\left\{\frac{\sum\limits_{i=1}^{n}(X_i-\mu)^2}{\chi^2_{\alpha/2}(n)} < \sigma^2 < \frac{\sum\limits_{i=1}^{n}(X_i-\mu)^2}{\chi^2_{1-\alpha/2}(n)}\right\} = 1-\alpha.$$

上式表明,方差 σ^2 的一个置信水平为 $1-\alpha$ 的置信区间为

$$\left(\frac{\sum\limits_{i=1}^{n}(X_i-\mu)^2}{\chi^2_{\alpha/2}(n)}, \quad \frac{\sum\limits_{i=1}^{n}(X_i-\mu)^2}{\chi^2_{1-\alpha/2}(n)}\right).$$

单个正态总体的参数 μ 和 σ^2 的 $1-\alpha$ 单侧置信区间见表 7-1.

表 7-1   单个正态总体的参数 μ 和 σ^2 的 $1-\alpha$ 单侧置信区间

待估参数	条件	样本函数	单侧置信区间
μ 左侧有界	σ^2 已知	$Z = \dfrac{\overline{X}-\mu}{\sigma/\sqrt{n}} \sim N(0,1)$	$\left(\overline{X}-\dfrac{\sigma}{\sqrt{n}}z_\alpha, +\infty\right)$
μ 右侧有界			$\left(-\infty, \overline{X}+\dfrac{\sigma}{\sqrt{n}}z_\alpha\right)$
μ 左侧有界	σ^2 未知	$T = \dfrac{\overline{X}-\mu}{S/\sqrt{n}} \sim t(n-1)$	$\left(\overline{X}-\dfrac{S}{\sqrt{n}}t_\alpha(n-1), +\infty\right)$
μ 右侧有界			$\left(-\infty, \overline{X}+\dfrac{S}{\sqrt{n}}t_\alpha(n-1)\right)$
σ^2 左侧有界	μ 未知	$\chi^2 = \dfrac{(n-1)S^2}{\sigma^2} \sim \chi^2(n-1)$	$\left(\dfrac{(n-1)S^2}{\chi^2_\alpha(n-1)}, +\infty\right)$
σ^2 右侧有界			$\left(0, \dfrac{(n-1)S^2}{\chi^2_{1-\alpha}(n-1)}\right)$

注:求单侧置信区间的方法与双侧置信区间一样,只是需要将双侧置信区间中的 $\alpha/2$ 改写为 α;另外单侧置信区间的上限或下限可以是一个确定的常数,如产品使用寿命置信区间的下限一般为 0.

4. 两个正态总体均值差与方差比的区间估计

设 $X \sim N(\mu_1, \sigma_1^2)$,$Y \sim N(\mu_2, \sigma_2^2)$. 已给定置信水平为 $1-\alpha$,并设 $X_1, X_2, \cdots, X_{n_1}$ 是来自总体 X 的样本;$Y_1, Y_2, \cdots, Y_{n_2}$ 是来自总体 Y 的样本,这两个样本相互独立. 且设 $\overline{X}, \overline{Y}$ 分别为两个总体的样本均值,S_1^2, S_2^2 分别是两个总体的样本方差.

(1) 两个总体均值差 $\mu_1-\mu_2$ 的置信区间

① σ_1^2, σ_2^2 已知. 因为 $\overline{X}, \overline{Y}$ 分别为 μ_1, μ_2 的无偏估计,故 $\overline{X}-\overline{Y}$ 是 $\mu_1-\mu_2$ 的无偏估计,由 $\overline{X}, \overline{Y}$ 的独立性及 $\overline{X} \sim N(\mu_1, \sigma_1^2/n_1)$,$\overline{Y} \sim N(\mu_2, \sigma_2^2/n_2)$ 得 $\overline{X}-\overline{Y} \sim N\left(\mu_1-\mu_2, \dfrac{\sigma_1^2}{n_1}+\dfrac{\sigma_2^2}{n_2}\right)$ 或

$\dfrac{(\overline{X}-\overline{Y})-(\mu_1-\mu_2)}{\sqrt{\dfrac{\sigma_1^2}{n_1}+\dfrac{\sigma_2^2}{n_2}}}\sim N(0,1)$,所以可得 $\mu_1-\mu_2$ 的置信水平为 $1-\alpha$ 的置信区间为

$$\left(\overline{X}-\overline{Y}\pm z_{\alpha/2}\sqrt{\frac{\sigma_1^2}{n_1}+\frac{\sigma_2^2}{n_2}}\right).$$

② $\sigma_1^2=\sigma_2^2=\sigma^2$,且 σ^2 未知. 由第 6 章定理 4 知,$T=\dfrac{(\overline{X}-\overline{Y})-(\mu_1-\mu_2)}{\sqrt{\dfrac{1}{n_1}+\dfrac{1}{n_2}}\cdot S_w}\sim t(n_1+n_2-2)$,

其中

$$S_w^2=\frac{(n_1-1)S_1^2+(n_2-1)S_2^2}{n_1+n_2-2},\quad S_w=\sqrt{S_w^2}.$$

由 t 分布上 α 分位点的定义有:$P\{|T|<t_{\alpha/2}(n_1+n_2-2)\}=1-\alpha$,从而可得 $\mu_1-\mu_2$ 的置信度为 $1-\alpha$ 的置信区间为

$$\left(\overline{X}-\overline{Y}\pm t_{\alpha/2}(n_1+n_2-2)S_w\sqrt{\frac{1}{n_1}+\frac{1}{n_2}}\right).$$

若置信下限大于零,则可认为 $\mu_1>\mu_2$,若置信上限小于零,则可认为 $\mu_1<\mu_2$,若置信下限等于零,则可认为 μ_1 和 μ_2 没有显著区别.

(2) 求 σ_1^2/σ_2^2 的置信区间(μ_1,μ_2 均未知)

由第 6 章定理 5 得

$$F=\frac{S_1^2/S_2^2}{\sigma_1^2/\sigma_2^2}\sim F(n_1-1,n_2-1).$$

由 F 分布的上 α 分位点的定义得

$$P\{F_{1-\alpha/2}(n_1-1,n_2-1)<F<F_{\alpha/2}(n_1-1,n_2-1)\}=1-\alpha,$$

即

$$P\left\{\frac{S_1^2}{S_2^2}\frac{1}{F_{\alpha/2}(n_1-1,n_2-1)}<\frac{\sigma_1^2}{\sigma_2^2}<\frac{S_1^2}{S_2^2}\frac{1}{F_{1-\alpha/2}(n_1-1,n_2-1)}\right\}=1-\alpha.$$

可得 σ_1^2/σ_2^2 的置信水平为 $1-\alpha$ 的置信区间为

$$\left(\frac{S_1^2}{S_2^2}\frac{1}{F_{\alpha/2}(n_1-1,n_2-1)},\frac{S_1^2}{S_2^2}\frac{1}{F_{1-\alpha/2}(n_1-1,n_2-1)}\right).$$

注:在 σ_1^2/σ_2^2 的区间估计中,常要用到 $F_{1-\alpha/2}(n_1-1,n_2-1)=\dfrac{1}{F_{\alpha/2}(n_2-1,n_1-1)}$,而 $F_{\alpha/2}(n_2-1,n_1-1)$ 可查表得到.

5. 大样本下的区间估计

以上的讨论都是基于总体为正态分布的情形,而事实上,大多数总体不属于正态总体,那么上面的结论就不可以使用. 但由中心极限定理知,当样本的容量很大($\geqslant 50$)时,样本的均值近似服从正态分布. 即设总体的数学期望和方差分别为 μ,σ^2(已知)时,样本的均值 $\overline{X}$ 标准化后近似服从标准正态分布,即 $Z=\dfrac{\overline{X}-\mu}{\sigma/\sqrt{n}}\overset{\text{近似}}{\sim}N(0,1)$,对于置信水平 $1-\alpha$,总体均值 μ 的置信区间近似为 $\left(\overline{X}-z_{\alpha/2}\dfrac{\sigma}{\sqrt{n}},\overline{X}+z_{\alpha/2}\dfrac{\sigma}{\sqrt{n}}\right)$.

若总体方差 σ^2 未知时,我们以样本方差 S^2 代替总体的方差,则总体均值 μ 的置信区间

近似为 $\left(\overline{X}-z_{\alpha/2}\dfrac{S}{\sqrt{n}},\overline{X}+z_{\alpha/2}\dfrac{S}{\sqrt{n}}\right)$.

6. 百分比(0-1 分布参数)的置信区间

设总体 $X\sim b(1,p)$(即 0-1 分布),其中 p 未知,$0<p<1$. $X_1,X_2,\cdots,X_n$ 是来自 X 的一个样本,且 n 充分大,未知参数 p 的置信水平为 $1-\alpha$ 的双侧近似置信区间为

(1) $\left[\overline{X}\pm z_{\alpha/2}\sqrt{\dfrac{\overline{X}(1-\overline{X})}{n}}\right]$;

(2) $\left(\dfrac{-b-\sqrt{b^2-4ac}}{2a},\dfrac{-b+\sqrt{b^2-4ac}}{2a}\right)$.

其中,$a=n+(z_{\alpha/2})^2,b=-2n\bar{x}-(z_{\alpha/2})^2,c=n\,(\bar{x})^2$.

典 型 例 题

一、求矩估计

首先根据实际问题确定总体的分布与待估参数,再计算总体矩与样本矩,令总体矩与同阶样本矩相等,解得矩估计量.

例 7-1 设 X 表示某种电子产品的寿命(单位:h),它服从指数分布. X 的概率密度为

$$f(x,\theta)=\begin{cases}\dfrac{1}{\theta}e^{-\frac{x}{\theta}}, & x>0,\\[2mm] 0, & x\leqslant 0,\end{cases}$$

其中,$\theta>0$ 为未知参数.现得样本值为

$$170,\quad 132,\quad 171,\quad 145,\quad 176,\quad 200,\quad 110,\quad 214,\quad 254,$$

试估计未知参数 θ.

解 由于 $X\sim E(\theta)$,故有 $\theta=E(X)$,用样本均值 $\overline{X}$ 来估计总体的均值 $E(X)$.现由已知数据得到

$$\bar{x}=\frac{1}{9}(170+132+171+145+176+200+110+214+254)\approx 174.7,$$

故 $\hat{\theta}=\overline{X}$ 与 $\hat{\theta}=\bar{x}\approx 174.7$ 分别为 θ 的矩估计量与矩估计值.

例 7-2 设 $X_1,X_2,\cdots,X_n$ 是从区间 $[a,b]$ 上均匀分布的总体中抽出的样本,求 a,b 的矩估计量.

解 由

$$\begin{cases}\mu_1=E(X)=\dfrac{a+b}{2},\\[3mm] \mu_2=E(X^2)=D(X)+[E(X)]^2=\dfrac{1}{12}(b-a)^2+\dfrac{(a+b)^2}{4},\end{cases}$$

解得

$$\begin{cases}a=\mu_1-3\sqrt{3(\mu_2-\mu_1^2)},\\[2mm] b=\mu_1+3\sqrt{3(\mu_2-\mu_1^2)}.\end{cases}$$

分别以 A_1,A_2 代替 μ_1,μ_2 得 a,b 的矩估计量为

$$\begin{cases} \hat{a} = A_1 - 3\sqrt{3(A_2 - A_1^2)} = \overline{X} - 3\sqrt{\dfrac{3}{n}\sum_{i=1}^{n}(X_i - \overline{X})^2}, \\ \hat{b} = A_1 + 3\sqrt{3(A_2 - A_1^2)} = \overline{X} + 3\sqrt{\dfrac{3}{n}\sum_{i=1}^{n}(X_i - \overline{X})^2}. \end{cases}$$

例 7-3 设总体 X 的概率密度为

$$\rho(x,\theta) = \begin{cases} \dfrac{6x}{\theta^3}(\theta - x), & 0 < x < \theta, \\ 0, & \text{其他}, \end{cases}$$

其中,θ 为未知参数. 又设 $(X_1, X_2, \cdots, X_n)$ 是来自 X 的样本,试求:

(1) θ 的矩估计量 $\hat{\theta}$;

(2) $\hat{\theta}$ 的方差 $D(\hat{\theta})$.

解 (1) 因为 $\mu_1 = E(X) = \displaystyle\int_{-\infty}^{+\infty} x \cdot \rho(x)\mathrm{d}x = \int_0^{\theta} \dfrac{6x^2}{\theta^3}(\theta - x)\mathrm{d}x = \dfrac{\theta}{2}$,所以 $\theta = 2E(X)$.

由矩估计法,以 $A_1 = \overline{X}$ 代替总体的数学期望 $E(X)$,代入得 $\hat{\theta} = 2\overline{X}$,即为 θ 的矩估计.

(2) $D(\hat{\theta}) = D(2\overline{X}) = 4D(\overline{X}) = \dfrac{4}{n}D(X)$,而

$$D(X) = E(X^2) - [E(X)]^2 = \int_0^{\theta} x^2 \cdot \rho(x)\mathrm{d}x - \left(\dfrac{\theta}{2}\right)^2 = \int_0^{\theta} \dfrac{6x^3}{\theta^3}(\theta - x)\mathrm{d}x - \dfrac{\theta^2}{4} = \dfrac{\theta^2}{20},$$

所以

$$D(\hat{\theta}) = \dfrac{4}{n} \cdot \dfrac{\theta^2}{20} = \dfrac{\theta^2}{5n}.$$

例 7-4 设总体 X 的分布律为

X	1	2	3
p_k	θ^2	$2\theta(1-\theta)$	$(1-\theta)^2$

其中,θ 为未知参数. 现取得一个样本 $x_1 = 1, x_2 = 2, x_3 = 3$,求 θ 的矩估计值.

解 因为 $\mu_1 = E(X) = 1 \times \theta^2 + 2 \times 2\theta(1-\theta) + 3 \times (1-\theta)^2 = 3 - 2\theta$,所以

$$\theta = \dfrac{3 - E(X)}{2}.$$

由矩估计法,以 $A_1 = \overline{X}$ 代替总体的数学期望 $E(X)$,代入得

$$\hat{\theta} = \dfrac{3 - \overline{X}}{2},$$

即为 θ 的矩估计量. 由已知数据得到

$$\overline{x} = \dfrac{1}{3}(1 + 2 + 3) = 2,$$

所以 θ 的矩估计值为 $\hat{\theta} = \dfrac{3 - \overline{x}}{2} = \dfrac{1}{2}$.

二、求最大似然估计

建立了样本的似然函数 $L(\theta)$,令 $\dfrac{\mathrm{d}}{\mathrm{d}\theta}\ln L(\theta) = 0$,即可解得 $\hat{\theta}$.

例 7-5　设总体 X 的分布律为 $P\{X=x\}=p\,(1-p)^{x-1}, x=1,2,\cdots, p$ 为未知参数，$X_1, X_2,\cdots, X_n$ 是来自 X 的样本，求参数 p 的最大似然估计量.

解　因为总体 X 的分布律为：$P\{X=x\}=p\,(1-p)^{x-1}, x=1,2,\cdots$，故似然函数为

$$L(p)=\prod_{i=1}^{n} p\,(1-p)^{x_i-1}=p^n\,(1-p)^{\sum\limits_{i=1}^{n} x_i-n},$$

而

$$\ln L(p)=n\ln p+\left(\sum_{i=1}^{n} x_i-n\right)\ln(1-p),$$

令

$$[\ln L(p)]'=\frac{n}{p}+\frac{\left(\sum\limits_{i=1}^{n} x_i-n\right)}{(p-1)}=0,$$

解得 p 的最大似然估计值为 $\hat{p}=\dfrac{1}{\bar{x}}$，最大似然估计量为 $\hat{p}=\dfrac{1}{\bar{X}}$.

例 7-6　设总体 X 的概率密度为

$$\rho(x;\lambda)=\begin{cases}\lambda\alpha x^{\alpha-1}\mathrm{e}^{-\lambda x^{\alpha}}, & x>0,\\ 0, & x\leqslant 0,\end{cases}$$

其中，$\lambda>0$ 是未知参数；$\alpha>0$ 是已知常数；$x_1, x_2,\cdots, x_n$ 是一个样本值，求参数 λ 的最大似然估计量.

解　似然函数为

$$L(\lambda)=\prod_{i=1}^{n}\rho(x_i;\lambda)=(\lambda\alpha)^n\mathrm{e}^{-\lambda\sum\limits_{i=1}^{n} x_i^{\alpha}}\prod_{i=1}^{n} x_i^{\alpha-1}.$$

由对数似然方程

$$\ln L(\lambda)=n(\ln\lambda+\ln\alpha)-\lambda\sum_{i=1}^{n} x_i^{\alpha}+(\alpha-1)\sum_{i=1}^{n}\ln x_i,$$

两边求导并令

$$[\ln L(\lambda)]'=\frac{n}{\lambda}-\sum_{i=1}^{n} x_i^{\alpha}=0,$$

解得

$$\hat{\lambda}=\frac{n}{\sum\limits_{i=1}^{n} x_i^{\alpha}},$$

故最大似然估计量为 $\hat{\lambda}=\dfrac{n}{\sum\limits_{i=1}^{n} X_i^{\alpha}}$.

例 7-7　设 $X_1, X_2,\cdots, X_n$ 是来自总体 X 的一个样本，X 的概率密度为

$$f(x,\theta,\mu)=\begin{cases}\dfrac{1}{\theta}\mathrm{e}^{-(x-\mu)/\theta}, & x\geqslant\mu,\\ 0, & \text{其他}.\end{cases}$$

已知参数 $\theta>0$，求 θ 和 μ 的最大似然估计量.

解　似然函数为

$$L(\theta,\mu) = \frac{1}{\theta^n} e^{-(\sum\limits_{i=1}^{n} x_i - \mu)/\theta},$$

则

$$\ln L = -n\ln\theta - \sum_{i=1}^{n}(x_i - \mu)/\theta.$$

由对数似然方程组

$$\begin{cases} \dfrac{\partial \ln L}{\partial \mu} = \dfrac{n}{\theta} > 0, & (7\text{-}1) \\[3mm] \dfrac{\partial \ln L}{\partial \theta} = -\dfrac{n}{\theta} + \dfrac{1}{\theta^2}\sum\limits_{i=1}^{n}(x_i - \mu) & (7\text{-}2) \end{cases}$$

中的式(7-1)得不到 μ 的最大似然估计,而式(7-1)表明 $L(x_i;\theta,\mu)$ 是关于 μ 的严格单调上升函数,因此当 μ 最大时 $L(x_i;\theta,\mu)$ 也达到最大,题设要求 $x \geqslant \mu$,因此 $\mu \leqslant x_i$,即 $\mu \leqslant \min\limits_{1 \leqslant i \leqslant n}\{x_i\}$,所以当 $\mu = \min\limits_{1 \leqslant i \leqslant n}\{x_i\}$ 时,似然函数达到最大值,μ 的最大似然估计值为 $\hat{\mu} = \min\limits_{1 \leqslant i \leqslant n}\{x_i\}$.

令 $\dfrac{\partial \ln L}{\partial \theta} = -\dfrac{n}{\theta} + \dfrac{1}{\theta^2}\sum\limits_{i=1}^{n}(x_i - \mu) = 0$,得 θ 的最大似然估计值

$$\hat{\theta} = \frac{1}{n}\sum_{i=1}^{n}(x_i - \hat{\mu}) = \frac{1}{n}\sum_{i=1}^{n}(x_i - \min_{1 \leqslant i \leqslant n}\{x_i\}).$$

所以 θ 的最大似然估计量为 $\hat{\mu} = \min\limits_{1 \leqslant i \leqslant n}\{X_i\}$,$\mu$ 的最大似然估计量为 $\hat{\theta} = \dfrac{1}{n}\sum\limits_{i=1}^{n}(X_i - \min\limits_{1 \leqslant i \leqslant n}\{X_i\})$.

例 7-8 设 $X \sim N(\mu, \sigma^2)$,μ, σ^2 未知,$X_1, X_2, \cdots, X_n$ 为 X 的一个样本,求:

(1) 满足 $P\{X > A\} = 0.05$ 的值 A 的最大似然估计量;

(2) $\theta = P\{X \geqslant 2\}$ 的最大似然估计量.

解 为使 $P\{X > A\} = 0.05$,即

$$1 - P\left\{\frac{X - \mu}{\sigma} \leqslant \frac{A - \mu}{\sigma}\right\} = 1 - \Phi\left(\frac{A - \mu}{\sigma}\right) = 0.05.$$

由 $\Phi\left(\dfrac{A - \mu}{\sigma}\right) = 0.95$ 查标准正态分布表得 $\dfrac{A - \mu}{\sigma} = 1.645$,$A = 1.645\sigma + \mu$,又有

$$\theta = P\{X \geqslant 2\} = 1 - P\left\{\frac{X - \mu}{\sigma} < \frac{2 - \mu}{\sigma}\right\} = 1 - \Phi\left(\frac{2 - \mu}{\sigma}\right).$$

根据最大似然估计的不变性,只需将 μ 与 σ 的最大似然估计代入,即可得 A 与 θ 的最大似然估计量.而正态分布中 μ 与 σ 的最大似然估计量分别为

$$\hat{\mu} = \overline{X} = \frac{1}{n}\sum_{i=1}^{n}X_i, \quad \hat{\sigma} = \sqrt{\frac{1}{n}\sum_{i=1}^{n}(X_i - \overline{X})^2}.$$

所以有:

(1) A 的最大似然估计量为

$$\hat{A} = 1.645\hat{\sigma} + \hat{\mu} = 1.645\sqrt{\frac{1}{n}\sum_{i=1}^{n}(X_i - \overline{X})^2} + \overline{X}.$$

（2）θ 的最大似然估计量为

$$\hat{\theta} = 1 - \Phi\left(\frac{2-\hat{\mu}}{\hat{\sigma}}\right) = 1 - \Phi\left(\frac{2-\overline{X}}{\sqrt{\dfrac{1}{n}\displaystyle\sum_{i=1}^{n}(X_i-\overline{X})^2}}\right).$$

注：最大似然估计的不变原则是，如果 $\hat{\theta}$ 是 θ 的最大似然估计量，$g(\theta)$ 是 θ 的连续函数，则 $g(\hat{\theta})$ 是 $g(\theta)$ 的最大似然估计.

三、评价估计量的优劣

评价估计量一般有三条标准：无偏性、有效性和相合性（一致性）.无偏性和有效性一般可按定义确定，但无偏性是数学期望，有效性是方差，所以又可利用数学期望与方差的运算性质来评价.

例 7-9　设总体 X 的均值 $E(X)$ 存在，证明其样本均值 $\overline{X}$ 是 $E(X)$ 的一个无偏估计量，即

$$E(\overline{X}) = E(X).$$

解　由于样本中每一个 X_i 都与总体 X 具有相同的分布，因此有 $E(X_i)=E(X)(i=1,2,\cdots,n)$，于是

$$E(\overline{X}) = E\left(\frac{1}{n}\sum_{i=1}^{n}X_i\right) = \frac{1}{n}\sum_{i=1}^{n}E(X_i) = \frac{1}{n}\sum_{i=1}^{n}E(X) = \frac{1}{n}\cdot nE(X) = E(X).$$

例 7-10　设总体 X 的概率密度为

$$f(x,\theta) = \begin{cases} \dfrac{3}{\theta^3}x^2, & 0 \leqslant x \leqslant \theta, \\ 0, & \text{其他}, \end{cases}$$

其中，$\theta > 0$ 为未知参数，$X_1, X_2, \cdots, X_n$ 为 X 的一个样本.证明 $\dfrac{4}{3}\overline{X}$ 为 θ 的无偏估计量.

解　由于 $E(X) = \displaystyle\int_{-\infty}^{+\infty}x \cdot f(x;\theta)\mathrm{d}x = \int_{0}^{\theta}\frac{3x^3}{\theta^3}\mathrm{d}x = \frac{3}{4}\theta$，所以

$$E\left(\frac{4}{3}\overline{X}\right) = \frac{4}{3}E(\overline{X}) = \frac{4}{3}E(X) = \theta.$$

例 7-11　设 $X_1, X_2, \cdots, X_{n_1}$ 为总体 $X \sim N(\mu_1, \sigma^2)$ 的一个样本，$Y_1, Y_2, \cdots, Y_{n_2}$ 为总体 $Y \sim N(\mu_2, \sigma^2)$ 的一个样本，相互独立，S_1^{*2}, S_2^{*2} 分别为它们的样本修正方差，证明：对于任意常数 $a, b(a+b=1)$，$Z = aS_1^{*2} + bS_2^{*2}$ 都是 σ^2 的无偏估计，并确定 a, b 的值，使 $D(Z)$ 最小 $\left(S^{*2} = \dfrac{n}{n-1}S^2, S^2 \text{ 为样本方差}\right)$.

解　因为 $E(S_1^{*2})=\sigma^2$，$E(S_2^{*2})=\sigma^2$；又因 $\dfrac{n_1-1}{\sigma^2}S_1^{*2} \sim \chi^2(n_1-1)$，$\dfrac{n_2-1}{\sigma^2}S_2^{*2} \sim \chi^2(n_2-1)$，且相互独立，所以

$$D(S_1^{*2}) = \frac{2\sigma^4}{n_1-1}, \quad D(S_2^{*2}) = \frac{2\sigma^4}{n_2-1}.$$

当 $a+b=1$ 时，$E(Z)=aE(S_1^{*2})+bE(S_2^{*2})=\sigma^2$，故 Z 是 σ^2 的无偏估计.

$$D(Z) = a^2 D(S_1^{*2}) + b^2 D(S_2^{*2}) = \left(\frac{a^2}{n_1-1} + \frac{b^2}{n_2-1}\right)2\sigma^4 = \left[\frac{a^2}{n_1-1} + \frac{(1-a)^2}{n_2-1}\right]2\sigma^4.$$

由 $\dfrac{\mathrm{d}}{\mathrm{d}a}D(Z) = 2\sigma^4\left[\dfrac{2a}{n_1-1} - \dfrac{2(1-a)}{n_2-1}\right] = 0$,得

$$a = \frac{n_1-1}{n_1+n_2-2}.$$

又因 $\dfrac{\mathrm{d}^2}{\mathrm{d}a^2}D(Z) = 2\sigma^4\left[\dfrac{2}{n_1-1} + \dfrac{2}{n_2-1}\right] > 0$,所以当

$$a = \frac{n_1-1}{n_1+n_2-2}, \quad b = \frac{n_2-1}{n_1+n_2-2}$$

时,$Z = \dfrac{1}{n_1+n_2-2}\left[(n_1-1)S_1^{*2} + (n_2-1)S_2^{*2}\right]$ 具有最小方差.

例 7-12 设 X_1, X_2, X_3 是总体的一个样本,试证以下三式都是总体均值 μ 的无偏估计,并比较哪一个最有效.

(1) $\hat{\mu}_1 = \dfrac{1}{5}X_1 + \dfrac{3}{10}X_2 + \dfrac{1}{2}X_3$;

(2) $\hat{\mu}_2 = \dfrac{1}{3}X_1 + \dfrac{1}{4}X_2 + \dfrac{5}{12}X_3$;

(3) $\hat{\mu}_3 = \dfrac{1}{3}X_1 + \dfrac{3}{4}X_2 - \dfrac{1}{12}X_3$.

解 因为 X_1, X_2, X_3 相互独立且与 X 有相同的分布,由均值的性质可得 $E(X_i) = \mu$, $i = 1,2,3$,所以

$$E(\hat{\mu}_1) = \frac{1}{5}E(X_1) + \frac{3}{10}E(X_2) + \frac{1}{2}E(X_3) = \left(\frac{1}{5} + \frac{3}{10} + \frac{1}{2}\right)\mu = \mu.$$

同理可得 $E(\hat{\mu}_2) = E(\hat{\mu}_3) = \mu$,即 $\hat{\mu}_1, \hat{\mu}_2, \hat{\mu}_3$ 都是总体均值 μ 的无偏估计.

又因 $D(\hat{\mu}_1) = \dfrac{1}{25}D(X_1) + \dfrac{9}{100}D(X_2) + \dfrac{1}{4}D(X_3) = \dfrac{19}{50}D(X)$,同理可得 $D(\hat{\mu}_2) = \dfrac{25}{72}D(X), D(\hat{\mu}_3) = \dfrac{49}{72}D(X)$. 由于 $D(\hat{\mu}_2) < D(\hat{\mu}_1) < D(\hat{\mu}_3)$,故 $\hat{\mu}_2$ 最有效.

四、正态总体的区间估计

对于实际问题求参数的区间估计,关键是要认真分析问题的条件,确定适当的估计量,选择好区间的估计形式.

区间估计可分两类问题:一种是直接求未知参数的置信区间,即正问题,这类问题只需按相应的公式计算;另一种是已知置信区间或其长度,反求置信区间中的未知量,例如样本容量等,即逆问题.

例 7-13 设某种清漆的 9 个样品,其干燥时间(单位:h)分别为 $6.0, 5.7, 5.8, 6.5, 7.0, 6.3, 5.6, 6.1, 5.0$.

设干燥时间总体服从正态分布 $N(\mu, \sigma^2)$. 求 μ 的置信水平为 0.95 的置信区间.

(1) 若由以往经验和 $\sigma = 0.6\mathrm{h}$;

(2) 若 σ 为未知.

解 已知 $n = 9, \alpha = 0.05$,经计算可得

$$\bar{x} = \frac{6.0 + 5.7 + \cdots + 5.0}{9} = 6,$$

$$s^2 = \frac{1}{8} \sum_{i=1}^{9} (x_i - \bar{x})^2 = \frac{0^2 + (-0.3)^2 + \cdots + (-1)^2}{8} = 0.33.$$

(1) 若 $\sigma = 0.6\text{h}$ 时,μ 的置信水平为 0.95 的置信区间为

$$\left(\overline{X} - \frac{\sigma}{\sqrt{n}} z_{\frac{\alpha}{2}}, \overline{X} + \frac{\sigma}{\sqrt{n}} z_{\frac{\alpha}{2}} \right),$$

其中 $z_{0.025} = 1.96$,所以 μ 的置信水平为 0.95 的置信区间为 $(5.608, 6.392)$.

(2) 当 σ 未知,μ 的置信水平为 0.95 的置信区间为

$$\left(\overline{X} - \frac{S}{\sqrt{n}} t_{\frac{\alpha}{2}}(n-1), \overline{X} + \frac{S}{\sqrt{n}} t_{\frac{\alpha}{2}}(n-1) \right),$$

其中 $z_{0.025}(8) = 2.306$,所以 μ 的置信水平为 0.95 的置信区间为 $(5.588, 6.442)$.

例 7-14 设冷抽铜丝的折断力 X(单位:N)服从正态分布,从一批铜丝中抽取 10 根试验其折断力,测得数据为 $573, 572, 570, 568, 572, 570, 570, 596, 584, 572$,求方差 σ^2 的一个置信水平为 0.95 的置信区间.

解 方差 σ^2 的置信水平为 $1-\alpha$ 的置信区间为:$\left(\frac{(n-1)S^2}{\chi^2_{\alpha/2}(n-1)}, \frac{(n-1)S^2}{\chi^2_{1-\alpha/2}(n-1)} \right)$.

已知 $n = 10$,$1-\alpha = 0.95$,由样本值得 $s = 8.667$.

查 χ^2 分布表得 $\chi^2_{0.025}(9) = 19.0$,$\chi^2_{0.975}(9) = 2.7$,于是得到 σ^2 的一个置信度为 0.95 的置信区间为

$$\left(\frac{9 \times 8.667^2}{19.0}, \frac{9 \times 8.667^2}{2.7} \right) = (35.5817, 250.3896).$$

例 7-15 假设 $0.50, 1.25, 0.80, 2.00$ 是来自总体 X 的简单随机样本值,已知 $Y = \ln X$ 服从正态分布 $N(\mu, 1)$.

(1) 求 X 的数学期望 $E(X)$;

(2) 求 μ 的置信度为 0.95 的置信区间;

(3) 求 $E(X)$ 的置信度为 0.95 的置信区间.

解 (1) 因为 $Y \sim N(\mu, 1)$,所以 Y 的概率密度为

$$f(y) = \frac{1}{\sqrt{2\pi}} e^{-\frac{(y-\mu)^2}{2}}, \quad -\infty < y < +\infty.$$

又有 $E(X) = E(e^Y) = \int_{-\infty}^{+\infty} e^y \cdot \frac{1}{\sqrt{2\pi}} e^{-\frac{(y-\mu)^2}{2}} dy$,令 $t = y - \mu$,上式 $= e^{\mu + \frac{1}{2}} \int_{-\infty}^{+\infty} \frac{1}{\sqrt{2\pi}} e^{-\frac{(t-1)^2}{2}} dt = e^{\mu + \frac{1}{2}}$,即 $E(X) = e^{\mu + \frac{1}{2}}$.

(2) 当 $\sigma^2 = 1$ 时,μ 的置信水平为 $1-\alpha$ 的置信区间为 $\left(\overline{Y} \pm \frac{\sigma}{\sqrt{n}} z_{\alpha/2} \right)$.

由题设可得 $\bar{y} = \frac{1}{4} \sum_{i=1}^{n} \ln x_i = 0$,$1-\alpha = 0.95$,$z_{\alpha/2} = z_{0.025} = 1.96$,$n = 4$,于是得到 μ 的置信水平为 0.95 的置信区间为

$$\left(-1.96 \times \frac{1}{\sqrt{4}}, 1.96 \times \frac{1}{\sqrt{4}} \right) = (-0.98, 0.98).$$

(3) 由于 e^x 单调递增,所以 $E(X) = e^{\mu + \frac{1}{2}}$ 的置信水平为 0.95 的置信区间

$$\left(e^{-0.98+\frac{1}{2}}, e^{0.98+\frac{1}{2}} \right) = (e^{-0.48}, e^{1.48}).$$

注：一般地，若 $\theta_2 = g(\theta_1), g(x)$ 为单调递增函数，θ_1 的置信水平为 $1-\alpha$ 的置信区间为 (a,b)，则 θ_2 置信水平为 $1-\alpha$ 的置信区间为 $(g(a), g(b))$。

例 7-16 设从两个正态分布总体 $X \sim N(\mu_1, 16), Y \sim N(\mu_2, 16)$ 中分别抽取容量为 15 和 20 的样本，算得 $\bar{x} = 14.6, \bar{y} = 13.2$。已知两样本是独立的，试求 $\mu_1 - \mu_2$ 的置信水平为 0.90 的置信区间。

解 当 σ_1^2, σ_2^2 已知时，两个总体均值差 $\mu_1 - \mu_2$ 的置信水平为 $1-\alpha$ 的置信区间为

$$\left(\bar{X} - \bar{Y} \pm z_{\alpha/2} \sqrt{\frac{\sigma_1^2}{n_1} + \frac{\sigma_2^2}{n_2}} \right).$$

依题意 $n_1 = 15, n_2 = 20, 1-\alpha = 0.90, z_{\alpha/2} = z_{0.05} = 1.645$，于是所求的 $\mu_1 - \mu_2$ 置信水平为 0.90 的置信区间为

$$\left(\bar{x} - \bar{y} - z_{\alpha/2} \sqrt{\frac{\sigma_1^2}{n_1} + \frac{\sigma_2^2}{n_2}}, \bar{x} - \bar{y} + z_{\alpha/2} \sqrt{\frac{\sigma_1^2}{n_1} + \frac{\sigma_2^2}{n_2}} \right) = (-0.63, 3.43).$$

例 7-17 为了比较甲、乙两组生产的灯泡的使用寿命，现从甲组生产的灯泡中任取 5 只，测得平均寿命 $\bar{x}_1 = 1000\text{h}$，标准差 $s_1 = 28\text{h}$，从乙组生产的灯泡中任取 7 只，测得平均寿命 $\bar{x}_2 = 980\text{h}$，标准差 $s_2 = 32\text{h}$，设两总体都服从正态分布，且方差相等，求这两总体均值差 $\mu_1 - \mu_2$ 的置信水平为 0.95 的置信区间。

解 当 $\sigma_1^2 = \sigma_2^2$ 未知时，两个总体均值差 $\mu_1 - \mu_2$ 的置信水平为 $1-\alpha$ 的置信区间为

$$\left(\bar{X} - \bar{Y} \pm t_{\alpha/2}(n_1 + n_2 - 2) S_w \sqrt{\frac{1}{n_1} + \frac{1}{n_2}} \right).$$

依题意 $n_1 = 5, n_2 = 7, 1-\alpha = 0.95, t_{\alpha/2}(5+7-2) = t_{0.025}(10) = 2.2281$，

$$s_w^2 = \frac{(n_1-1)s_1^2 + (n_2-1)s_2^2}{n_1 + n_2 - 2} = \frac{4 \times 28^2 + 6 \times 32^2}{10} = 928, \quad s_w = 30.46,$$

于是所求的 $\mu_1 - \mu_2$ 置信水平为 0.95 的置信区间为

$$\left(\bar{x}_1 - \bar{x}_2 \pm t_{\alpha/2}(n_1 + n_2 - 2) s_w \sqrt{\frac{1}{n_1} + \frac{1}{n_2}} \right) = \left(1000 - 980 \pm 2.2281 \times 30.46 \times \sqrt{\frac{1}{5} + \frac{1}{7}} \right),$$

即 $(-19.74, 59.74)$。

例 7-18 设总体 $X \sim N(\mu_1, \sigma_1^2), Y \sim N(\mu_2, \sigma_2^2)$ 相互独立。分别从 X 和 Y 抽取容量为 25 和 16 的简单随机样本，算得样本方差值 $s_1^2 = 63.96, s_2^2 = 49.05$。试求两总体方差比的置信水平为 0.98 的置信区间。

解 σ_1^2/σ_2^2 的置信水平为 $1-\alpha$ 的置信区间为

$$\left(\frac{S_1^2}{S_2^2} \frac{1}{F_{\alpha/2}(n_1-1, n_2-1)}, \frac{S_1^2}{S_2^2} \frac{1}{F_{1-\alpha/2}(n_1-1, n_2-1)} \right).$$

依题意

$$n_1 = 25, \quad n_2 = 16, \quad 1-\alpha = 0.98, \quad \alpha = 0.02,$$

$$F_{\alpha/2}(n_1-1, n_2-1) = F_{0.01}(24, 15) = 3.29,$$

$$\frac{1}{F_{1-\alpha/2}(n_1-1, n_2-1)} = F_{\alpha/2}(n_2-1, n_1-1) = F_{0.01}(15, 24) = 2.89.$$

于是所求 σ_1^2/σ_2^2 的置信度为 0.95 的置信区间为

$$\left(\frac{s_1^2}{s_2^2}\frac{1}{F_{a/2}(n_1-1,n_2-1)},\frac{s_1^2}{s_2^2}\frac{1}{F_{1-a/2}(n_1-1,n_2-1)}\right)=(0.396,3.768).$$

例 7-19 设在一批产品中随机地抽取 5 个产品,测得其长度(单位:cm)分别为 150,105,125,250,280.若产品长度 $X\sim N(\mu,\sigma^2)$,求:

(1) 产品的平均长度 μ 的置信水平为 0.95 的单侧置信区间;

(2) σ^2 的置信水平为 0.90 的单侧置信上限.

解 (1) σ^2 未知时,μ 的置信度为 $1-\alpha$ 的单侧置信区间为 $\left(\overline{X}-\frac{S}{\sqrt{n}}t_a(n-1),+\infty\right)$.

依题意

$$n=5,\quad 1-\alpha=0.95,\quad \alpha=0.05,\quad t_{0.05}(4)=2.1318,$$

$$\bar{x}=\frac{1}{5}(150+105+125+250+280)=182,\quad s^2=\frac{1}{4}\sum_{i=1}^{5}(x_i-182)^2=6107.5.$$

于是所求 μ 的置信水平为 0.95 的置信区间为

$$\left(\bar{x}-t_a(n-1)\frac{s}{\sqrt{n}},+\infty\right)=\left[182-2.1318\frac{\sqrt{6107.5}}{\sqrt{5}},+\infty\right]=(107.5,+\infty).$$

(2) σ^2 的置信水平为 $1-\alpha$ 的单侧置信上限为 $\frac{(n-1)S^2}{\chi_{1-a}^2(n-1)}$.依题意

$$n=5,\quad 1-\alpha=0.90,\quad \alpha=0.10,\quad \chi_{0.90}^2(4)=1.064,$$

$$s^2=\frac{1}{4}\sum_{i=1}^{5}(x_i-182)^2=6107.5.$$

于是所求 σ^2 的置信水平为 0.90 的单侧置信上限为 $\frac{(n-1)s^2}{\chi_{1-a}^2(n-1)}=\frac{4\times 6107.5}{1.064}=22\,960.53.$

五、非正态总体未知参数的区间估计

例 7-20 设 $X_1,X_2,\cdots,X_n$ 是从区间 $[0,\theta]$ 上均匀分布的总体中抽出的样本,且 $X_{(n)}=\max\limits_{1\leqslant i\leqslant n}\{X_i\}$,试在给定的置信水平 $1-\alpha$ 下,利用 $Y=\frac{X_{(n)}}{\theta}$,求 θ 的置信区间.

解 因为 $\frac{X_i}{\theta}\sim U(0,1)$,$i=1,2,\cdots,n$,$\frac{X_i}{\theta}$ 的分布函数为

$$F(x)=\begin{cases}0,&x\leqslant 0,\\x,&0<x\leqslant 1,\\1,&x>1,\end{cases}$$

于是 Y 的分布函数为

$$F_Y(y)=P\left\{\frac{X_{(n)}}{\theta}<y\right\}=\prod_{i=1}^{n}P\left\{\frac{X_i}{\theta}<y\right\}=F^n(y).$$

其分布密度为

$$f_Y(y)=F_Y'(y)=nF^{n-1}(y)f(y)=\begin{cases}ny^{n-1},&0<y<1,\\0,&其他.\end{cases}$$

对于给定的 $1-\alpha$,由 $P\{Y<h_{a/2}\}=\int_0^{h_{a/2}}ny^{n-1}\mathrm{d}y=(h_{a/2})^n=\frac{\alpha}{2}$,得 $h_{a/2}=\sqrt[n]{\frac{\alpha}{2}}$.

又由 $P\{Y < h_{1-\alpha/2}\} = \int_0^{h_{1-\alpha/2}} n y^{n-1} \mathrm{d}y = (h_{1-\alpha/2})^n = 1 - \dfrac{\alpha}{2}$, 得 $h_{1-\alpha/2} = \sqrt[n]{1 - \dfrac{\alpha}{2}}$.

由

$$P\{h_{\alpha/2} \leqslant Y \leqslant h_{1-\alpha/2}\} = P\left\{\sqrt[n]{\frac{\alpha}{2}} \leqslant Y \leqslant \sqrt[n]{1 - \frac{\alpha}{2}}\right\} = P\left\{\sqrt[n]{\frac{\alpha}{2}} \leqslant \frac{X_{(n)}}{\theta} \leqslant \sqrt[n]{1 - \frac{\alpha}{2}}\right\}$$

$$= P\left\{\frac{X_{(n)}}{\sqrt[n]{\frac{\alpha}{2}}} \leqslant \theta \leqslant \frac{X_{(n)}}{\sqrt[n]{1 - \frac{\alpha}{2}}}\right\} = 1 - \alpha,$$

得 θ 的置信水平为 $1-\alpha$ 的置信区间为 $\left(\dfrac{X_{(n)}}{\sqrt[n]{\frac{\alpha}{2}}}, \dfrac{X_{(n)}}{\sqrt[n]{1 - \frac{\alpha}{2}}}\right)$.

例 7-21 某商店为了解居民对某种商品的需求,调查了 100 家住户,得出每户每月平均需求量为 10kg,方差为 9. 如果这种商品供应 5000 户,试就居民对该种商品的平均需求量进行区间估计($\alpha = 0.01$),并以此考虑最少要准备多少商品才能以 0.99 的概率满足需要.

解 当 $n = 100$ 很大时,依中心极限定理,$\overline{X}$ 近似服从正态分布,总体均值 μ 的近似置信区间为: $\left(\overline{X} - z_{\alpha/2}\dfrac{S}{\sqrt{n}}, \overline{X} + z_{\alpha/2}\dfrac{S}{\sqrt{n}}\right)$.

依题意

$$n = 100, \quad 1 - \alpha = 0.99, \quad \alpha = 0.01, \quad z_{0.005} = 2.33, \quad \bar{x} = 10, \quad s^2 = 9.$$

于是所求该种商品的平均需求量 μ 的置信水平为 0.99 的置信区间为

$$\left(\bar{x} - z_{\alpha/2}\frac{s}{\sqrt{n}}, \bar{x} + z_{\alpha/2}\frac{s}{\sqrt{n}}\right) = \left(10 - 2.33 \times \frac{3}{10}, 10 + 2.33 \times \frac{3}{10}\right) = (9.301, 10.699).$$

因 $9.301 \times 5000\mathrm{kg} = 46\,505\mathrm{kg}$,所以最少要准备 46 505kg 这种商品,才能以 0.99 的概率满足需要.

例 7-22 某车间从 100 个样品中检出合格品 80 个,求这批产品的合格率 p 的置信水平为 0.95 的一个置信区间.

解 合格率 p 是服从 0-1 分布的参数,此时

$$n = 100, \quad \bar{x} = 80/100 = 0.8, \quad 1 - \alpha = 0.95, \quad \alpha/2 = 0.025, \quad z_{\alpha/2} = 1.96.$$

方法一 依题意

$$a = n + (z_{\alpha/2})^2 = 103.84, \quad b = -2n\bar{x} - (z_{\alpha/2})^2 = -163.84, \quad c = n(\bar{x})^2 = 64,$$

于是

$$p_1 = \frac{-b - \sqrt{b^2 - 4ac}}{2a} = 0.711, \quad p_2 = \frac{-b + \sqrt{b^2 - 4ac}}{2a} = 0.867.$$

故得 p 的一个置信水平为 0.95 的近似置信区间为 $(0.711, 0.867)$.

方法二 由 $\left(\bar{x} \pm z_{\alpha/2}\sqrt{\dfrac{\bar{x}(1-\bar{x})}{n}}\right) = (0.8 \pm 0.078) = (0.722, 0.878)$,得 p 的一个置信水平为 0.95 的近似置信区间为 $(0.722, 0.878)$.

习 题 详 解

习题 7-1

1. 对某种布进行强力试验,共试验 25 块布,试验结果如下(单位：N)：

20， 24， 20， 23， 21， 19， 22， 23， 20， 22， 20， 22， 23，

25， 21， 21， 22， 24， 23， 22， 23， 21， 22， 21， 23.

以 X 表示强力,试求总体均值 μ 及方差 σ^2 的矩估计值.

解 强力试验结果的频数见表 7-2.

表 7-2 强力试验结果

试验结果	19	20	21	22	23	24	25
频　数	1	4	5	6	6	2	1

$$\hat{\mu} = \bar{x} = \frac{1}{25}\sum_{i=1}^{25} x_i = 21.88,$$

$$\hat{\sigma}^2 = \frac{1}{25}\sum_{i=1}^{25}(x_i - \bar{x})^2 = 2.1056.$$

2. 设总体 X 的概率密度函数

$$f(x) = \begin{cases} \dfrac{3}{\theta^3}x^2, & 0 < x < \theta, \\ 0 & \text{其他}, \end{cases}$$

其中,$\theta > 0$ 未知,$X_1, X_2, \cdots, X_n$ 为其样本,试求 θ 的矩估计.

解 由 $E(X) = \displaystyle\int_{-\infty}^{+\infty} xf(x)\mathrm{d}x = \int_0^\theta x \cdot \frac{3}{\theta^3}x^2\mathrm{d}x = \frac{3}{4}\theta$,解得 $\theta = \frac{4}{3}E(X)$,所求 θ 的矩估计为 $\hat{\theta} = \frac{4}{3}\overline{X}$.

3. 随机地取 8 只活塞环,测得它们的直径为(单位：mm)

74.001， 74.005， 74.003， 74.001， 74.000， 73.993， 74.006， 74.002.

试求总体均值 μ 及方差 σ^2 的矩估计值.

解 代入公式得

$$\hat{\mu} = \bar{x} = \frac{1}{8}\sum_{i=1}^{8} x_i = 74.002, \quad \hat{\sigma}^2 = \frac{1}{8}\sum_{i=1}^{8}(x_i - \bar{x})^2 = 1.4 \times 10^{-6}.$$

4. 设总体 X 的概率密度为 $f(x) = \begin{cases} (\theta+1)x^\theta, & 0 < x < 1, \\ 0, & \text{其他}, \end{cases}$ 其中 $\theta > -1$ 是未知参数,$X_1, X_2, \cdots, X_n$ 是来自总体 X 的一个样本,求参数 θ 的矩估计量和最大似然估计量.

解 因为 $\mu = E(X) = \displaystyle\int_0^1 xf(x)\mathrm{d}x = \int_0^1 (\theta+1)x^{\theta+1}\mathrm{d}x = \frac{1+\theta}{2+\theta}$, 所以 θ 的矩估计量为

$$\hat{\theta} = \frac{1 - 2\overline{X}}{\overline{X} - 1}.$$

似然函数为

$$L(\theta) = \prod_{i=1}^{n} f(x_i;\theta) = (1+\theta)^n \prod_{i=1}^{n} x_i^\theta.$$

由对数似然方程

$$\left[\ln L(\theta)\right]' = \frac{n}{1+\theta} + \sum_{i=1}^{n} \ln x_i = 0,$$

解得 θ 的最大似然估计为 $\hat{\theta} = -1 - \dfrac{n}{\displaystyle\sum_{i=1}^{n} \ln X_i}$.

5. 设 $X_1, X_2, \cdots, X_n$ 是来自总体 X 的一个样本,总体 X 的概率密度为

$$f(x) = \begin{cases} \dfrac{2}{a^2}(a-x), & 0 \leqslant x \leqslant a, \\ 0, & \text{其他,} \end{cases}$$

求未知参数 a 的矩估计量.

解 因为 $\mu = E(X) = \displaystyle\int_0^a xf(x)\mathrm{d}x = \int_0^a \dfrac{2x(a-x)}{a^2}\mathrm{d}x = \dfrac{a}{3}$,所以未知参数 a 的矩估计量为 $\hat{a} = 3\overline{X}$.

6. 设总体 $X \sim \pi(\lambda)$ 为泊松分布,$\lambda > 0$ 未知,$X_1, X_2, \cdots, X_n$ 为来自总体的一个样本,求参数 λ 的矩估计量和最大似然估计量.

解 由 $E(X) = \lambda = \overline{X}$ 得 λ 的矩估计量 $\hat{\lambda} = \overline{X}$. 似然函数为 $L(\lambda) = \displaystyle\prod_{i=1}^{n} \dfrac{\lambda^{x_i}}{x_i!} \mathrm{e}^{-\lambda}$,

$$\ln(L(\lambda)) = \sum_{i=1}^{n} (x_i \ln\lambda - \ln x_i! - \lambda).$$

由 $\dfrac{\mathrm{d}(\ln(L(\lambda)))}{\mathrm{d}\lambda} = 0$,得 λ 的最大似然估计量 $\hat{\lambda} = \overline{X}$.

7. 设总体 $X \sim b(100, p)$ 为二项分布,$0 < p < 1$ 未知,$X_1, X_2, \cdots, X_n$ 为来自总体的一个样本. 求参数 p 的矩估计量和最大似然估计量.

解 由 $E(X) = 100p = \overline{X}$,得 p 的矩估计量 $\hat{p} = \dfrac{\overline{X}}{100}$.

似然函数为

$$L(p) = \prod_{i=1}^{n} C_{100}^{x_i} p^{x_i} (1-p)^{100-x_i},$$

$$\ln(L(p)) = \sum_{i=1}^{n} (\ln C_{100}^{x_i} + x_i \ln p + (100 - x_i)\ln(1-p)).$$

由 $\dfrac{\mathrm{d}(\ln(L(p)))}{\mathrm{d}p} = 0$,得最大似然估计量 $\hat{p} = \dfrac{\overline{X}}{100}$.

8. 已知某产品的寿命 X 服从正态分布,在某星期生产的该种产品中随机抽取 10 只,测得其寿命(单位:h)为

1051, 1023, 925, 845, 958, 1084, 1166, 1048, 789, 1021.

试用最大似然法估计这个星期生产的产品能使用 1000h 以上的概率.

解 设 $X \sim N(\mu, \sigma^2)$,由最大似然法知 μ, σ^2 的最大似然估计为

$$\hat{\mu} = \bar{x} = \frac{1}{10} \sum_{i=1}^{10} x_i = 991, \qquad \hat{\sigma}^2 = \frac{1}{10} \sum_{i=1}^{10} (x_i - \bar{x})^2 = 11516.2.$$

这个星期生产的产品能使用 1000h 以上的概率的最大似然估计值为

$$\hat{P}\{X > 1000\} = 1 - \hat{P}\{X \leqslant 1000\} = 1 - \Phi\left(\frac{1000 - \hat{\mu}}{\hat{\sigma}}\right)$$

$$= 1 - \Phi(0.08) = 1 - 0.5319 = 0.4681.$$

习题 7-2

1. 设总体 $X \sim N(\mu, 2^2)$,X_1, X_2, X_3 为一个样本. 试证 $\hat{\mu}_1 = \frac{1}{4}(X_1 + 2X_2 + X_3)$ 和 $\hat{\mu}_2 = \frac{1}{3}(X_1 + X_2 + X_3)$ 都是总体期望的无偏估计,并比较哪一个更有效.

解 因为 $E(X_i) = \mu, i = 1, 2, 3$,所以

$$E(\hat{\mu}_1) = \frac{1}{4}E(X_1) + \frac{1}{2}E(X_2) + \frac{1}{4}E(X_3) = \left(\frac{1}{4} + \frac{1}{2} + \frac{1}{4}\right)\mu = \mu.$$

同理可得 $E(\hat{\mu}_2) = \mu$,即 $\hat{\mu}_1, \hat{\mu}_2$ 都是总体均值 μ 的无偏估计.

又 $D(\hat{\mu}_1) = \frac{1}{16}D(X_1) + \frac{1}{4}D(X_2) + \frac{1}{16}D(X_3) = \frac{3}{8}D(X) = \frac{3}{2}$,同理可得 $D(\hat{\mu}_2) = \frac{1}{3}D(X) = \frac{4}{3}$. 由于 $D(\hat{\mu}_2) < D(\hat{\mu}_1)$,故 $\hat{\mu}_2$ 比 $\hat{\mu}_1$ 更有效.

2. 设 $X_1, X_2, \cdots, X_n$ 是总体 $N(\mu, \sigma^2)$ 的一个样本,试适当选择常数 c,使 $c\sum_{i=1}^{n-1}(X_i - X_{i+1})^2$ 为 σ^2 的无偏估计量.

解 由期望的性质可得

$$E\left[c\sum_{i=1}^{n-1}(X_i - X_{i+1})^2\right] = c\sum_{i=1}^{n-1}\left[E(X_i^2) - 2E(X_i)E(X_{i+1}) + E(X_{i+1}^2)\right]$$

$$= 2c\sum_{i=1}^{n-1}\{E(X^2) - [E(X)]^2\} = 2c\sum_{i=1}^{n-1}D(X) = 2c(n-1)\sigma^2.$$

由已知,$2c(n-1)\sigma^2 = \sigma^2$,即 $c = \frac{1}{2(n-1)}$.

3. 设总体 $X \sim N(\mu_1, 1)$,$X_1, X_2, \cdots, X_n$ 为其样本,又设总体 $Y \sim N(\mu_2, 2)$,$Y_1, Y_2, \cdots, Y_n$ 为其样本,并且这两样本独立,求 $\mu = \mu_1 - \mu_2$ 的无偏估计量 $\hat{\mu}$.

解 因为 $E(\overline{X}) = \mu_1, E(\overline{Y}) = \mu_2$,所求 μ 的无偏估计量为 $\hat{\mu} = \overline{X} - \overline{Y}$.

4. 设 $\hat{\theta} = T(\xi_1, \cdots, \xi_n)$ 的期望为 θ,且 $D(\hat{\theta}) > 0$,求证 $\hat{\theta}^2$ 不是 θ^2 的无偏估计量.

证明

$$E(\hat{\theta}^2) = D(\hat{\theta}) + [E(\hat{\theta})]^2 = \theta^2 + D(\hat{\theta}).$$

因为 $D(\hat{\theta}) > 0$,所以 $E(\hat{\theta}^2) > \theta^2$,$(\hat{\theta})^2$ 不是 θ^2 的无偏估计量.

5. 设分别自总体 $N(\mu_1, \sigma^2)$ 和 $N(\mu_2, \sigma^2)$ 中抽取容量为 m 和 n 的两独立样本,其样本方差为 S_1^2 和 S_2^2. 试证:对任意常数 $a, b(a+b=1)$,$z = aS_1^2 + bS_2^2$ 是 σ^2 的无偏估计量,并确定常数 a, b 使 $D(z)$ 达到最小.

解 因为 $E(z) = aE(S_1^2) + bE(S_2^2) = a\sigma^2 + b\sigma^2 = (a+b)\sigma^2 = \sigma^2$,所以 $z = aS_1^2 + bS_2^2$ 是 σ^2 的无偏估计量.

又有

$$D(z) = a^2 D(S_1^2) + b^2 D(S_2^2) = a^2 \cdot \frac{2\sigma^4}{m-1} + b^2 \cdot \frac{2\sigma^4}{n-1} = \left[\frac{a^2}{m-1} + \frac{b^2}{n-1} \right] \cdot 2\sigma^4.$$

令 $F(a) = \frac{a^2}{m-1} + \frac{(a-1)^2}{n-1}$，由 $F'(a) = \frac{2a}{m-1} + \frac{2(a-1)}{n-1} = 0$，解得 $a = \frac{m-1}{m+n-1}$，$b = 1-a =$

$\frac{n-1}{m+n-1}$，使 $D(z)$ 达到最小.

6. 设 $\hat{\theta}$ 是参数 θ 的无偏估计量，且有 $\lim\limits_{n \to +\infty} D(\hat{\theta}) = 0$，证明：$\hat{\theta}$ 是 θ 的相合估计量.

解 由于 $\hat{\theta}$ 是参数 θ 的无偏估计量，所以 $E(\hat{\theta}) = \theta$，由切比雪夫不等式，对任意的 $\varepsilon > 0$，

有 $P\{|\hat{\theta} - \theta| \leqslant \varepsilon\} \geqslant 1 - \frac{D(\hat{\theta})}{\varepsilon^2}$，又 $\lim\limits_{n \to +\infty} D(\hat{\theta}) = 0$，所以 $\lim\limits_{n \to \infty} P\{|\hat{\theta} - \theta| \leqslant \varepsilon\} = 1$，即 $\hat{\theta}$ 依概率收敛

于 θ，所以 $\hat{\theta}$ 是 θ 的相合估计量.

习题 7-3

1. 什么是区间估计？

解 区间估计是指由两个取值于 Θ 的统计量 $\hat{\theta}_1$，$\hat{\theta}_2$ 组成一个区间，对于一个具体问题

得到样本值之后，便给出了一个具体的区间 $(\hat{\theta}_1, \hat{\theta}_2)$，使参数 θ 尽可能地落在该区间内.

2. 求置信水平为 $1 - \alpha$ 的置信区间的一般步骤.

解 (1) 明确问题，求什么参数的置信区间？置信水平有多大？

(2) 寻求一个样本 $X_1, X_2, \cdots, X_n$ 的函数 $W = W(X_1, X_2, \cdots, X_n; \theta)$，它包含待估参数 θ，

而不含其他未知参数，并且 W 的分布已知，且不依赖于任何未知参数（当然不依赖于待估参

数 θ).

(3) 对于给定的置信水平 $1 - \alpha$，定出两个常数 a, b，使 $P\{a < W < b\} = 1 - \alpha$.

(4) 从 $a < W < b$ 中得到等价不等式 $\hat{\theta}_1 < \theta < \hat{\theta}_2$，其中：$\hat{\theta}_1 = \theta_1(X_1, X_2, \cdots, X_n)$，$\hat{\theta}_2 =$

$\theta_2(X_1, X_2, \cdots, X_n)$ 都是统计量，则 $(\hat{\theta}_1, \hat{\theta}_2)$ 就是 θ 的一个置信水平为 $1 - \alpha$ 的置信区间.

3. 设某车间生产的螺杆直径服从正态分布 $N(\mu, \sigma^2)$，随机抽取 5 只，测得直径（单位：

mm）为 22.3, 21.5, 22.0, 21.8, 21.4，求直径均值 μ 的置信水平为 0.95 的置信区间，其中总

体标准差 $\sigma = 0.3$.

解 μ 的置信水平为 $1 - \alpha$ 的置信区间为：$\left(\overline{X} \pm \frac{\sigma}{\sqrt{n}} z_{\alpha/2} \right)$. 已知 $\sigma = 7$，$n = 5$，$1 - \alpha =$

0.95，由样本值得 $\overline{x} = \frac{1}{5} \sum\limits_{i=1}^{5} x_i = 21.8$.

查标准正态分布表得 $z_{\alpha/2} = z_{0.025} = 1.96$，由此得置信区间为

$$\left(\overline{x} - \frac{\sigma}{\sqrt{n}} z_{\alpha/2}, \overline{x} + \frac{\sigma}{\sqrt{n}} z_{\alpha/2} \right) = (21.8 - 0.263, 21.8 + 0.263) = (21.537, 22.063).$$

4. 某总体 $X \sim N(\mu, 9)$，从中抽取 36 个个体，其样本平均数 $\overline{x} = 640$，求标准正态分布

总体均值 μ 的置信水平为 0.95 的置信区间.

解 μ 的置信度为 $1-\alpha$ 的置信区间为：$\left(\overline{X}\pm\dfrac{\sigma}{\sqrt{n}}z_{\alpha/2}\right)$. 依题意 $\sigma=3$，$n=36$，$1-\alpha=0.95$，$\overline{x}=640$，查标准正态分布表得 $z_{\alpha/2}=z_{0.025}=1.96$，由此得置信区间为

$$\left(\overline{x}-\frac{\sigma}{\sqrt{n}}z_{\alpha/2},\quad \overline{x}+\frac{\sigma}{\sqrt{n}}z_{\alpha/2}\right)=(640-0.98,640+0.98)=(639.02,640.98).$$

5. 设某化纤强力 $X\sim N(\mu,\sigma^2)$，长期以来标准差稳定在 $\sigma=1.19$. 先抽取了一个容量 $n=100$ 的样本，求得样本均值 $\overline{x}=6.35$，试求该化纤强力均值 μ 的置信水平为 0.95 的置信区间.

解 μ 的置信水平为 $1-\alpha$ 的置信区间为：$\left(\overline{X}\pm\dfrac{\sigma}{\sqrt{n}}z_{\alpha/2}\right)$. 依题意 $\sigma=1.19$，$n=100$，$1-\alpha=0.95$，$\overline{x}=6.35$，查标准正态分布表得 $z_{\alpha/2}=z_{0.025}=1.96$，由此得置信区间为

$$\left(\overline{x}-\frac{\sigma}{\sqrt{n}}z_{\alpha/2},\overline{x}+\frac{\sigma}{\sqrt{n}}z_{\alpha/2}\right)=(6.35-0.233,6.35+0.233)=(6.117,6.583).$$

6. 设随机变量 $X\sim N(\mu,2.8^2)$，现有 X 的 10 个观察值 $x_1,x_2,\cdots,x_{10}$，已知 $\overline{x}=1500$.

(1) 求 μ 的置信水平为 0.95 的置信区间；

(2) 要使置信水平为 0.95 的置信区间的长度小于 1，观察值的个数 n 最小应取多少？

(3) 若样本容量 $n=100$，则区间 $(\overline{X}-1,\overline{X}+1)$ 作为 μ 的置信区间. 那么置信水平是多少？

解 (1) 当 $\sigma=2.8$ 时，μ 的置信水平为 $1-\alpha$ 的置信区间为 $\left(\overline{X}\pm\dfrac{\sigma}{\sqrt{n}}z_{\alpha/2}\right)$.

由题设可得 $\overline{x}=1500$，$1-\alpha=0.95$，$z_{\alpha/2}=z_{0.025}=1.96$，$n=10$，于是得到 μ 的置信水平为 0.95 的置信区间为

$$\left(1500-1.96\times\frac{2.8}{\sqrt{10}},1500+1.96\times\frac{2.8}{\sqrt{10}}\right)=(1498.265,1501.735).$$

(2) 置信区间长度 $l=2z_{\alpha/2}\sqrt{\dfrac{\sigma^2}{n}}$，要使 $l<1$，即 $2\times1.96\times\dfrac{2.8}{\sqrt{n}}<1$，则需 $n>(2\times1.96\times2.8)^2=120.47$，所以观察值个数最小应取 121.

(3) 置信区间若是 $(\overline{X}-1,\overline{X}+1)$，则其长度为 2，即 $2=2z_{\alpha/2}\sqrt{\dfrac{\sigma^2}{n}}$，从而 $z_{\alpha/2}=\dfrac{\sqrt{n}}{\sigma}=\dfrac{\sqrt{100}}{2.8}=3.57$，所以

$$1-\alpha=P\{|Z|<z_{\alpha/2}\}=P\{|Z|<3.57\}=2\Phi(3.57)-1$$
$$=2\times0.9998-1=0.9996.$$

所求置信水平为 0.9996.

习题 7-4

1. 某商店每天每百元投资的利润率 X 服从正态分布 $N(\mu,0.4)$. 现随机抽取 5 天的利润率为：$-0.2,0.1,0.8,-0.6,0.9$，试求 μ 的置信水平为 0.95 的置信区间.

解 μ 的置信水平为 $1-\alpha$ 的置信区间为：$\left(\overline{X}\pm\dfrac{\sigma}{\sqrt{n}}z_{\alpha/2}\right)$. 依题意 $\sigma^2=0.4$，$n=5$，$1-\alpha=$

$0.95, \bar{x} = \dfrac{1}{5}\sum\limits_{i=1}^{5}x_i = \dfrac{1}{5}$，查标准正态分布表得 $z_{\alpha/2} = z_{0.025} = 1.96$，由此得置信区间为

$$\left(\bar{x} - \frac{\sigma}{\sqrt{n}}z_{\alpha/2}, \bar{x} + \frac{\sigma}{\sqrt{n}}z_{\alpha/2}\right) = (0.2 - 0.554, 0.2 + 0.554) = (-0.354, 0.754).$$

2. 某车间生产的滚珠，其直径 X 服从正态分布 $N(\mu, 0.05)$．先从某天生产的产品中随机抽取 6 个，测得直径如下(单位：mm)：

$$14.6, \quad 15.1, \quad 14.8, \quad 14.9, \quad 15.2, \quad 15.4.$$

试在 $\alpha = 0.05$ 下求滚珠平均直径 μ 的置信区间．

解　当 σ^2 已知时，μ 的置信度为 $1-\alpha$ 的置信区间为：$\left(\overline{X} \pm \dfrac{\sigma}{\sqrt{n}}z_{\alpha/2}\right)$.

由题设可得 $\bar{x} = \dfrac{1}{6}\sum\limits_{i=1}^{6}x_i = 15, 1-\alpha = 0.95, z_{\alpha/2} = z_{0.025} = 1.96, n = 6$，于是得到 μ 的置信水平为 0.95 的置信区间为

$$(15 - 1.96 \times \sqrt{0.05}/\sqrt{6}, 15 + 1.96 \times \sqrt{0.05}/\sqrt{6}) = (14.8, 15.2).$$

3. 从一台机床加工的轴承中随机抽取 25 根，测量其椭圆度，由测量值计算得平均值 $\bar{x} = 0.81\text{mm}$，标准差 $s = 0.025\text{mm}$，给定置信水平为 0.95，求此机床加工的轴承平均椭圆度 μ 的置信区间(假定加工的轴承的椭圆度服从正态分布)．

解　当 σ^2 未知时，μ 的置信度为 $1-\alpha$ 的置信区间为 $\left(\overline{X} \pm \dfrac{S}{\sqrt{n}}t_{\alpha/2}(n-1)\right)$. 由于 $\bar{x} = 0.81, s = 0.025, \alpha = 0.05, n = 25, t_{\alpha/2}(n-1) = t_{0.025}(24) = 2.0639$，于是得到 μ 的置信水平为 0.95 的置信区间为

$$\left(\bar{x} \pm \frac{s}{\sqrt{n}}t_{\alpha/2}(n-1)\right) = (0.81 - 0.01, 0.81 + 0.01) = (0.8, 0.82).$$

4. 设灯泡厂生产的一大批灯泡的使用寿命 X 服从正态分布 $N(\mu, \sigma^2)$，其中 μ, σ^2 未知．今随机地抽取 16 只灯泡进行寿命试验，测得寿命数据如下(单位：h)：

$$1502, \quad 1480, \quad 1485, \quad 1511, \quad 1514, \quad 1527, \quad 1603, \quad 1480,$$
$$1532, \quad 1508, \quad 1490, \quad 1470, \quad 1520, \quad 1505, \quad 1485, \quad 1540.$$

求该批灯泡平均寿命 μ 的置信水平为 0.95 的置信区间．

解　当 σ^2 未知时，μ 的置信水平为 $1-\alpha$ 的置信区间为 $\left(\overline{X} \pm \dfrac{S}{\sqrt{n}}t_{\alpha/2}(n-1)\right)$.

依题意，$\bar{x} = \dfrac{1}{16}\sum\limits_{i=1}^{16}x_i = 1509.5, s = \sqrt{\dfrac{1}{16}\sum\limits_{i=1}^{16}(x_i - \bar{x})^2} = 32.226, n = 16, t_{0.025}(15) = 2.1315$，于是得到 μ 的置信水平为 0.95 的置信区间为

$$\left(\bar{x} \pm \frac{s}{\sqrt{n}}t_{\alpha/2}(n-1)\right) = (1509.5 - 17.17, 1509.5 + 17.17) = (1492.33, 1526.67).$$

5. 设某自动车床加工的零件尺寸与规定尺寸的偏差 X 服从正态分布 $N(\mu, \sigma^2)$，先从加工的一批零件中随机抽取 10 个，其偏差分别为(单位：μm)：

$$1, \quad 2, \quad 3, \quad -2, \quad 2, \quad 4, \quad 5, \quad -2, \quad 5, \quad 3.$$

试求 μ, σ^2, σ 的置信水平为 0.95 的置信区间．

解　(1) 当 σ^2 未知时, μ 的置信水平为 $1-\alpha$ 的置信区间为 $\left(\overline{X}\pm\dfrac{S}{\sqrt{n}}t_{\alpha/2}(n-1)\right)$.

依题意, $\overline{x}=\dfrac{1}{10}\sum\limits_{i=1}^{10}x_i=2.1$, $s=\sqrt{\dfrac{1}{10}\sum\limits_{i=1}^{10}(x_i-\overline{x})^2}=2.514$, $n=10$, $t_{0.025}(9)=$ 2.2622, 于是得到 μ 的置信水平为 0.95 的置信区间为

$$\left(\overline{x}\pm\frac{s}{\sqrt{n}}t_{\alpha/2}(n-1)\right)=(2.1-1.799,2.1+1.799)=(0.301,3.899).$$

(2) 方差 σ^2 的置信水平为 $1-\alpha$ 的置信区间为: $\left(\dfrac{(n-1)S^2}{\chi_{\alpha/2}^2(n-1)},\dfrac{(n-1)S^2}{\chi_{1-\alpha/2}^2(n-1)}\right)$. 已知 $n=10$, $1-\alpha=0.95$, 由样本值得 $s^2=6.32$, 查表得 $\chi_{0.025}^2(9)=19.0$, $\chi_{0.75}^2(9)=2.7$, 于是得到 σ^2 的一个置信度为 0.95 的置信区间为

$$\left(\frac{(n-1)s^2}{\chi_{\alpha/2}^2(n-1)},\frac{(n-1)s^2}{\chi_{1-\alpha/2}^2(n-1)}\right)=(2.994,21.066).$$

标准差 σ 的置信水平为 $1-\alpha$ 的置信区间为

$$\left(\frac{s\sqrt{n-1}}{\sqrt{\chi_{\alpha/2}^2(n-1)}},\frac{s\sqrt{n-1}}{\sqrt{\chi_{1-\alpha/2}^2(n-1)}}\right)=(1.730,4.590).$$

6. 随机地取某种炮弹 9 发做试验,测得炮口速度的样本标准差 $s=11(\mathrm{m/s})$. 设炮口速度 X 服从正态分布,即 $X\sim N(\mu,\sigma^2)$, 求这种炮弹的炮口速度的标准差 σ 的置信水平为 95% 的置信区间.

解　由题中条件知, $X\sim N(\mu,\sigma^2)$ 且 μ 未知,则方差 σ^2 的置信度为 $1-\alpha$ 的置信区间为

$$\left(\frac{(n-1)S^2}{\chi_{\alpha/2}^2(n-1)},\frac{(n-1)S^2}{\chi_{1-\alpha/2}^2(n-1)}\right).$$

已知 $n=9$, $1-\alpha=0.95$, $s=11$, 查表得 $\chi_{0.025}^2(8)=17.535$, $\chi_{0.975}^2(8)=2.180$, 于是得到 σ^2 的一个置信水平为 0.95 的置信区间为

$$\left(\frac{(n-1)s^2}{\chi_{\alpha/2}^2(n-1)},\frac{(n-1)s^2}{\chi_{1-\alpha/2}^2(n-1)}\right)=(55.2,444).$$

标准差 σ 的置信水平为 $1-\alpha$ 的置信区间为

$$\left(\frac{s\sqrt{n-1}}{\sqrt{\chi_{\alpha/2}^2(n-1)}},\frac{s\sqrt{n-1}}{\sqrt{\chi_{1-\alpha/2}^2(n-1)}}\right)=(7.42,21.1).$$

7. 设从两个正态分布总体 $N(\mu_1,\sigma^2)$, $N(\mu_2,\sigma^2)$ 中分别抽取容量为 10 和 12 的样本,算得 $\overline{x}=20$, $\overline{y}=24$, 两样本标准差 $s_1=5$, $s_2=6$, 求 $\mu_1-\mu_2$ 的置信水平为 0.95 的置信区间.

解　$\mu_1-\mu_2$ 的置信水平为 $1-\alpha$ 的置信区间为

$$\left(\overline{X}-\overline{Y}\pm t_{\alpha/2}(n_1+n_2-2)S_w\sqrt{\frac{1}{n_1}+\frac{1}{n_2}}\right).$$

由于 $n_1=10$, $n_2=12$, $\alpha=0.05$, $t_{0.025}(20)=2.086$, 计算可得

$$s_w=\sqrt{\frac{(n_1-1)s_1^2+(n_2-1)s_2^2}{n_1+n_2-2}}=\sqrt{\frac{9\times5^2+11\times6^2}{20}}=5.572,$$

$$\sqrt{\frac{1}{n_1}+\frac{1}{n_2}}=\sqrt{\frac{1}{10}+\frac{1}{12}}=0.428.$$

于是得到 $\mu_1-\mu_2$ 的置信水平为 0.95 的置信区间为

$$\left(\bar{x} - \bar{y} \pm t_{a/2}(n_1 + n_2 - 2)s_\mathrm{w}\sqrt{\frac{1}{n_1} + \frac{1}{n_2}}\right) = (-4 \pm 4.975) = (-8.975, 0.975).$$

8. 为了估计磷肥对农作物增产的作用,现选 20 块条件大致相同的土壤,其中 10 块不施磷肥,另外 10 块施磷肥,得单位面积产量(单位:kg)如下:

不施磷肥的:560,590,560,570,580,570,600,550,570,550.

施磷肥的:620,570,650,600,630,580,570,600,600,580.

设不施磷肥的单位面积产量和施磷肥的单位面积产量均服从正态分布,且方差相同,试对施磷肥的平均单位面积产量与不施磷肥的平均单位面积产量之差作区间估计($\alpha = 0.05$).

解 $\mu_1 - \mu_2$ 的置信水平为 $1 - \alpha$ 的置信区间为

$$\left(\bar{X} - \bar{Y} \pm t_{a/2}(n_1 + n_2 - 2)S_\mathrm{w}\sqrt{\frac{1}{n_1} + \frac{1}{n_2}}\right)$$

依题意,$n_1 = n_2 = 10, t_{0.025}(18) = 2.1009$. 设施磷肥的单位面积产量总体为 X,不施磷肥的单位面积产量总体为 Y,则

$$\bar{x} = 600, \quad \sum_{i=1}^{n_1}(x_i - \bar{x})^2 = 6400; \quad \bar{y} = 570, \quad \sum_{i=1}^{n_2}(y_i - \bar{y})^2 = 2400.$$

$$s_\mathrm{w} = \sqrt{\frac{\sum_{i=1}^{n_1}(x_i - \bar{x})^2 + \sum_{i=1}^{n_2}(y_i - \bar{y})^2}{n_1 + n_2 - 2}} = \sqrt{\frac{6400 + 2400}{10 + 10 - 2}} = 22.111.$$

$$\sqrt{\frac{1}{n_1} + \frac{1}{n_2}} = \sqrt{\frac{1}{10} + \frac{1}{10}} = 0.447.$$

故 $\mu_1 - \mu_2$ 的置信水平为 0.95 的置信区间为 $(30 \pm 20.764) = (9.236, 50.764)$.

注:这里用到了 $\sum_{i=1}^{n_1}(x_i - \bar{x})^2 = (n_1 - 1)s_1^2, \sum_{i=1}^{n_2}(y_i - \bar{y})^2 = (n_2 - 1)s_2^2$.

9. 有甲、乙两位化验员,独立地对某种聚合物的含氯量用相同的方法作 10 次和 11 次测定,测定的方差分别为 $s_1^2 = 0.5419, s_2^2 = 0.606$. 设甲、乙两位化验员的测定值均服从正态分布,其总体方差分别为 σ_1^2, σ_2^2,求方差比 σ_1^2/σ_2^2 的置信水平为 0.90 的置信区间.

解 σ_1^2/σ_2^2 的置信水平为 $1 - \alpha$ 的置信区间为

$$\left(\frac{S_1^2}{S_2^2}\frac{1}{F_{a/2}(n_1 - 1, n_2 - 1)}, \frac{S_1^2}{S_2^2}\frac{1}{F_{1-a/2}(n_1 - 1, n_2 - 1)}\right).$$

依题意有

$$n_1 = 10, \quad n_2 = 11, \quad \alpha = 0.1,$$
$$F_{\frac{a}{2}}(n_1 - 1, n_2 - 1) = F_{0.05}(9, 10) = 3.02,$$
$$F_{\frac{a}{2}}(n_2 - 1, n_1 - 1) = F_{0.05}(10, 9) = 3.14.$$

故 σ_1^2/σ_2^2 的置信水平为 0.90 的置信区间为

$$\left(\frac{\frac{s_1^2}{s_2^2}}{F_{0.05}(9,10)}, \frac{s_1^2}{s_2^2}F_{0.05}(10,9)\right) = \left(\frac{0.5419}{0.6065 \times 3.02}, \frac{0.5419}{0.6065} \times 3.14\right) = (0.296, 2.806).$$

10. 某钢铁公司的管理人员为比较新旧两个电炉的温度状况,分别抽取了 31 个新电路的温度数据和 25 个旧电炉的温度数据,并计算得样本方差分别为 $s_1^2 = 75, s_2^2 = 100$. 设新电

炉的温度 $X \sim N(\mu_1, \sigma_1^2)$，旧电炉的温度 $X \sim N(\mu_2, \sigma_2^2)$，求两总体方差比 σ_1^2/σ_2^2 的置信水平为 0.95 的置信区间.

解　σ_1^2/σ_2^2 的置信水平为 $1-\alpha$ 的置信区间为

$$\left(\frac{S_1^2}{S_2^2} \frac{1}{F_{\alpha/2}(n_1-1, n_2-1)}, \frac{S_1^2}{S_2^2} \frac{1}{F_{1-\alpha/2}(n_1-1, n_2-1)} \right)$$

依题意有

$$n_1 = 31, \quad n_2 = 25, \quad \alpha = 0.05,$$
$$F_{\alpha/2}(n_1-1, n_2-1) = F_{0.025}(30, 24) = 2.21,$$
$$F_{\alpha/2}(n_2-1, n_1-1) = F_{0.025}(24, 30) = 2.14.$$

故 σ_1^2/σ_2^2 的置信水平为 0.95 的置信区间为

$$\left(\frac{\frac{s_1^2}{s_2^2}}{F_{0.025}(30, 24)}, \frac{s_1^2}{s_2^2} F_{0.025}(24, 30) \right) = \left(\frac{75}{100 \times 2.21}, \frac{75}{100} \times 2.14 \right) = (0.34, 1.61).$$

11. 为估计制造某种产品所需的单件平均工时（单位：h），现抽查 5 件，记录每件所需工时如下：10.5，11，11.2，12.5，12.8. 设制造单件产品所需工时 X 服从正态分布，给定置信水平为 0.95，试求平均工时 μ 的单侧置信上限.

解　平均工时 μ 的单侧置信上限为 $\bar{X} + \frac{S}{\sqrt{n}} t_\alpha(n-1)$. 由题设知 $n=5, \alpha=0.05$，可算得 $\bar{x}=11.6, s^2=0.995$. 所求 μ 的单侧置信上限为 $11.6 + 2.1318 \times \frac{\sqrt{0.995}}{\sqrt{5}} = 12.55$，故置信区间为

$$\left(-\infty, \bar{x} + \frac{s}{\sqrt{n}} t_\alpha(n-1) \right) = \left(-\infty, 11.6 + 2.1318 \times \frac{\sqrt{0.995}}{\sqrt{5}} \right) = (-\infty, 12.55).$$

因此，平均工时不超过 12.55h 的可靠程度是 95%.

12. 抽查了 400 名在校男中学生的身高，求得该 400 名同学的平均身高为 166cm，假定由经验知道全体男中学生身高总体的方差为 16，则中学生的平均身高 μ 的置信水平为 0.99 的置信区间近似为多少？

解　样本容量 $n=400$ 很大，由中心极限定理，样本的均值 $\bar{X}$ 近似服从正态分布，总体均值 μ 的置信度 $1-\alpha$ 置信区间近似为：$\left(\bar{X} - z_{\alpha/2} \frac{\sigma}{\sqrt{n}}, \bar{X} + z_{\alpha/2} \frac{\sigma}{\sqrt{n}} \right)$.

查标准正态分布表 $z_{0.005}=2.57, n=400, \sigma=4, \bar{x}=166$，所求 μ 的置信水平为 0.99 的置信区间近似为 $\left(166 \pm \frac{4}{\sqrt{400}} \times 2.57 \right) = (165.486, 166.514)$.

13. 某城镇抽样调查的 500 名应就业的人中，有 13 名待业者，试求该城镇的待业率 p 的置信水平为 0.95 的置信区间.

解　待业率 p 是 (0—1) 分布的参数，此时

$$n=500, \quad \bar{x}=13/500=0.026, \quad 1-\alpha=0.95, \quad \alpha/2=0.025, \quad z_{\alpha/2}=1.96.$$

计算得 $a=n+(z_{\alpha/2})^2=503.84, b=-2n\bar{x}-(z_{\alpha/2})^2=-29.84, c=n(\bar{x})^2=0.338.$ 于是

$$p_1 = \frac{-b - \sqrt{b^2 - 4ac}}{2a} = 0.015, \quad p_2 = \frac{-b + \sqrt{b^2 - 4ac}}{2a} = 0.044,$$

故得 p 的一个置信度为 0.95 的近似置信区间为 $(0.015, 0.044)$.

总习题 7

1. 设某炸药厂一天中发生着火现象的次数 X 服从参数为 λ 的泊松分布, λ 未知. 有以下样本值: 试用矩估计法估计参数 λ.

着火的次数 k	0	1	2	3	4	5	6	
发生 k 次着火天数 n_k	75	90	54	22	6	2	1	$\sum = 250$

解 由于 $X \sim \pi(\lambda)$, 故有 $\mu = E(X) = \lambda$, 所以 λ 的矩估计量为 $\hat{\lambda} = \overline{X}$, λ 的矩估计值为

$$\hat{\lambda} = \frac{1}{250}(0 \times 75 + 1 \times 90 + 2 \times 54 + 3 \times 22 + 4 \times 6 + 5 \times 2 + 6 \times 1) = 1.22.$$

2. 设总体 X 的概率密度为

$$f(x) = \begin{cases} 1, & x \in \left[\theta - \frac{1}{2}, \theta + \frac{1}{2}\right], \\ 0, & \text{其他}. \end{cases}$$

求 θ 的矩估计与最大似然估计.

解 (1) 矩估计

$$E(X) = \int_{-\infty}^{+\infty} x f(x) \mathrm{d}x = \int_{\theta - \frac{1}{2}}^{\theta + \frac{1}{2}} x \mathrm{d}x = \frac{1}{2} \times 2\theta = \theta \Rightarrow \hat{\theta} = \overline{X}.$$

(2) 最大似然估计

$$L(\theta) = \prod_{i=1}^{n} f(x_i, \theta) = \begin{cases} 1, & \theta - \frac{1}{2} \leqslant x_1, \cdots, x_n \leqslant \theta + \frac{1}{2}, \\ 0, & \text{其他}. \end{cases}$$

令 $x_1^* = \min\{x_1, x_2, \cdots, x_n\}, x_n^* = \max\{x_1, x_2, \cdots, x_n\}$, 则

$$\theta - \frac{1}{2} \leqslant x_1^* \leqslant x_n^* \leqslant \theta + \frac{1}{2}, x_n^* - \frac{1}{2} \leqslant \theta \leqslant x_1^* + \frac{1}{2}.$$

介于 $X_n^* - \frac{1}{2}$ 与 $X_1^* + \frac{1}{2}$ 之间的任何点均为 θ 的最大似然估计量.

3. 设总体 X 的概率密度为

$$f(x; a, b) = \begin{cases} \frac{1}{b} \mathrm{e}^{-\frac{x-a}{b}}, & x \geqslant a, b > 0, \\ 0, & \text{其他}, \end{cases}$$

求 a, b 的矩估计和最大似然估计.

解 (1) 矩估计

$$E(X) = \int_{-\infty}^{+\infty} x f(x) \mathrm{d}x = -\int_{a}^{+\infty} x \mathrm{e}^{-\frac{x-a}{b}} \mathrm{d}\left(-\frac{x-a}{b}\right) = -\int_{a}^{+\infty} x \mathrm{d}\mathrm{e}^{-\frac{x-a}{b}}$$

$$= \left[-x \mathrm{e}^{-\frac{x-a}{b}}\right]_{a}^{+\infty} + \int_{a}^{+\infty} \mathrm{e}^{-\frac{x-a}{b}} \mathrm{d}x = a - b \int_{a}^{+\infty} \mathrm{e}^{-\frac{x-a}{b}} \mathrm{d}\left(-\frac{x-a}{b}\right)$$

$$= a - b \left[\mathrm{e}^{-\frac{x-a}{b}}\right]_{a}^{+\infty} = a + b,$$

$$E(X^2) = \int_{-\infty}^{+\infty} x^2 f(x)\,\mathrm{d}x = -\int_a^{+\infty} x^2 \mathrm{e}^{-\frac{x-a}{b}}\,\mathrm{d}\left(-\frac{x-a}{b}\right)$$

$$= -\int_a^{+\infty} x^2\,\mathrm{d}\mathrm{e}^{-\frac{x-a}{b}} = \left[-x^2 \mathrm{e}^{-\frac{x-a}{b}}\right]_a^{+\infty} + 2\int_a^{+\infty} x\,\mathrm{e}^{-\frac{x-a}{b}}\,\mathrm{d}x$$

$$= a^2 + 2E(X) = a^2 + 2(a+b).$$

因为

$$\begin{cases} \mu_1 = E(X) = a+b, \\ \mu_2 = E(X^2) = a^2 + 2(a+b)^2, \end{cases}$$

分别以 $A_1 = \overline{X}$, A_2 代替 μ_1, μ_2, 解得

$$\begin{cases} \hat{a} = \sqrt{A_2 - 2\overline{X}}, \\ \hat{b} = \overline{X} - \sqrt{A_2 - 2\overline{X}}. \end{cases}$$

(2) 见例 7-7.

4. (1) 设 $X_1, X_2, \cdots, X_n$ 是取自总体 $N(\mu, \sigma^2)$ 的样本, 试求 $P\{X < t\}$ 的最大似然估计.

(2) 已知某种白炽灯泡的寿命服从正态分布, 在某星期生产的灯泡中随机抽取 10 个, 测得寿命(单位: h)为 1067, 919, 1196, 785, 1126, 936, 918, 1156, 920, 948, 总体参数未知, 试用最大似然估计这批灯泡能使用 1300h 以上的概率.

解 (1) 为使 $P\{X < t\}$, 即

$$P\left\{\frac{X-\mu}{\sigma} \leqslant \frac{t-\mu}{\sigma}\right\} = \Phi\left(\frac{t-\mu}{\sigma}\right).$$

根据最大似然估计的不变性, 只需将 μ 与 σ 的最大似然估计代入, 即可得 t 的最大似然估计量. 而正态分布中样本均值 μ 与 σ 的最大似然估计分别为

$$\hat{\mu} = \overline{X} = \frac{1}{n}\sum_{i=1}^n X_i, \quad \hat{\sigma} = \sqrt{\frac{1}{n}\sum_{i=1}^n (X_i - \overline{X})^2},$$

所求 $P\{X < t\}$ 的最大似然估计为

$$\hat{P}\{X < t\} = \hat{F}(t; \mu, \sigma^2) = F(t; \hat{\mu}, \hat{\sigma}) = \Phi\left(\frac{t-\hat{\mu}}{\hat{\sigma}}\right).$$

(2) 根据(1)的结论, $\hat{P}\{X > 1300\} = 1 - \hat{P}\{X \leqslant 1300\} = 1 - \Phi\left(\frac{1300-\hat{\mu}}{\hat{\sigma}}\right)$, 计算得 $\hat{\mu} = \overline{x} = \frac{1}{10}\sum_{i=1}^{10} x_i = 997.1$, $\hat{\sigma} = 124.797$, 于是所求最大似然估计值为

$$\hat{P}\{X > 1300\} = 1 - \Phi(2.427) = 1 - 0.9924 = 0.0076.$$

5. 设湖中有 N 条鱼, 现捕出 r 条, 做上记号后放回. 一段时间后, 再从湖中捕起 n 条鱼, 其中有标记的有 k 条, 试据此信息估计湖中鱼的条数 N.

解 方法一　湖中有记号的鱼的比例是 $\frac{r}{N}$(概率), 而在捕出的 n 条中, 有记号的鱼为 k 条, 有记号的鱼的比例是 $\frac{k}{n}$(频率), 设捕鱼是随机的, 每条鱼被捕到的概率都相等, 根据频率近似概率的原理, 便有 $\frac{r}{N} \approx \frac{k}{n}$, 即得 $N \approx \frac{rn}{k}$. 因为 N 为整数, 故取 $\hat{N} = \left[\frac{rn}{k}\right]$(最大整数部分).

方法二 设捕出的 n 条中标有记号的鱼数为 X,则 X 是一个随机变量,显然 X 只能取 $0,1,2,\cdots,r$,且 $P\{X=i\}=\dfrac{C_r^i C_{N-r}^{n-i}}{C_N^n},i=0,1,\cdots,r.$ 因而捕出的 n 条出现 k 条有标记的鱼,其概率为

$$P\{X=k\} = \frac{C_r^k C_{N-r}^{n-k}}{C_N^n} = L(N).$$

式中,N 是一个未知参数,根据最大似然估计法,取参数 N 的估计值 $\hat{N}$,使得 $L(\hat{N})=\max L(N)$,为此考虑

$$\frac{L(N)}{L(N-1)} = \frac{\dfrac{C_r^k C_{N-r}^{n-k}}{C_N^n}}{\dfrac{C_r^k C_{N-1}^{n}}{C_N^n C_{N-1-r}^{n-k}}} = \frac{C_{N-r}^{s-t} C_{N-1}^{S}}{C_N^n C_{N-r-1}^{n-k}} = \frac{(N-r)(N-n)}{N(N-r-n+k)} = \frac{N^2-Nr-Nn+rn}{N^2-Nr-Nn+Nk}.$$

所以,当 $rn<Nk$ 时,$\dfrac{L(N)}{L(N-1)}<1$,$L(N)$ 是 N 的下降函数,当 $rn>Nk$ 时,$\dfrac{L(N)}{L(N-1)}>1$,$L(N)$ 是 N 的上升函数,于是当 $N=\dfrac{rn}{k}$ 时,$L(N)$ 达到最大值,故取 $\hat{N}=\left[\dfrac{rn}{k}\right]$.

方法三 因为 X 服从超几何分布,即 $P\{X=k\}=\dfrac{C_r^k C_{N-r}^{n-k}}{C_N^n}(k=0,1,2,\cdots,r)$,而超几何分布的数学期望为 $E(X)=\dfrac{rn}{N}$,此即捕 N 条鱼得到有标记的鱼的总体平均数,而现在只捕一次出现 k 条有标记的鱼,故由矩估计法,令总体一阶原点矩等于样本一阶原点矩,于是 $\hat{N}=\left[\dfrac{rn}{k}\right]$.

6. 设总体 $X \sim N(\mu,\sigma^2)$,X_1,X_2,X_3 是来自 X 的简单随机样本:

$$\overline{X}_1 = \frac{1}{3}(X_1+X_2+X_3),$$

$$\overline{X}_2 = \frac{3}{5}X_1 + \frac{2}{5}X_3,$$

$$\overline{X}_3 = \frac{1}{2}X_1 + \frac{2}{3}X_2 + \frac{1}{6}X_3.$$

(1) 证明 $\overline{X}_1,\overline{X}_2,\overline{X}_3$ 都是 μ 的无偏估计量.

(2) 比较三个估计量 $\overline{X}_1,\overline{X}_2,\overline{X}_3$ 的方差.

解 因为 X_1,X_2,X_3 相互独立且与 X 有相同的分布,由均值的性质可得 $E(X_i)=\mu$,$D(X_i)=\sigma^2,(i=1,2,3)$,所以

$$E(\overline{X}_1) = \frac{1}{3}E(X_1) + \frac{1}{3}E(X_2) + \frac{1}{3}E(X_3) = \mu,$$

$$E(\overline{X}_2) = \frac{3}{5}E(X_1) + \frac{2}{5}E(X_3) = \mu,$$

$$E(\overline{X}_3) = \frac{1}{2}E(X_1) + \frac{2}{3}E(X_2) + \frac{1}{6}E(X_3) = \mu,$$

即 $\overline{X}_1,\overline{X}_2,\overline{X}_3$ 都是总体均值 μ 的无偏估计.

$$D(\overline{X}_1) = \frac{1}{9}D(X_1) + \frac{1}{9}D(X_2) + \frac{1}{9}D(X_3) = \frac{1}{3}\sigma^2,$$

$$D(\overline{X}_2) = \frac{9}{25}D(X_1) + \frac{4}{25}D(X_3) = \frac{13}{25}\sigma^2,$$

$$D(\overline{X}_3) = \frac{1}{4}D(X_1) + \frac{4}{9}D(X_2) + \frac{1}{36}D(X_3) = \frac{13}{18}\sigma^2.$$

由于 $D(\overline{X}_1) < D(\overline{X}_2) < D(\overline{X}_3)$,故 $\overline{X}_1$ 最有效.

7. 某旅行社为调查当地旅游者的平均消费额,随机调查了 100 名旅游者,得知平均消费额 $\overline{x} = 80$ 元.根据经验可知旅游者消费额 $X \sim N(\mu, 12^2)$,求该地旅游者的平均消费额 μ 的置信水平为 0.95 的置信区间.

解 当 σ^2 已知时,μ 的置信水平为 $1 - \alpha$ 的置信区间为 $\left(\overline{X} \pm \dfrac{\sigma}{\sqrt{n}} z_{\alpha/2} \right)$.

由题设可得 $\overline{x} = 80, 1 - \alpha = 0.95, z_{\alpha/2} = z_{0.025} = 1.96, n = 100$,于是得到 μ 的置信水平为 0.95 的置信区间为

$$\left(\overline{x} - \frac{\sigma}{\sqrt{n}} z_{\alpha/2}, \overline{x} + \frac{\sigma}{\sqrt{n}} z_{\alpha/2} \right) = \left(80 - \frac{12 \times 1.96}{10}, 80 + \frac{12 \times 1.96}{10} \right) = (77.6, 82.4).$$

8. 设总体 $X \sim N(\mu, 4)$,由来自 X 的简单随机样本建立数学期望 μ 的置信水平为 0.95 的置信区间.

(1) 设样本容量为 25,求置信区间的长度 L.

(2) 估计使置信区间的长度不大于 0.5 的样本容量 n.

解 (1) 由已知 $\sigma^2 = 4, 1 - \alpha = 0.95, n = 25$,查标准正态分布表得 $z_{\alpha/2} = z_{0.975} = 1.96$,$\mu$ 的置信水平为 0.95 的置信区间为 $\left(\overline{x} - \dfrac{\sigma}{\sqrt{n}} z_{\alpha/2}, \overline{x} + \dfrac{\sigma}{\sqrt{n}} z_{\alpha/2} \right)$,置信区间长度 $L = \dfrac{2\sigma}{\sqrt{n}} z_{\alpha/2} = 1.568$.

(2) 由 $L < 0.5$,得 $2 \times 1.96 \times \dfrac{\sigma}{\sqrt{n}} < 0.5$,所以 $n \geq \left(\dfrac{2 \times 1.96 \times \sigma}{0.5} \right)^2 = 245.86$,故至少应抽查 246 个样本.

9. 设灯泡厂生产的一大批灯泡的寿命 X 服从正态分布 $N(\mu, \sigma^2)$,其中 σ^2, μ 未知,今随机地抽取 16 只灯泡进行寿命检测,数据如下(单位:h):

> 1502, 1480, 1485, 1511, 1514, 1527, 1603, 1480,
> 1532, 1508, 1490, 1470, 1520, 1505, 1485, 1540.

求灯泡寿命方差 σ^2 置信水平为 0.95 的置信区间.

解 方差 σ^2 的置信水平为 $1 - \alpha$ 的置信区间为

$$\left(\frac{(n-1)S^2}{\chi^2_{\alpha/2}(n-1)}, \frac{(n-1)S^2}{\chi^2_{1-\alpha/2}(n-1)} \right).$$

由于

$$(n-1)s^2 = 15 \times 32.226^2 = 15\,577.725,$$

$$\alpha = 0.05, \quad \frac{\alpha}{2} = 0.025, \quad 1 - \frac{\alpha}{2} = 0.975, \quad n = 16,$$

$$\chi^2_{\frac{\alpha}{2}}(n-1) = \chi^2_{0.025}(15) = 27.488, \quad \chi^2_{1-\frac{\alpha}{2}}(n-1) = \chi^2_{0.0975}(15) = 6.262.$$

故 σ^2 的置信水平为 0.95 的置信区间为

$$\left(\frac{15577.726}{27.488}, \frac{15577.26}{6.262} \right) = (566.71, 2487.66).$$

10. 某厂生产一批金属材料,其抗弯强度服从正态分布,今从这批金属材料中随机抽取 11 个试件,测得它们的抗弯强度为(单位:Pa):

42.5, 42.7, 43.0, 42.3, 43.4, 44.5, 44.0, 43.8, 44.1, 43.9, 43.7.

(1) 求平均抗弯强度 μ 的置信水平为 0.95 的置信区间;

(2) 求抗弯强度标准差 σ 的置信水平为 0.90 的置信区间.

解 (1) 当 σ^2 未知时, μ 的置信水平为 $1-\alpha$ 的置信区间为

$$\left(\overline{X} \pm \frac{S}{\sqrt{n}} t_{\alpha/2}(n-1)\right).$$

依题意计算得 $\overline{x}=43.445, s=0.722, n=11, t_{0.025}(10)=2.2281$. 故 μ 的置信水平为 0.95 的置信区间为

$$\left(43.445 \pm \frac{0.722}{\sqrt{11}} \times 2.2281\right) = (43.445 \pm 0.485) = (42.96, 43.93).$$

(2) 方差 σ^2 的置信水平为 $1-\alpha$ 的置信区间为

$$\left(\frac{(n-1)S^2}{\chi_{\alpha/2}^2(n-1)}, \frac{(n-1)S^2}{\chi_{1-\alpha/2}^2(n-1)}\right).$$

由于

$$(n-1)s^2 = 10 \times 0.722^2 = 5.213,$$

$$\alpha = 0.1, \quad \chi_{0.05}^2(10) = 18.307, \quad \chi_{0.95}^2(10) = 3.940,$$

故 σ 的置信水平为 0.90 的置信区间为

$$\left(\sqrt{\frac{5.213}{18.307}}, \sqrt{\frac{5.213}{3.940}}\right) = (0.533, 1.150).$$

11. 设某种清漆的 9 个样品,其干燥时间(单位:h)分别为 6.0, 5.7, 5.8, 6.5, 7.0, 6.3, 5.6, 6.1, 5.0. 设干燥时间总体服从正态分布 $N(\mu, \sigma^2)$,求 μ 的置信水平为 0.95 的置信区间(方差 σ^2 未知).

解 当 σ^2 未知时, μ 的置信水平为 $1-\alpha$ 的置信区间为

$$\left(\overline{X} \pm \frac{S}{\sqrt{n}} t_{\alpha/2}(n-1)\right).$$

由 $n=9$ 查 t 分布表得 $t_{0.025}(8)=2.060$,算得

$$\overline{x} = 6, \quad s^2 = \frac{1}{8}\sum_{i=1}^{9}(x_i - \overline{x}) = 0.33,$$

故 μ 的置信区间为

$$\left(\overline{x} - t_{0.025}(8)\frac{s}{\sqrt{n}}, \overline{x} + t_{0.025}(8)\frac{s}{\sqrt{n}}\right) = (5.56, 6.64).$$

12. 某厂生产的电子元件,其电阻值服从正态分布 $N(\mu, \sigma^2)$, μ, σ^2 均未知,现从中抽查了 20 个电阻,测得其样本电阻均值为 3.0Ω,样本标准差 $s=0.11\Omega$,试求电阻标准差的置信水平为 0.95 的置信区间.

解 方差 σ^2 的置信水平为 $1-\alpha$ 的置信区间为

$$\left(\frac{(n-1)S^2}{\chi_{\alpha/2}^2(n-1)}, \frac{(n-1)S^2}{\chi_{1-\alpha/2}^2(n-1)}\right).$$

因为 $1-\alpha=0.95, (n-1)s^2=0.23$,查 χ^2 分布表得 $\chi_{0.975}^2(19)=8.91, \chi_{0.025}^2(19)=32.9$,所求标准差 σ 的置信度为 0.95 的置信区间为

$$\left(\sqrt{\frac{0.23}{32.9}}, \sqrt{\frac{0.23}{8.91}}\right) = (0.084, 0.161).$$

13. 为了估计钾肥对花生增产的作用,现选 20 块条件大致相同的土壤,其中 10 块不施钾肥,另外 10 块施钾肥,得产量(单位:kg)如下:

不施钾肥的: 62,57,65,60,63,58,57,60,60,58;

施钾肥的: 56,59,56,57,58,57,60,55,57,55.

设花生产量服从正态分布,且不施钾肥的单位面积产量 X 和施钾肥的 Y 均方差相同,试对两总体均值差作区间估计($\alpha=0.05$).

解 $\sigma_1^2=\sigma_2^2=\sigma^2$ 且 σ^2 未知时,两总体均值差 $\mu_1-\mu_2$ 的置信水平为 $1-\alpha$ 的置信区间为:

$\left(\overline{X}-\overline{Y}\pm t_{\alpha/2}(n_1+n_2-2)S_w\sqrt{\dfrac{1}{n_1}+\dfrac{1}{n_2}}\right)$. 由于

$$\overline{x}=\frac{1}{10}\sum_{i=1}^{10}x_i=60,\quad \overline{y}=\frac{1}{10}\sum_{i=1}^{10}y_i=57,\quad (n_1-1)s_1^2=64,\quad (n_2-1)s_2^2=24,$$

$$1-\alpha=0.95,\quad \alpha/2=0.025,\quad n_1=10,\quad n_2=10,$$

$$n_1+n_2-2=18,\quad t_{0.025}(18)=2.1009,$$

$$s_w^2=\frac{(n_1-1)s_1^2+(n_2-1)s_2^2}{n_1+n_2-2}=\frac{44}{9},$$

所以 $s_w=\sqrt{s_w^2}=\dfrac{\sqrt{44}}{3}$,故所求置信区间为

$$\left(\overline{x}-\overline{y}\pm t_{\alpha/2}(n_1+n_2-2)s_w\sqrt{\frac{1}{n_1}+\frac{1}{n_2}}\right)=(0.92,5.8).$$

14. 对某种作物的种子进行两种不同的药物处理测量单穗增重,得到如下数据:

药物甲: 6.0,5.7,5.6,1.2,2.5,2.4,2.4,5.2,1.4,3.5;

药物乙: 9.8,2.9,1.4,0.2,4.4,2.2,5.0,6.2.

设经甲乙两种药物处理后单穗增重分别服从正态分布 $N(\mu_1,\sigma_1^2),N(\mu_2,\sigma_2^2)$,求两总体方差比 σ_1^2/σ_2^2 的置信水平为 0.90 的置信区间.

解 σ_1^2/σ_2^2 的置信水平为 $1-\alpha$ 的置信区间为

$$\left(\frac{S_1^2}{S_2^2}\frac{1}{F_{\alpha/2}(n_1-1,n_2-1)},\frac{S_1^2}{S_2^2}\frac{1}{F_{1-\alpha/2}(n_1-1,n_2-1)}\right).$$

$$\overline{x}_1=\frac{1}{10}\sum_{i=1}^{10}x_i=3.59,\quad \overline{y}_2=\frac{1}{8}\sum_{i=1}^{8}y_i=4.0125,$$

$$s_1^2=3.492,\quad s_2^2=9.327,\quad \frac{s_1^2}{s_2^2}=0.3744.$$

$$n_1=10,\quad n_2=8,\quad 1-\alpha=0.95,$$

$$F_{0.025}(9,7)=4.82,\quad F_{0.025}(7,9)=\frac{1}{F_{0.975}(9,7)}=4.20,$$

所求两总体方差比 σ_1^2/σ_2^2 的置信水平为 0.90 的置信区间为

$$\left(\frac{s_1^2}{s_2^2}\frac{1}{F_{\alpha/2}(n_1-1,n_2-1)},\frac{s_1^2}{s_2^2}\frac{1}{F_{1-\alpha/2}(n_1-1,n_2-1)}\right)=(0.078,1.572).$$

15. 从一批灯泡中随机取 5 只,测得其寿命(单位:h)为

$$1050,\quad 1100,\quad 1120,\quad 1280,\quad 1250.$$

设灯泡寿命 $X \sim N(\mu, \sigma^2)$，σ^2 未知，求 X 的均值 μ 的置信水平为 0.95 的单侧置信下限.

解 μ 的置信水平为 0.95 的单侧置信下限 $\overline{X} - \dfrac{S}{\sqrt{n}} t_a(n-1)$.

因为 $n=5$，$\overline{x}=1160$，$s^2=9950$，$t_{0.05}(4)=2.1318$，所以

$$\overline{x} - \frac{s}{\sqrt{n}} t_a(n-1) = 1160 - 2.1318 \times \frac{99.75}{\sqrt{5}} = 1065,$$

故所求 μ 的置信水平为 0.95 的单侧置信下限为 1065.

16. 设总体 X 的方差 $\sigma^2=1$，根据来自 X 的容量为 100 的简单随机样本，测得样本均值为 5，求总体 X 的均值 μ 的置信水平为 0.95 的近似置信区间.

解 当 $n=100$ 很大时，依中心极限定理，$\overline{X}$ 近似服从正态分布，总体均值 μ 的近似置信区间为：$\left(\overline{X} - z_{a/2}\dfrac{\sigma}{\sqrt{n}}, \overline{X} + z_{a/2}\dfrac{\sigma}{\sqrt{n}}\right)$.

依题意

$$n=100, \quad 1-\alpha=0.95, \quad \alpha=0.05, \quad z_{0.025}=1.96, \quad \overline{x}=5, \quad \sigma^2=1,$$

于是所求该种商品的平均需求量 μ 的置信水平为 0.95 的近似置信区间为

$$\left(\overline{x} - z_{a/2}\frac{\sigma}{\sqrt{n}}, \overline{x} + z_{a/2}\frac{\sigma}{\sqrt{n}}\right) = \left(5 - 1.96 \times \frac{1}{10}, 5 + 1.96 \times \frac{1}{10}\right) = (4.804, 5.196).$$

17. 用某种药物作毒杀害虫试验，在 2000 条虫子中杀死了 780 条，试求该种杀虫剂的效果：害虫死亡率 p 的置信水平为 0.95 的置信区间.

解 方法一 害虫死亡率 p 是服从 0-1 分布的参数，p 的置信水平为 0.95 的置信区间为 $\left[\overline{X} \pm z_{a/2}\sqrt{\dfrac{\overline{X}(1-\overline{X})}{n}}\right]$. 此时

$$n=2000, \quad \overline{x}=780/2000=0.39, \quad 1-\alpha=0.95, \quad \alpha/2=0.025, \quad z_{a/2}=1.96.$$

得 p 的一个置信水平为 0.95 的近似置信区间为

$$\left(\overline{x} \pm z_{a/2}\sqrt{\frac{\overline{x}(1-\overline{x})}{n}}\right) = (0.39 \pm 0.021) = (0.369, 0.411).$$

方法二 $a=n+(z_{a/2})^2=2003.84$，$b=-2n\overline{x}-(z_{a/2})^2=-1563.84$，$c=n(\overline{x})^2=304.2$.

于是 $p_1=\dfrac{1}{2a}(-b-\sqrt{b^2-4ac})=0.369$，$p_2=\dfrac{1}{2a}(-b+\sqrt{b^2-4ac})=0.411$，故得 p 的一个置信水平为 0.95 的近似置信区间为 $(p_1, p_2)=(0.369, 0.411)$.

18. 在一批容量为 100 的货物的样本中，经检验发现 16 个次品，试求这批货物次品率 p 的置信度为 0.95 的置信区间.

解 次品率 p 是 0-1 分布的参数，此时

$$n=100, \quad \overline{x}=16/100=0.16, \quad 1-\alpha=0.95, \quad \alpha/2=0.025, \quad z_{a/2}=1.96,$$

$$a=n+(z_{a/2})^2=103.84, \quad b=-2n\overline{x}-(z_{a/2})^2=-35.8416, \quad c=n(\overline{x})^2=2.56.$$

于是 $p_1=\dfrac{1}{2a}(-b-\sqrt{b^2-4ac})=0.101$，$p_2=\dfrac{1}{2a}(-b+\sqrt{b^2-4ac})=0.244$，故得 p 的一个置信水平为 0.95 的近似置信区间为 $(p_1, p_2)=(0.101, 0.244)$.

训 练 题

1. 设总体 X 的概率密度为

$$f(x;\theta) = \begin{cases} e^{-(x-\theta)}, & x \geq 1, \\ 0, & \text{其他.} \end{cases}$$

$X_1, X_2, \cdots, X_n$ 是来自总体的简单随机样本,求未知参数 θ 的矩估计量.

2. 设 $X_1, X_2, \cdots, X_n$ 是总体 X 的一个样本,X 的概率密度为 $p(x;\theta) = (1+\theta)x^\theta, x \in (0,1)$,试求未知参数 θ 的矩估计量和最大似然估计量.

3. 设 $X_1, X_2, \cdots, X_n$ 是总体 X 的一个样本,X 服从参数为 λ 的泊松分布 $P(\lambda)$,试求未知参数 λ 的最大似然估计量;又已知 1L 自来水中所含大肠杆菌的个数服从上述分布,为检验自来水的消毒效果,从消毒后的水中随机抽取 50 个上述 1L 自来水,化验 1L 水中大肠杆菌的个数得到如下数据:

大肠杆菌的个数	0	1	2	3	4
观察频数	17	20	10	2	1

问平均 1L 水中大肠杆菌的个数是多少时,才能使上述情况出现的概率最大.

4. 对某事件进行 n 次观测,如果在第 $k(k=1,2,\cdots,n)$ 次观察时该事件出现,则记 $X_k = 1$,否则记 $X_k = 0$. 试根据 $X_1, X_2, \cdots, X_n$ 的观测值求事件发生概率 p 的矩估计量和最大似然估计量,并讨论估计量的无偏性.

5. 设总体 $X \sim N(\mu,1)$,X_1, X_2 是来自 X 的简单随机样本,试判断

$$\overline{X}_1 = \frac{1}{3}\overline{X}_1 + \frac{2}{3}\overline{X}_2, \quad \overline{X}_2 = \frac{1}{4}\overline{X}_1 + \frac{3}{4}\overline{X}_3, \quad \overline{X}_3 = \frac{1}{5}\overline{X}_1 + \frac{4}{5}\overline{X}_2.$$

$\overline{X}_1, \overline{X}_2, \overline{X}_3$ 都是 μ 的无偏估计量,且 $\overline{X}_3$ 最有效.

6. 若 $\hat{\theta}_1$ 和 $\hat{\theta}_2$ 是 θ 的两个互不相关的无偏估计量,$D(\hat{\theta}_1) = 2D(\hat{\theta}_2)$,试确定常数 c_1, c_2,使 $c_1\hat{\theta}_1 + c_2\hat{\theta}_2$ 仍是 θ 的无偏估计量,并且在这一类无偏估计量中寻找最有效的.

7. 测量海岛棉与陆地棉杂交后的单铃籽棉 X(单位:g). $X \sim N(\mu,0.09)$,样本容量 $n=15$,样本均值 $\bar{x} = 2.88$,试求总体均值 μ 的置信水平为 0.95 的置信区间.

8. 调查 25 名 13 岁至 14 岁儿童的身高(单位:m),设身高 X 服从正态分布 $N(\mu,\sigma^2)$,样本均值为 1.57m,样本标准差 $s = 0.077$,试求总体均值 μ 及总体方差 σ^2 的置信水平为 0.95 的置信区间.

9. 已知一批零件的长度 X(单位:cm)服从正态分布 $N(\mu,1)$,从中随机抽取了 16 个零件,得到长度的平均值为 40cm,求总体均值 μ 的置信水平为 0.95 的置信区间.

10. 某地年平均气温 X(单位:℃)的分布可看作正态分布,近五年的平均气温的观测值为 24.3,20.8,23.7,19.3,17.4,试求总体均值 μ 及总体方差 σ^2 的置信水平为 0.95 的置信区间.

11. 若某车间生产的滚珠直径 X(单位:mm)服从正态分布 $N(\mu,\sigma^2)$,其中 σ^2,μ 未知,今随机地抽取 5 件产品,测量直径得到 14.6,15.1,14.9,15.2,15.1,试求总体均值 μ 及总

体方差 σ^2 的置信水平为 0.95 的置信区间.

12. 从自动机床加工的同类零件中抽取 16 个,测得长度为(单位:mm):

12.15, 12.12, 12.01, 12.28, 12.09, 12.16, 12.03, 12.06,

12.01, 12.13, 12.07, 12.11, 12.08, 12.03, 12.01, 12.13.

若认为这是来自正态总体的样本观察值,求总体方差 σ^2 的置信水平为 0.99 的置信区间.

13. 从正态总体 $X \sim N(3.4, 6^2)$ 中抽取容量为 n 的样本,如果要求样本均值仅位于区间 $(1.4, 5.4)$ 的概率不小于 0.95,问样本容量 n 至少应取多大?

14. 设正态总体方差 σ^2 已知,问样本容量 n 至少应取多大,才能使总体均值 μ 的置信水平为 0.95 的置信区间长度不大于 L?

15. 某品种玉米分作两组做化肥施用量的对比试验,相互独立地抽出样本测量穗重,得到观测值(单位:g)210,235,239,241,244,256 和 203,338,358,271.

(1) 若总体方差相同,求总体均值差 $\mu_1 - \mu_2$ 的置信水平为 0.95 的置信区间;

(2) 若总体方差不相同,求总体方差比 σ_1^2 / σ_2^2 的置信水平为 0.95 的置信区间.

16. 观测到低洼地 378 株小麦的锈病率为 93.9%,高坡地 396 株小麦的锈病率为 87.4%,求 p_1, p_2 的置信水平为 0.95% 的置信区间.

17. (1)若总体方差相同,求 15 题中总体均值差 $\mu_1 - \mu_2$ 的置信水平为 0.95 的单侧置信上限;(2)若总体方差不相同,求 15 题中总体方差比 $\dfrac{\sigma_1^2}{\sigma_2^2}$ 的置信水平为 0.95 的单侧置信下限.

答　案

1. θ 的矩估计量为 $\hat{\theta} = \overline{X} - 1$.

2. θ 的矩估计量为 $\hat{\theta} = \dfrac{2\overline{X} - 1}{1 - \overline{X}}$,最大似然估计量为 $\hat{\theta} = -\dfrac{n}{\ln \prod\limits_{i=1}^{n} x_i} - 1$.

3. λ 的最大似然估计量 $\hat{\lambda} = \overline{X}$,平均 1L 水中大肠杆菌的个数是 1 时,才能使上述情况出现的概率最大.

4. p 的矩估计量为 $\hat{p} = \overline{X}$;p 的最大似然估计为 $\hat{p} = \overline{X}$,p 的矩估计量和最大似然估计量均为 p 的无偏估计量.

5. 略.

6. 当 $c_1 + c_2 = 1$ 时,$c_1 \hat{\theta}_1 + c_2 \hat{\theta}_2$ 是 θ 的无偏估计量;当 $c_1 = \dfrac{1}{3}$,$c_2 = \dfrac{2}{3}$ 时,$c_1 \hat{\theta}_1 + c_2 \hat{\theta}_2$ 最有效.

7. $(2.728, 3.032)$.

8. μ 的置信区间为 $(1.538, 1.602)$,σ^2 的置信区间为 $(0.004, 0.012)$.

9. $(39.51, 40.49)$.

10. μ 的置信区间为 $(17.48, 24.72)$,σ^2 的置信区间为 $(3.06, 70.86)$.

11. μ 的置信区间为 $(14.68, 15.28)$,σ^2 的置信区间为 $(0.02, 0.48)$.

12. $(0.00234, 0.01670)$.

13. $n \geqslant 34.5744$,故 n 至少应取 35.

14. $n \geqslant \dfrac{15.37\sigma^2}{L^2}$.

15. $(1)(-121.56, 11.56)$；$(2)(0.003, 0.365)$.

16. p_1 的置信区间为 $(0.9149, 0.9631)$；p_2 的置信区间为 $(0.8413, 0.9067)$.

17. $(1) -1.33$；$(2) 0.005$.

第8章

假 设 检 验

知 识 点

一、假设检验的基本概念

1. 假设检验的思想方法

定义：对总体参数的数值提出某种假设，然后利用样本所提供的信息来判断假设是否成立的过程，称为**假设检验（hypothesis testing）**.

提出两种相互对立的假设 H_0 和 H_1，再利用手中唯一的资料——样本值来决定接受或者拒绝哪种假设.

2. 检验的依据

检验的依据是实际推断原理——小概率事件在一次实验中几乎是不发生的.

3. 两类错误

第一类错误（error of the first kind）是在假设 H_0 为真时而拒绝，称为**弃真**.

第二类错误（error of the second kind）是在假设 H_0 实际上不真时而接受，称为**取伪**.

一般说来，当样本容量给定以后，若减少犯某一类错误的概率，则犯另一类错误的概率往往会增大，要使犯两类错误的概率都减小，只好增大样本容量.

在给定样本容量的情况下，我们总是控制犯第一类错误的概率，让它小于或等于 α，而不考虑犯第二类错误的概率. 这种检验问题称为显著性假设检验.

4. 原假设提出的依据

一般来说，选择 H_0 和 H_1 有三条原则：一是想保护谁，设它为 H_0；二是想说明谁，设它为 H_1；三是尽量使后果严重的错误成为第一类错误.

5. 假设检验和区间估计的关系

在假设检验中接受 H_0，相当于区间估计中 μ 落在置信区间内.

6. 假设检验解题步骤

（1）对总体提出假设

H_0：原假设；H_1：备择假设.

（2）寻找适合当前问题的检验统计量,该统计量需要满足:它的观察值可量化样本值与 H_0 的差异,H_0 为真时,它有确定分布.

（3）由给定的显著性水平 α,确定 H_0 的拒绝域.

（4）取样判断,根据检验统计量是否落入拒绝域,给出结论:接受 H_0,还是拒绝 H_0.

二、双侧假设检验

1. 当 σ^2 已知时,单个正态总体 $N(\mu,\sigma^2)$ 的均值 μ 的检验（U 检验法）

正态总体 $X \sim N(\mu,\sigma^2)$,当 σ^2 已知时,检验问题 $H_0:\mu=\mu_0$,$H_1:\mu\neq\mu_0$. 利用 H_0 为真时,检验统计量 $U=\dfrac{\overline{X}-\mu_0}{\sigma/\sqrt{n}}\sim N(0,1)$,对于显著性水平 α,有拒绝域 $|U|\geqslant z_{\alpha/2}$,这种方法称为 U 检验法.

2. 当 σ^2 未知时,单个正态总体 $N(\mu,\sigma^2)$ 的均值 μ 的检验（t 检验法）

正态总体 $X \sim N(\mu,\sigma^2)$,μ,σ^2 都是未知常数,检验问题 $H_0:\mu=\mu_0$,$H_1:\mu\neq\mu_0$. 选用检验统计量:$t=\dfrac{\overline{X}-\mu_0}{S/\sqrt{n}}$,如果假设 H_0 为真,则 $t\sim t(n-1)$. 对于显著性水平 α,有 H_0 的拒绝域 $|t|\geqslant t_{\alpha/2}(n-1)$.

3. 当 μ 未知时,单个正态总体 $N(\mu,\sigma^2)$ 的方差 σ^2 的检验（χ^2 检验法）

正态总体 $X \sim N(\mu,\sigma^2)$,μ,σ^2 都是未知常数,检验问题:$H_0:\sigma^2=\sigma_0^2$,$H_1:\sigma^2\neq\sigma_0^2$. 选用检验统计量:$\chi^2=\dfrac{(n-1)S^2}{\sigma_0^2}$,如果假设 H_0 为真,则 $\chi^2\sim\chi^2(n-1)$. 对于显著性水平 α,有 H_0 的拒绝域为

$$\left(\frac{(n-1)S^2}{\sigma_0^2}\leqslant\chi_{1-\alpha/2}^2(n-1)\right)\cup\left(\frac{(n-1)S^2}{\sigma_0^2}\geqslant\chi_{\alpha/2}^2(n-1)\right).$$

4. 当方差已知时,两个正态总体均值差的假设检验（U 检验法）

总体 X 与 Y 相互独立,$X\sim N(\mu_1,\sigma_1^2)$,$Y\sim N(\mu_2,\sigma_2^2)$,$\sigma_1^2$ 和 σ_2^2 已知,检验问题 $H_0:\mu_1=\mu_2$,$H_1:\mu_1\neq\mu_2$. 由于 $\mu_1-\mu_2$ 的估计量为 $\overline{X}-\overline{Y}$,选用检验统计量 $U=\dfrac{\overline{X}-\overline{Y}}{\sqrt{\dfrac{\sigma_1^2}{n_1}+\dfrac{\sigma_2^2}{n_2}}}$,如果假设 H_0 为真,则 $U\sim N(0,1)$,对于显著性水平 α,有 H_0 的拒绝域为 $|U|\geqslant z_{\alpha/2}$.

5. 当方差未知时,两个正态总体均值差的假设检验（t 检验法）

总体 X 与 Y 相互独立,$X\sim N(\mu_1,\sigma^2)$,$Y\sim N(\mu_2,\sigma^2)$,两总体的方差相等,但 σ^2 未知,检验问题 $H_0:\mu_1=\mu_2$,$H_1:\mu_1\neq\mu_2$. 选用检验统计量

$$t=\frac{\overline{X}-\overline{Y}}{\sqrt{\dfrac{(n_1-1)S_1^2+(n_2-1)S_2^2}{n_1+n_2-2}}\sqrt{\dfrac{1}{n_1}+\dfrac{1}{n_2}}}.$$

如果假设 H_0 为真,则 $t\sim t(n_1+n_2-2)$,对于显著性水平 α,有 H_0 的拒绝域 $|t|\geqslant t_{\alpha/2}(n_1+n_2-2)$.

6. 当期望未知时,两个正态总体方差比的假设检验（F 检验法）

总体 X 与 Y 相互独立,$X\sim N(\mu_1,\sigma_1^2)$,$Y\sim N(\mu_2,\sigma_2^2)$,其中 $\mu_1,\mu_2,\sigma_1^2,\sigma_2^2$ 都未知,检验问

题 $H_0: \sigma_1^2 = \sigma_2^2$，$H_1: \sigma_1^2 \neq \sigma_2^2$. 选用检验统计量

$$F = \frac{S_1^2}{S_2^2}.$$

如果 H_0 为真，则 $F \sim F(n_1-1, n_2-1)$. 对于显著性水平 α，有 H_0 的拒绝域为

$$\left(\frac{S_1^2}{S_2^2} \leqslant F_{1-\alpha/2}(n_1-1, n_2-1) \right) \bigcup \left(\frac{S_1^2}{S_2^2} \geqslant F_{\alpha/2}(n_1-1, n_2-1) \right).$$

三、单侧假设检验

双侧备择假设，在备择假设 $H_1: \mu \neq \mu_0$ 中，μ 可能大于 μ_0，μ 也可能小于 μ_0，相应的检验称为**双侧假设检验**.

检验假设 $H_0: \mu = \mu_0$，$H_1: \mu > \mu_0$，称为**右侧检验**. 检验假设 $H_0: \mu = \mu_0$，$H_1: \mu < \mu_0$，称为**左侧检验**.

右边检验和左边检验统称为**单侧检验**.

在知识点二中各种检验都有单侧检验，即左侧检验和右侧检验，它和双侧检验的不同，表现在两者的备择假设和拒绝域不同，下面给出假设检验的表格（见表 8-1～表 8-6）.

1. 单个正态总体关于 μ 的假设检验

表 8-1 σ^2 已知

原假设 H_0	备择假设 H_1	检验统计量	H_0 拒绝域
$\mu = \mu_0$	$\mu \neq \mu_0$	$U = \dfrac{\overline{X} - \mu_0}{\sigma/\sqrt{n}} \sim N(0,1)$ H_0 为真时	$|U| \geqslant z_{\alpha/2}$
$\mu = \mu_0$	$\mu > \mu_0$		$U \geqslant z_\alpha$
$\mu = \mu_0$	$\mu < \mu_0$		$U \leqslant -z_\alpha$

表 8-2 σ^2 未知

原假设 H_0	备择假设 H_1	检验统计量	H_0 拒绝域
$\mu = \mu_0$	$\mu \neq \mu_0$	$T = \dfrac{\overline{X} - \mu}{S/\sqrt{n}} \sim t(n-1)$ H_0 为真时	$|T| \geqslant t_{\alpha/2}(n-1)$
$\mu = \mu_0$	$\mu > \mu_0$		$T \geqslant t_\alpha(n-1)$
$\mu = \mu_0$	$\mu < \mu_0$		$T \leqslant -t_\alpha(n-1)$

2. 单个正态总体关于 σ^2 的假设检验

表 8-3 μ 未知

原假设 H_0	备择假设 H_1	检验统计量	H_0 拒绝域
$\sigma^2 = \sigma_0^2$	$\sigma^2 \neq \sigma_0^2$	$\chi^2 = \dfrac{(n-1)S^2}{\sigma_0} \sim \chi^2(n-1)$ H_0 为真时	$\chi^2 \leqslant \chi^2_{1-\alpha/2}(n-1)$ 或 $\chi^2 \geqslant \chi^2_{\alpha/2}(n-1)$
$\sigma^2 = \sigma_0^2$	$\sigma^2 > \sigma_0^2$		$\chi^2 \geqslant \chi^2_\alpha(n-1)$
$\sigma^2 = \sigma_0^2$	$\sigma^2 < \sigma_0^2$		$\chi^2 \leqslant \chi^2_{1-\alpha}(n-1)$

3. 两个正态总体关于 $\mu_1 = \mu_2$ 的假设检验

表 8-4　σ_1^2, σ_2^2 已知

原假设 H_0	备择假设 H_1	检验统计量	H_0 拒绝域
$\mu_1 = \mu_2$	$\mu_1 \neq \mu_2$	$U = \dfrac{\overline{X} - \overline{Y}}{\sqrt{\dfrac{\sigma_1^2}{n_1} + \dfrac{\sigma_2^2}{n_2}}} \sim N(0,1)$	$|U| \geqslant z_{\alpha/2}$
$\mu_1 = \mu_2$	$\mu_1 > \mu_2$		$U \geqslant z_\alpha$
$\mu_1 = \mu_2$	$\mu_1 < \mu_2$	H_0 为真时	$U \leqslant -z_\alpha$

表 8-5　σ_1^2, σ_2^2 未知，但 $\sigma_1^2 = \sigma_2^2$

原假设 H_0	备择假设 H_1	检验统计量	H_0 拒绝域
$\mu_1 = \mu_2$	$\mu_1 \neq \mu_2$	$T = \dfrac{\overline{X} - \overline{Y}}{S_w \sqrt{\dfrac{1}{n_1} + \dfrac{1}{n_2}}} \sim t(n_1 + n_2 - 2)$	$|T| \geqslant t_{\alpha/2}(n_1 + n_2 - 2)$
$\mu_1 \leqslant \mu_2$	$\mu_1 > \mu_2$	$S_w^2 = \dfrac{(n_1 - 1)S_1^2 + (n_2 - 1)S_2^2}{n_1 + n_2 - 2}$	$T \geqslant t_\alpha(n_1 + n_2 - 2)$
$\mu_1 \geqslant \mu_2$	$\mu_1 < \mu_2$	H_0 为真时	$T \leqslant -t_\alpha(n_1 + n_2 - 2)$

4. 两个正态总体关于 σ_1^2 / σ_2^2 的假设检验

表 8-6　μ_1, μ_2 未知

原假设 H_0	备择假设 H_1	检验统计量	H_0 拒绝域
$\sigma_1^2 = \sigma_2^2$	$\sigma_1^2 \neq \sigma_2^2$	$F = \dfrac{S_1^2}{S_2^2} \sim F(n_1 - 1, n_2 - 1)$	$F \leqslant F_{1-\alpha/2}(n_1-1, n_2-1)$ 或 $F \geqslant F_{\alpha/2}(n_1-1, n_2-1)$
$\sigma_1^2 = \sigma_2^2$	$\sigma_1^2 > \sigma_2^2$		$F \geqslant F_\alpha(n_1-1, n_2-1)$
$\sigma_1^2 = \sigma_2^2$	$\sigma_1^2 < \sigma_2^2$	H_0 为真时	$F \leqslant F_{1-\alpha}(n_1-1, n_2-1)$

四、样本容量的选取

(1) X 服从 $N(\mu, \sigma_0^2)$，σ_0 已知，假设检验问题 $H_0: \mu = \mu_0$，$H_1: \mu = \mu_1 > \mu_0$. 在给定犯两类错误的概率 α 及 β 中，确定样本容量 n 的取值.

当 H_0 为真时，$\overline{X} \sim N\left(\mu_0, \dfrac{\sigma_0^2}{n}\right)$；当 H_1 为真时，$\overline{X} \sim N\left(\mu_1, \dfrac{\sigma_0^2}{n}\right)$，其临界限设为 A，则有

$$ n = \frac{(z_\alpha + z_\beta)^2 \sigma_0^2}{(\mu_1 - \mu_0)^2}, \quad A = \frac{\mu_0 z_\beta - \mu_1 z_\alpha + 2\mu_0 z_\alpha}{z_\alpha + z_\beta}, \quad \beta = \Phi(z_\alpha - \lambda), \quad \lambda = \frac{\mu - \mu_0}{\sigma_0 / \sqrt{n}}. $$

(2) X 服从 $N(\mu, \sigma_0^2)$，σ_0 已知，假设检验问题 $H_0: \mu = \mu_0$，$H_1: \mu = \mu_1 < \mu_0$. 在给定犯两类错误的概率 α 及 β 中，确定样本容量 n 的取值.

当 H_0 为真时，$\overline{X} \sim N\left(\mu_0, \dfrac{\sigma_0^2}{n}\right)$；当 H_1 为真时，$\overline{X} \sim N\left(\mu_1, \dfrac{\sigma_0^2}{n}\right)$，其临界限设为 A，则

$$ n = \frac{(z_\alpha + z_\beta)^2 \sigma_0^2}{(\mu_1 - \mu_0)^2}, \quad A = \frac{\mu_0 z_\beta + \mu_1 z_\alpha}{z_\alpha + z_\beta}, \quad \beta = \Phi(z_\alpha + \lambda), \quad \lambda = \frac{\mu - \mu_0}{\sigma_0 / \sqrt{n}}. $$

(3) X 服从 $N(\mu, \sigma_0^2)$，σ_0 已知，假设检验问题 $H_0: \mu = \mu_0$，$H_1: \mu = \mu_1 \neq \mu_0$. 在给定犯两类

错误的概率 α 及 β 中,样本容量 n 最小为

$$n = \frac{(z_{\alpha/2}+z_\beta)^2 \sigma_0^2}{(\mu_1-\mu_0)^2}, \quad \beta = \Phi(z_{\alpha/2}-\lambda)+\Phi(z_{\alpha/2}+\lambda)-1, \quad \lambda = \frac{\mu_1-\mu}{\sigma_0/\sqrt{n}}.$$

（4）X 服从 $N(\mu,\sigma^2)$,σ 未知,若给定犯两类错误的概率 α,β 以及 $\delta>0$,可以查主教材附表 7 得均值 μ 的 t 检验的样本容量 n. 使当 $\frac{\mu-\mu_0}{\sigma}\geq\delta$ 时,犯第二类错误的概率不超过 β.

（5）X 与 Y 相互独立,$X\sim N(\mu_1,\sigma^2)$,$Y\sim N(\mu_2,\sigma^2)$,两总体的方差相等,但 σ^2 未知,若给定犯两类错误的概率 α,β 以及 $\delta=\frac{|\mu_1-\mu_2|}{\sigma}$,可以查主教材附表 8 得均值差 $\mu_1-\mu_2$ 的 t 检验的样本容量 n. 使当 $\frac{|\mu_1-\mu_2|}{\sigma}\geq\delta$ 时,犯第二类错误的概率不超过 β.

典 型 例 题

一、双侧检验

1. 单个总体,已知 σ^2 或者未知 σ^2,关于 μ 的假设检验

例 8-1　根据以往资料可知,某厂生产的某种电子元件平均寿命为 500(单位：h),标准差为 6,现改变部分生产工艺后,抽查 9 个样品,得数据如下：

$$504,\quad 508,\quad 510,\quad 498,\quad 495,\quad 513,\quad 506,\quad 509,\quad 502$$

假定标准差不变,问新工艺下该电子元件的平均寿命是否还是 500?（$\alpha=0.01$）

分析　σ^2 已知,从而采用 U 检验.

解　设电子元件的寿命为 X,则 $X\sim N(500,6^2)$,检验问题：

$$H_0: \mu=\mu_0=500, \quad H_1: \mu\neq\mu_0.$$

检验统计量 $U=\dfrac{\overline{X}-\mu_0}{\sigma/\sqrt{n}}$,若 H_0 为真,则 $U\sim N(0,1)$.

H_0 的拒绝域为

$$|U|\geq z_{\alpha/2}.$$

代入数据 $n=9$,$\alpha=0.01$,$\bar{x}=505$,$\mu_0=500$,$z_{\alpha/2}=z_{0.005}=2.576$,因而

$$u=2.5<2.576.$$

从而接受 H_0,即新工艺下该电子元件的平均寿命是 500h.

2. 单个总体,μ 未知时,关于 σ 或者 σ^2 的假设检验

例 8-2　某项证书考试以往成绩的标准差为 20,从考试成绩单中任意抽出 25 份,计算样本标准差为 24,设成绩服从正态分布,问此次考试的标准差是否与以往一致?（$\alpha=0.05$）

分析　μ 未知时,对于方差或者标准差采用 χ^2 检验法.

解　设此次考试成绩为 X,则总体 $X\sim N(\mu,\sigma^2)$,μ,σ^2 都是未知常数.

检验问题 $H_0:\sigma=\sigma_0=20,H_1:\sigma\neq\sigma_0=20$.

检验统计量 $\chi^2=\dfrac{(n-1)S^2}{\sigma_0^2}$,若 H_0 为真,则 $\chi^2\sim\chi^2(n-1)$.

H_0 的拒绝域为 $\left(\dfrac{(n-1)S^2}{\sigma_0^2}\leq\chi^2_{1-\alpha/2}(n-1)\right)\bigcup\left(\dfrac{(n-1)S^2}{\sigma_0^2}\geq\chi^2_{\alpha/2}(n-1)\right)$.

对于显著性水平 $\alpha=0.05$, 故 $\dfrac{\alpha}{2}=0.025$, $\chi^2_{\alpha/2}(n-1)=\chi^2_{0.025}(24)=39.364$,

$$\chi^2_{1-\alpha/2}(n-1)=\chi^2_{0.975}(24)=12.401.$$

又因为

$$s^2=24^2, \quad \sigma_0=20^2, \quad n=25,$$

代入检验统计量可得

$$\chi^2=34.56<39.364.$$

故接受 H_0, 即认为此次考试的标准差与以往一致.

3. 两个总体, 方差已知或者虽未知但方差相等时, 关于 μ 的假设检验

例 8-3 已知总体 $X\sim N(a,\sigma_x^2)$ 和 $Y\sim N(b,\sigma_y^2)$ 相互独立, 其中 4 个分布参数都未知. 设 $X_1,X_2,\cdots,X_m$ 和 $Y_1,Y_2,\cdots,Y_n$ 是分别来自 X 和 Y 的简单随机样本, 样本均值分别为 $\bar{X}$ 和 $\bar{Y}$, 样本方差相应为 S_x^2 和 S_y^2, 则检验假设 $H_0:a\leqslant b$ 使用 t 检验的前提条件是(　　).

　　A. $\sigma_x^2\leqslant\sigma_y^2$ 　　　　B. $S_x^2\leqslant S_y^2$ 　　　　C. $\sigma_x^2=\sigma_y^2$ 　　　　D. $S_x^2=S_y^2$

解 应该选择 C. 因为 t 检验使用统计量

$$t=\frac{\bar{X}-\bar{Y}}{\sqrt{\dfrac{(n_1-1)S_1^2+(n_2-1)S_2^2}{n_1+n_2-2}}\sqrt{\dfrac{1}{n_1}+\dfrac{1}{n_2}}},$$

只有当选项 C 中 $\sigma_x^2=\sigma_y^2$ 成立时才能导出统计量 t 的抽样分布——t 分布, 并且根据 t 分布来构造 t 检验.

例 8-4 某纺织厂有两种类型的织布机, 根据长期正常生产的累积资料, 知道两种单台织布机的经纱断头率(每小时平均断经根数)都服从正态分布, 且方差相等, 从第一种类型的织布机中抽取 25 台进行试验, 得平均断头率为 8.8, 方差为 1.70. 抽取 28 台第二种类型织布机进行试验, 结果平均断头率为 9.5, 方差为 1.60. 问两种类型的织布机的经纱断头率是否有显著差异?(显著水平 $\alpha=0.05$)

分析 方差相等但未知, 则采用 t 检验法.

解 设两种类型的织布机的经纱断头率分别为 X,Y, 则 $X\sim N(\mu_1,\sigma^2)$, $Y\sim N(\mu_2,\sigma^2)$.

检验问题 $H_0:\mu_1=\mu_2$, $H_1:\mu_1\neq\mu_2$.

检验统计量为

$$t=\frac{\bar{X}-\bar{Y}}{\sqrt{\dfrac{(n_1-1)S_1^2+(n_2-1)S_2^2}{n_1+n_2-2}}\sqrt{\dfrac{1}{n_1}+\dfrac{1}{n_2}}},$$

若 H_0 为真, $t\sim t(n_1+n_2-2)$, H_0 的拒绝域 $|t|\geqslant t_{\alpha/2}(n_1+n_2-2)$.

对于显著性水平 $\alpha=0.05$, $\dfrac{\alpha}{2}=0.025$, $t_{\alpha/2}(n_1+n_2-2)=t_{0.025}(51)=1.96$.

又因为

$$\bar{x}=8.8, \quad s_1^2=1.7, \quad n_1=25,$$
$$\bar{y}=9.5, \quad s_2^2=1.6, \quad n_2=28.$$

代入检验统计量得

$$s_w=\sqrt{\frac{(n_1-1)s_1^2+(n_2-1)s_2^2}{n_1+n_2-2}}=\sqrt{\frac{40.8+43.2}{51}}=1.283,$$

$$t = \frac{|\bar{x} - \bar{y}|}{s_w \sqrt{\dfrac{1}{n_1} + \dfrac{1}{n_2}}} = \frac{0.7}{1.283 \times 0.2752} = 1.983,$$

$$t = 1.983 > 1.96.$$

故拒绝 H_0,即认为两种类型的织布机的经纱断头率有显著差异.

4. 两个总体,μ 未知,关于两个方差 σ_1^2 与 σ_2^2 是否相等的检验

例 8-5 某大学某学院的两个毕业班的线性代数成绩都服从正态分布,甲班的分数 $X \sim N(\mu_1, \sigma_1^2)$,乙班的分数 $Y \sim N(\mu_2, \sigma_2^2)$,其中 $\mu_1, \mu_2, \sigma_1^2, \sigma_2^2$ 都未知,从甲班中抽取 21 个人的成绩,平均分数 $\bar{x} = 80$ 分,样本方差 $s_1^2 = 100$,从乙班中抽取 16 个人的成绩,平均分数 $\bar{y} = 82$ 分,样本方差 $s_2^2 = 81$,两班分数的方差是否有显著不同?(显著性水平 $\alpha = 0.05$)

分析 两正态总体,关于 σ^2 是否相等的检验,采用 F 检验法.

解 设甲乙两班的分数分别为 X, Y,则 $X \sim N(\mu_1, \sigma_1^2), Y \sim N(\mu_2, \sigma_2^2)$.

检验问题 $H_0 : \sigma_1^2 = \sigma_2^2, H_1 : \sigma_1^2 \neq \sigma_2^2$.

检验统计量 $F = \dfrac{S_1^2}{S_2^2}$,如果 H_0 为真时,则 $F \sim F(n_1 - 1, n_2 - 1)$.

H_0 的拒绝域为

$$\left(\frac{S_1^2}{S_2^2} \leqslant F_{1-\alpha/2}(n_1 - 1, n_2 - 1) \right) \bigcup \left(\frac{S_1^2}{S_2^2} \geqslant F_{\alpha/2}(n_1 - 1, n_2 - 1) \right).$$

对于显著性水平 $\alpha = 0.05$,有

$$F_{\alpha/2}(n_1 - 1, n_2 - 1) = F_{0.025}(20, 15) = 2.57,$$

$$F_{1-\alpha/2}(n_1 - 1, n_2 - 1) = F_{0.975}(20, 15) = \frac{1}{F_{0.025}(15, 20)} = \frac{1}{2.76} = 0.3623.$$

代入数据计算得

$$F = 1.2346 < 2.57 = F_{0.025}(20, 15),$$

从而接受 H_0,即认为两班分数的方差没有显著性差别.

二、单侧检验

1. 单个总体,已知 σ^2 或者未知 σ^2,关于 μ 的假设检验

例 8-6 某工厂生产的某种电子仪表的寿命(单位:h)接近 $N(1100, 12^2)$,现从最新生产的电子仪表中抽取 36 个,测得平均寿命 1096h,有人怀疑最新一批生产的电子仪表的寿命不如以前,这个说法能接受吗?(显著性水平 $\alpha = 0.05$)

分析 σ^2 已知,关于 μ 采用 U 检验法(左侧检验).

解 设电子仪表的寿命为 x,则 $x \sim N(1100, 12^2)$.

检验问题 $H_0 : \mu = \mu_0 = 1100, H_1 : \mu < 1100$. 检验统计量 $U = \dfrac{\bar{x} - \mu_0}{\sigma / \sqrt{n}}$,如果 H_0 为真时,$U \sim N(0, 1)$,拒绝域为 $U \leqslant -z_\alpha$.

对于显著性水平 $\alpha = 0.05$,

$$Z_\alpha = Z_{0.05} = 1.645.$$

由已知条件可知

$$\bar{x} = 1096, \quad \sigma = 12, \quad n = 36,$$

代入数据得

$$u = -2 < -1.645,$$

故拒绝 H_0,接受 H_1,认为最新一批生产的电子仪器的寿命不如以前.

例 8-7 设一批零件的长度服从正态分布 $N(\mu, \sigma^2)$,其中 σ^2 已知,μ 未知. 现从中随机抽取 n 个零件,测得样本均值 $\bar{x}$,则当显著性水平为 0.10 时,判断 μ 大于 μ_0 的接受条件是(   ).

A. $\bar{x} > \mu_0 - \dfrac{\sigma}{\sqrt{n}} u_{0.10}$ B. $\bar{x} > \mu_0 - \dfrac{\sigma}{\sqrt{n}} u_{0.05}$

C. $\bar{x} > \mu_0 + \dfrac{\sigma}{\sqrt{n}} u_{0.10}$ D. $\bar{x} > \mu_0 + \dfrac{\sigma}{\sqrt{n}} u_{0.05}$

解 本题假设检验的假设为 $H_0: \mu = \mu_0$,$H_1: \mu > \mu_0$.

拒绝域可以选取为 $\left\{ z = \dfrac{\bar{x} - \mu_0}{\sigma/\sqrt{n}} > u_{0.10} \right\}$,整理可得 $\bar{x} > \mu_0 + \dfrac{\sigma}{\sqrt{n}} u_{0.10}$,因此选择 C.

2. 单个总体,μ 未知时,关于 σ 或者 σ^2 的假设检验

例 8-8 在某机床上加工的一种零件的内径尺寸(单位:cm),据以往经验服从正态分布,标准差为 $\sigma = 0.033$,某日开工后,抽取 15 个零件测量内径,样本标准差 $s = 0.025$,则这天加工的零件方差与以往有无显著减小?($\alpha = 0.05$)

分析:μ 未知时,关于 σ^2 的检验采用 χ^2 检验法(左侧检验).

解 $H_0: \sigma^2 = \sigma_0^2 = 0.033^2$,$H_1: \sigma^2 < \sigma_0^2 = 0.033^2$.

选取检验统计量 $\chi^2 = \dfrac{(n-1)S^2}{\sigma_0^2}$,$H_0$ 为真时,$\chi^2 \sim \chi^2(n-1)$.

拒绝域

$$\chi^2 < \chi^2_{1-\alpha}(n-1).$$

由已知条件可知

$$s = 0.025, \quad n = 15, \quad \alpha = 0.05,$$

代入数据计算得

$$\chi^2 = \frac{(n-1)s^2}{\sigma_0^2} = \frac{14 \times 0.025^2}{0.033^2} = 8.035.$$

对于显著性水平 $\alpha = 0.05$,有

$$\chi^2_{1-\alpha}(n-1) = \chi^2_{0.95}(14) = 6.571,$$
$$8.035 > 6.571.$$

接受 H_0,拒绝 H_1,这天加工的零件方差与以往无显著减小.

3. 两个总体,μ 未知,关于两个方差 σ_1^2 与 σ_2^2 是否相等的检验

题目往往需要先验证两个正态总体的方差相同再检验两个期望的大小,通过下面例题说明.

例 8-9 有甲乙两种西瓜分别在两地种植,假设管理条件相同,收获时得以下结果:

甲:$n_1 = 61$,   平均产量 $\bar{x} = 4050$kg, $s_1 = 410$kg;

乙:$n_2 = 121$,   平均产量 $\bar{y} = 4120$kg, $s_2 = 400$kg.

问甲种西瓜的产量是否比乙种的低?($\alpha = 0.05$)

分析 先判断两个总体方差间的大小,只有相同才能检验两个期望的大小.

解 设甲乙两种西瓜产量分别为 X,Y，则 $X\sim N(\mu_1,\sigma_1^2),Y\sim N(\mu_2,\sigma_2^2)$.

首先检验问题 $H_0:\sigma_1^2=\sigma_2^2$，$H_1:\sigma_1^2>\sigma_2^2$.

H_0 为真时，检验统计量

$$F=\frac{S_1^2}{S_2^2}\sim F(n_1-1,n_2-1).$$

拒绝域

$$F=\frac{S_1^2}{S_2^2}\geqslant F_\alpha(n_1-1,n_2-1).$$

由已知条件可知

$$s_1^2=410^2,\quad s_2^2=400^2,\quad n_1=61,\quad n_2=121,\quad \alpha=0.05,$$

代入数据计算得

$$F=\frac{s_1^2}{s_2^2}=\frac{410^2}{400^2}=1.0506.$$

查表得 $F_{0.05}(60,121)=1.43$. 显然 $1.0506<1.43$. 接受 H_0，即认为两种西瓜产量的方差相同.

其次检验问题 $H_0:\mu_1=\mu_2$，$H_1:\mu_1<\mu_2$.

H_0 为真时，检验统计量

$$t=\frac{\overline{X}-\overline{Y}}{S_w\sqrt{\dfrac{1}{n_1}+\dfrac{1}{n_2}}}\sim t(n_1+n_2-2),$$

其中

$$S_w^2=\frac{(n_1-1)S_1^2+(n_2-1)S_2^2}{n_1+n_2-2}.$$

拒绝域为

$$t\leqslant -t_\alpha(n-1).$$

对于显著性水平 $\alpha=0.05$，

$$t_\alpha(n_1+n_2-2)=t_{0.05}(180)=z_{0.05}=1.645.$$

由已知条件可知

$$\overline{x}=4050,\quad s_1^2=410^2,\quad n_1=61,$$
$$\overline{y}=4120,\quad s_2^2=400^2,\quad n_2=121,$$

代入数据可求得

$$s_w=403.36,\quad t=-1.105.$$

由于

$$t=-1.105>-1.645.$$

接受 H_0，即认为甲种西瓜产量不低于乙种西瓜产量.

习 题 详 解

习题 8-1

1. 在假设检验中，H_0 表示原假设，H_1 表示备择假设，则犯第一类错误的情况为(　　).

  A. H_1 真，接受 H_1 B. H_1 不真，接受 H_1

  C. H_0 真,拒绝 H_0 D. H_0 不真,拒绝 H_0

 解 第一类错误是"弃真"即 H_0 为真时,拒绝 H_0,从而选择 C.

 2. 在假设检验中,H_0 表示原假设,H_1 表示备择假设,则犯第二类错误的情况为( ).

  A. H_1 真,接受 H_1 B. H_1 不真,拒绝 H_1

  C. H_0 真,拒绝 H_0 D. H_0 不真,接受 H_0

 解 第二类错误是"取伪"即 H_0 不真时,接受 H_0,从而选择 D.

 3. 设 $X_1, X_2, \cdots, X_{25}$ 是取自正态总体 $N(\mu, 9)$ 的样本,其中 μ 未知,$\bar{x}$ 是样本均值,如对检验问题 $H_0: \mu = \mu_0, H_1: \mu \neq \mu_0$,取拒绝域: $c = \{(x_1, x_2, \cdots, x_{25}): |\bar{x} - \mu_0| \geqslant c\}$,试决定常数 c,使检验的显著性水平为 $\alpha = 0.05$.

 解 总体 $X \sim N(\mu, 9)$,检验问题 $H_0: \mu = \mu_0, H_1: \mu \neq \mu_0$.

 检验统计量 $U = \dfrac{\bar{X} - \mu_0}{\sigma/\sqrt{n}}$,若 H_0 为真, 则 $U \sim N(0, 1)$.

 H_0 的拒绝域 $|U| \geqslant z_{\alpha/2}$,从而 $|\bar{X} - \mu_0| \geqslant \dfrac{\sigma}{\sqrt{n}} z_{\alpha/2}$,从而 $c = \dfrac{\sigma}{\sqrt{n}} z_{\alpha/2}$.

 代入数据 $\sigma = 3, n = 25, \alpha = 0.05, z_{\alpha/2} = z_{0.025} = 1.96$,得 $c = 1.176$.

 4. 从过去资料知,某厂生产的干电池平均寿命为 200(单位: h),标准差为 5,现改变部分生产工艺后,抽查 9 个样品,得数据如下:

$$202, \quad 209, \quad 213, \quad 198, \quad 206, \quad 210, \quad 195, \quad 208, \quad 204.$$

假定标准差不变,则新工艺下干电池的平均寿命是否还是 200? ($\alpha = 0.01$)

 解 设干电池寿命 X,则 $X \sim N(200, 5^2)$,检验问题 $H_0: \mu = \mu_0 = 200, H_1: \mu \neq \mu_0$.

 检验统计量 $U = \dfrac{\bar{X} - \mu_0}{\sigma/\sqrt{n}}$,若 H_0 为真, 则 $U \sim N(0, 1)$.

 H_0 的拒绝域 $|U| \geqslant z_{\alpha/2}$.

 代入数据 $n = 9, \alpha = 0.01, \bar{x} = 205, \mu_0 = 200, z_{\alpha/2} = z_{0.005} = 2.576$,因而 $u = 3 > 2.576$. 从而拒绝 H_0,即新工艺下干电池的平均寿命不是 200h.

 5. 某企业生产一种零件,以往的资料显示零件平均长度(单位: cm)为 4,标准差为 0.1.工艺改革后,抽查 100 个零件发现其平均长度为 3.94.则工艺改革后零件长度是否发生了显著变化? ($\alpha = 0.01$)

 解 设零件长度 X,则 $X \sim N(4, 0.1^2)$.

 检验问题 $H_0: \mu = \mu_0 = 4, H_1: \mu \neq \mu_0$.

 检验统计量 $U = \dfrac{\bar{X} - \mu_0}{\sigma/\sqrt{n}}$,若 H_0 为真, 则 $U \sim N(0, 1)$.

 H_0 的拒绝域 $|U| \geqslant z_{\alpha/2}$.

 代入数据 $n = 100, \alpha = 0.01, \bar{x} = 3.94, \mu_0 = 4, z_{\alpha/2} = z_{0.005} = 2.576$,因而 $u = 6 > 2.576$. 从而拒绝 H_0,即工艺改革后零件长度发生显著变化.

 6. 设某产品寿命指标服从正态分布,它的标准差 σ 为 150(单位: h). 今由一批产品中随机抽取了 25 个,测得指标的平均值为 1637,问在 5% 的显著性水平下,能否认为该批产品

指标为1600？（$\alpha=0.01$）

  解 设该产品寿命 X，则 $X \sim N(1600, 150^2)$.

  检验问题 $H_0: \mu = \mu_0 = 1600, H_1: \mu \neq \mu_0$.

  检验统计量 $U = \dfrac{\overline{X} - \mu_0}{\sigma/\sqrt{n}}$，若 H_0 为真，则 $U \sim N(0,1)$.

  H_0 的拒绝域 $|U| \geqslant z_{\alpha/2}$.

  代入数据 $n = 25, \alpha = 0.01, \bar{x} = 1637, \mu_0 = 1600, z_{\alpha/2} = z_{0.005} = 2.576$，因而 $u = 1.233 < 2.576$. 从而接受 H_0，即该批产品寿命指标为1600h.

习题 8-2

  1. 某种零件的尺寸方差为 $\sigma^2 = 1.21$，对一批这类零件检验9件得尺寸数据（单位：mm）如下：

  32.56, 29.66, 31.64, 30.00, 31.87, 31.03, 29.48, 30.70, 31.52.
设零件尺寸服从正态分布，取 $\alpha = 0.05$ 时，问这批零件的平均尺寸能否认为是30.50？

  解 设该零件的尺寸 X，则 $X \sim N(30.50, 1.1^2)$.

  检验问题 $H_0: \mu = \mu_0 = 30.50, H_1: \mu \neq \mu_0$.

  检验统计量 $U = \dfrac{\overline{X} - \mu_0}{\sigma/\sqrt{n}}$，若 H_0 为真，则 $U \sim N(0,1)$.

  H_0 的拒绝域 $|U| \geqslant z_{\alpha/2}$.

  代入数据 $n = 9, \alpha = 0.05, \bar{x} = 30.94, \mu_0 = 30.50, z_{\alpha/2} = z_{0.025} = 1.96$，因而 $u = 1.20 < 1.96$. 从而接受 H_0，即这批零件的平均尺寸能认为是30.50mm.

  2. 一种元件，要求其使用寿命为1000（单位：h），现从一批这种元件中随机抽取25件测得其寿命平均值为950，已知该种元件寿命服从标准差 $\sigma = 100$ 的正态分布，试在显著性水平 $\alpha = 0.05$ 时，确定这批元件是否合格.

  解 设该批元件使用寿命 X，则 $X \sim N(1000, 100^2)$.

  检验问题 $H_0: \mu = \mu_0 = 1000, H_1: \mu \neq \mu_0$.

  检验统计量 $U = \dfrac{\overline{X} - \mu_0}{\sigma/\sqrt{n}}$，若 H_0 为真，则 $U \sim N(0,1)$.

  H_0 的拒绝域 $|U| \geqslant z_{\alpha/2}$.

  代入数据 $n = 25, \alpha = 0.05, \bar{x} = 950, \mu_0 = 1000, z_{\alpha/2} = z_{0.025} = 1.96$，因而 $u = 2.50 > 1.96$. 从而拒绝 H_0，即这批元件不合格.

  3. 某电器厂生产一种云母片，根据长期正常生产积累的资料知道云母片厚度服从正态分布，厚度的数学期望为 0.13（单位：mm）. 如果在某日的产品中，随机抽查9片，算得样本均值为 0.146，均方差为 0.015. 问该日生产的云母片厚度的数学期望与往日是否有显著差异？（显著水平 $\alpha = 0.05$）

  解 设该日生产的云母片厚度 X，则 $X \sim N(0.13, \sigma^2)$，σ^2 未知.

  检验问题 $H_0: \mu = \mu_0 = 0.13, H_1: \mu \neq \mu_0$.

检验统计量 $t=\dfrac{\overline{X}-\mu_0}{S/\sqrt{n}}$,若 H_0 为真,则 $t\sim t(n-1)$.

H_0 的拒绝域 $|t|\geqslant t_{\alpha/2}(n-1)$.

代入数据 $n=9,\overline{x}=0.146,\mu_0=0.13,\alpha=0.05,\dfrac{\alpha}{2}=0.025,t_{\alpha/2}(n-1)=t_{0.025}(8)=$

$2.3060,s=0.015$,因而 $t=3.2>2.3060$. 从而拒绝 H_0,即该日生产的云母片厚度的数学期望与往日有显著差异.

4. 某厂用自动包装机装箱,在正常情况下,每箱质量服从正态分布 $N(100,\sigma^2)$. 某日开工后,随机抽查 4 箱,质量如下(单位: 0.5kg):

$$99.3, \quad 98.9, \quad 100.5, \quad 100.1$$

包装机工作是否正常?($\alpha=0.05$)

解　设每箱质量 X,则 $X\sim N(100,\sigma^2),\sigma^2$ 未知.

检验问题 $H_0:\mu=\mu_0=100,H_1:\mu\neq\mu_0$.

检验统计量 $t=\dfrac{\overline{X}-\mu_0}{S/\sqrt{n}}$,若 H_0 为真,则 $t\sim t(n-1)$.

H_0 的拒绝域 $|t|\geqslant t_{\alpha/2}(n-1)$.

代入数据 $n=4,\overline{x}=99.7,\mu_0=100,\alpha=0.05$,故 $\dfrac{\alpha}{2}=0.025,t_{\alpha/2}(n-1)=t_{0.025}(3)=$

$3.1824,s=0.730$,因而 $t=0.822<3.1824$. 从而接受 H_0,即包装机工作正常.

5. 某维尼龙厂根据长期正常生产积累的资料知道所生产的维尼龙纤度服从正态分布,它的标准差为 0.048.某日随机抽取 5 根纤维,测得其纤度为 1.32,1.50,1.36,1.40,1.42. 问该日所生产的维尼龙纤度的标准差是否有显著变化(显著水平 $\alpha=0.1$)?

解　设该日生产的维尼龙纤度 X,则 总体 $X\sim N(\mu,\sigma^2),\mu,\sigma^2$ 都是未知常数.

检验问题 $H_0:\sigma=\sigma_0=0.048$, $H_1:\sigma\neq\sigma_0=0.048$.

检验统计量 $\chi^2=\dfrac{(n-1)S^2}{\sigma_0^2}$. 若 H_0 为真,则 $\chi^2\sim\chi^2(n-1)$.

H_0 的拒绝域 $\left(\dfrac{(n-1)S^2}{\sigma_0^2}\leqslant\chi_{1-\alpha/2}^2(n-1)\right)\bigcup\left(\dfrac{(n-1)S^2}{\sigma_0^2}\geqslant\chi_{\alpha/2}^2(n-1)\right)$.

代入数据 $\alpha=0.1$,故 $\dfrac{\alpha}{2}=0.05,\chi_{\alpha/2}^2(n-1)=\chi_{0.05}^2(4)=9.488,\overline{x}=1.40,n=5$,

$\chi_{1-\alpha/2}^2(n-1)=\chi_{0.95}^2(4)=0.711,\sigma_0^2=0.048^2$,因而 $\chi^2=7.986<9.488$.

故接受 H_0,即认为该日所生产的维尼龙纤度的标准差没有显著变化.

6. 某项考试要求成绩的标准差为 12,先从考试成绩单中任意抽出 15 份,计算样本标准差为 16,设成绩服从正态分布,此次考试的标准差是否符合要求?($\alpha=0.05$)

解　设此次考试成绩 X,则 总体 $X\sim N(\mu,\sigma^2),\mu,\sigma^2$ 都是未知常数.

检验问题 $H_0:\sigma=\sigma_0=12,H_1:\sigma\neq\sigma_0=12$.

检验统计量 $\chi^2=\dfrac{(n-1)S^2}{\sigma_0^2}$. 若 H_0 为真,则 $\chi^2\sim\chi^2(n-1)$.

H_0 的拒绝域 $\left(\dfrac{(n-1)S^2}{\sigma_0^2}\leqslant\chi_{1-\alpha/2}^2(n-1)\right)\bigcup\left(\dfrac{(n-1)S^2}{\sigma_0^2}\geqslant\chi_{\alpha/2}^2(n-1)\right)$.

代入数据 $\alpha=0.05$，故 $\dfrac{\alpha}{2}=0.025$，$\chi^2_{\alpha/2}(n-1)=\chi^2_{0.025}(14)=26.119$，$s^2=16^2$，$\chi^2_{1-\alpha/2}(n-1)=\chi^2_{0.975}(14)=5.629$，$\sigma_0=12^2$ $n=15$，因而 $\chi^2=24.889<26.119$. 故接受 H_0，即认为此次考试的标准差符合要求.

7. 某香烟厂生产两种香烟，独立地随机抽取容量大小相同的烟叶标本测其尼古丁含量，分别做了六次试验测定，数据记录如表 8-7 所示(单位：mg).

表 8-7　试验数据

27	28	23	26	30	22
20	20	25	25	21	21

假定两种香烟尼古丁含量分别服从正态分布 $N(\mu_1,15)$ 和 $N(\mu_2,9)$，则这两种尼古丁含量有无显著差异？（已知 $\alpha=0.05$）

解 设两种香烟尼古丁含量分别为 X,Y，则 $X\sim N(\mu_1,15)$，$Y\sim N(\mu_2,9)$.

检验问题 $H_0:\mu_1=\mu_2$，$H_1:\mu_1\neq\mu_2$.

检验统计量为 $U=\dfrac{\overline{X}-\overline{Y}}{\sqrt{\dfrac{\sigma_1^2}{n_1}+\dfrac{\sigma_2^2}{n_2}}}$，假设 H_0 为真，则 $U\sim N(0,1)$.

H_0 的拒绝域 $|U|\geqslant z_{\alpha/2}$.

代入数据 $\alpha=0.05$，$z_{\alpha/2}=z_{0.025}=1.96$，$\bar{x}=26$，$\bar{y}=22$，$n_1=n_2=6$，而 $u=2>1.96$，故拒绝 H_0，接受 H_1，认为这两种尼古丁含量有显著差异.

8. 某纺织厂有两种类型的织布机，根据长期正常生产的累积资料，知道两种单台织布机的经纱断头率(每小时平均断经根数)都服从正态分布，且方差相等，从第一种类型的织布机中抽取 20 台进行试验，得平均断头率为 9.7，方差为 1.60. 抽取 10 台第二种类型织布机进行试验，结果平均断头率为 10，方差为 1.80. 问两种类型的织布机的经纱断头率是否有显著差异？（显著水平 $\alpha=0.05$）

解 设两种类型的织布机的经纱断头率分别为 X,Y，则 $X\sim N(\mu_1,\sigma^2)$，$Y\sim N(\mu_2,\sigma^2)$.

检验问题 $H_0:\mu_1=\mu_2$，$H_1:\mu_1\neq\mu_2$.

检验统计量为

$$t=\dfrac{\overline{X}-\overline{Y}}{\sqrt{\dfrac{(n_1-1)S_1^2+(n_2-1)S_2^2}{n_1+n_2-2}}\sqrt{\dfrac{1}{n_1}+\dfrac{1}{n_2}}}.$$

若 H_0 为真，$t\sim t(n_1+n_2-2)$.

H_0 的拒绝域 $|t|\geqslant t_{\alpha/2}(n_1+n_2-2)$.

代入数据 $\alpha=0.05$，$\dfrac{\alpha}{2}=0.025$，$t_{\frac{\alpha}{2}}(n_1+n_2-2)=t_{0.025}(28)=2.0484$，$\bar{x}=9.7$，$s_1^2=1.6$，$n_1=20$，$\bar{y}=10$，$s_2=1.8$，$n_2=10$，计算得

$$s_w=\sqrt{\dfrac{(n_1-1)s_1^2+(n_2-1)s_2^2}{n_1+n_2-2}}=\sqrt{\dfrac{30.4+16.2}{28}}=1.290,$$

$$t = \frac{|\bar{x} - \bar{y}|}{s_w\sqrt{\frac{1}{n_1} + \frac{1}{n_2}}} = \frac{0.3}{1.290 \times 0.3873} = 0.6005.$$

由 $t = 0.6005 < 2.0484$.

故接受 H_0, 认为两种类型的织布机的经纱断头率没有显著差异.

9. 分别在 10 块土地上试种甲、乙两种作物, 所得产量分别为 $(x_1, x_2, \cdots, x_{10})$, $(y_1, y_2, \cdots, y_{10})$, 假设甲、乙两种作物产量都服从正态分布, 并计算得 $\bar{x} = 30.97, \bar{y} = 21.79$, $s_1 = 26.7, s_2 = 12.1$, 取显著性水平 0.01, 是否可认为两种作物产量的方差和期望没有显著性差别?

解 设甲乙两种作物产量分别为 X, Y, 则 $X \sim N(\mu_1, \sigma_1^2), Y \sim N(\mu_2, \sigma_2^2)$.

首先检验问题 $H_0: \sigma_1^2 = \sigma_2^2, H_1: \sigma_1^2 \neq \sigma_2^2$.

检验统计量 $F = \frac{S_1^2}{S_2^2}$, 如果 H_0 为真, 则 $F \sim F(n_1 - 1, n_2 - 1)$.

H_0 的拒绝域为

$$\left(\frac{S_1^2}{S_2^2} \leqslant F_{1-\alpha/2}(n_1 - 1, n_2 - 1)\right) \cup \left(\frac{S_1^2}{S_2^2} \geqslant F_{\alpha/2}(n_1 - 1, n_2 - 1)\right).$$

对于显著性水平 $\alpha = 0.01$,

$$F_{\alpha/2}(n_1 - 1, n_2 - 1) = F_{0.005}(9, 9) = 6.54,$$

$$F_{1-\alpha/2}(n_1 - 1, n_2 - 1) = F_{0.995}(9, 9) = \frac{1}{F_{0.005}(9, 9)} = \frac{1}{6.54} = 0.1529.$$

代入数据计算得 $F = 4.869 < 6.54 = F_{0.005}(9, 9)$, 从而接受 H_0, 即认为两种作物产量的方差没有显著性差别.

由于 $\sigma_1^2 = \sigma_2^2 = \sigma^2$ 未知, 故要检验问题 $H_0: \mu_1 = \mu_0, H_1: \mu_1 \neq \mu_2$. 检验统计量为

$$t = \frac{\bar{X} - \bar{Y}}{\sqrt{\frac{(n_1 - 1)S_1^2 + (n_2 - 1)S_2^2}{n_1 + n_2 - 2}}\sqrt{\frac{1}{n_1} + \frac{1}{n_2}}},$$

若 H_0 为真, $t \sim t(n_1 + n_2 - 2)$.

H_0 的拒绝域

$$|t| \geqslant t_{\alpha/2}(n_1 + n_2 - 2).$$

对于显著性水平 $\alpha = 0.01\left(\frac{\alpha}{2} = 0.005\right)$,

$$t_{\alpha/2}(n_1 + n_2 - 2) = t_{0.005}(18) = 2.8784.$$

又因为

$$\bar{x} = 30.97, \quad s_1 = 26.7, \quad n_1 = 10,$$

$$\bar{y} = 21.79, \quad s_2 = 12.1, \quad n_2 = 10,$$

代入检验统计量得

$$s_w = \sqrt{\frac{(n_1 - 1)s_1^2 + (n_2 - 1)s_2^2}{n_1 + n_2 - 2}} = \sqrt{\frac{6416.01 + 1317.69}{18}} = 20.728,$$

$$t = \frac{|\bar{x} - \bar{y}|}{s_w\sqrt{\frac{1}{n_1} + \frac{1}{n_2}}} = \frac{9.18}{20.728 \times 0.4472} = 0.9903.$$

代入数据计算得 $|t|=0.9903<2.8784=t_{0.005}(18)$，故接受 H_0，即认为两种作物产量的期望没有显著性差别.

10. 某工厂生产的甲、乙两种电子仪表的寿命（单位：h）都服从正态分布，甲电子仪表的寿命 $X\sim N(\mu_1,\sigma_1^2)$，乙电子仪表的寿命 $Y\sim N(\mu_2,\sigma_2^2)$，其中 $\mu_1,\mu_2,\sigma_1^2,\sigma_2^2$ 都未知，从甲电子仪表中抽取 9 个，测得平均寿命 $\bar{x}=1100$，样本方差 $s_1^2=12$. 从乙电子仪表中抽出 10 个，测得平均寿命 $\bar{x}=1250$，样本方差 $s_1^2=10$，两种仪表寿命的方差和期望是否有显著不同？（显著性水平 $\alpha=0.05$）

解　设甲乙两种电子仪表的寿命分别为 X,Y，则 $X\sim N(\mu_1,\sigma^2),Y\sim N(\mu_2,\sigma^2)$.

首先检验问题 $H_0:\sigma_1^2=\sigma_2^2$，$H_1:\sigma_1^2\neq\sigma_2^2$.

检验统计量 $F=\dfrac{S_1^2}{S_2^2}$，如果 H_0 为真，则 $F\sim F(n_1-1,n_2-1)$.

H_0 的拒绝域为

$$\left(\frac{S_1^2}{S_2^2}\leqslant F_{1-\alpha/2}(n_1-1,n_2-1)\right)\bigcup\left(\frac{S_1^2}{F_2^2}\geqslant F_{\alpha/2}(n_1-1,n_2-1)\right).$$

对于显著性水平 $\alpha=0.05$，

$$F_{\alpha/2}(n_1-1,n_2-1)=F_{0.025}(8,9)=4.10,$$

$$F_{1-\alpha/2}(n_1-1,n_2-1)=F_{0.975}(8,9)=\frac{1}{F_{0.025}(9,8)}=\frac{1}{4.36}=0.2294.$$

代入数据计算得 $F=1.2<4.1=F_{0.025}(8,9)$，从而接受 H_0，即认为两种仪表寿命的方差没有显著性差别.

由于 $\sigma_1^2=\sigma_2^2=\sigma^2$ 未知，故要检验问题 $H_0:\mu_1=\mu_0$，$H_1:\mu_1\neq\mu_2$.

检验统计量为 $t=\dfrac{\bar{X}-\bar{Y}}{\sqrt{\dfrac{(n_1-1)S_1^2+(n_2-1)S_2^2}{n_1+n_2-2}}\sqrt{\dfrac{1}{n_1}+\dfrac{1}{n_2}}}$，若 H_0 为真，$t\sim t(n_1+n_2-2)$.

H_0 的拒绝域

$$|t|\geqslant t_{\alpha/2}(n_1+n_2-2).$$

对于显著性水平 $\alpha=0.05$，$\dfrac{\alpha}{2}=0.025$，

$$t_{\alpha/2}(n_1+n_2-2)=t_{0.025}(17)=2.1098.$$

又因为

$$\bar{x}=1100,\quad s_1^2=12,\quad n_1=9,$$

$$\bar{y}=1250,\quad s_2^2=10,\quad n_2=10,$$

代入检验统计量得

$$s_w=\sqrt{\frac{(n_1-1)s_1^2+(n_2-1)s_2^2}{n_1+n_2-2}}=\sqrt{\frac{96+90}{17}}=3.308,$$

$$t=\frac{|\bar{x}-\bar{y}|}{s_w\sqrt{\dfrac{1}{n_1}+\dfrac{1}{n_2}}}=\frac{150}{3.308\times0.4595}=98.68.$$

代入数据计算得 $|t|=098.68>2.1098=t_{0.025}(17)$，故拒绝 H_0，即认为两种仪表寿命的期望有显著性差别.

习题 8-3

1. 某校毕业班历年语文毕业成绩接近 $N(78.5, 7.6^2)$，今年毕业 49 名学生，平均分数 76.4 分，有人说这届学生的语文水平不如以往历届学生，这个说法能接受吗？（显著性水平 $\alpha = 0.05$）

解　设语文成绩为 X，则 $X \sim N(78.5, 7.6^2)$.

检验问题 $H_0 : \mu = \mu_0 = 78.5, H_1 : \mu < 78.5$.

检验统计量为 $U = \dfrac{\overline{X} - \mu_0}{\sigma / \sqrt{n}}$，$H_0$ 为真时，$U \sim N(0,1)$.

拒绝域为

$$U \leqslant -z_\alpha.$$

对于显著性水平 $\alpha = 0.05$，

$$z_\alpha = z_{0.05} = 1.645.$$

由已知条件可知

$$\overline{x} = 76.4, \quad \sigma = 7.6, \quad n = 49,$$

代入数据得

$$u = -1.934 < -1.645.$$

拒绝 H_0，接受 H_1，认为这届学生的语文水平不如以往历届学生.

2. 据往年统计，某杏园中一棵树产杏量(单位：kg)服从 $N(54, 0.752)$，1993 年施肥后，收获时任取 9 棵树，算得平均每棵产量为 56.22. 如果方差不变，问 1993 年每棵杏树的产量是否有显著提高？（$\alpha = 0.05$）

解　设一棵杏树产量为 X，则 $X \sim N(54, 0.752)$，方差不变.

检验问题 $H_0 : \mu = \mu_0 = 54, H_1 : \mu > 54$.

检验统计量为 $U = \dfrac{\overline{X} - \mu_0}{\sigma / \sqrt{n}}$，$H_0$ 为真时，$U \sim N(0,1)$.

拒绝域为

$$U \geqslant z_\alpha.$$

对于显著性水平 $\alpha = 0.05$，

$$z_\alpha = z_{0.05} = 1.645.$$

由已知条件可知

$$\overline{x} = 56.22, \quad \sigma^2 = 0.752, \quad n = 9,$$

代入数据得

$$u = 7.68 > 1.645.$$

拒绝 H_0，接受 H_1，认为 1993 年每棵杏树的产量有显著提高.

3. 某运动设备制造厂生产一种新的人造钓鱼线，其平均切断力为 8(单位：N)，标准差 $\sigma = 0.5$，现生产一批新的钓鱼线，随机抽查 50 条钓鱼线进行检验，测得其平均切断力为 7.8，问这批新的钓鱼线的平均切断力有无显著降低？（取 $\alpha = 0.01$）

解　设钓鱼线的切断力为 X，则 $X \sim N(8, 0.5^2)$.

检验问题 $H_0 : \mu = \mu_0 = 8, H_1 : \mu < 8$.

检验统计量为 $U = \dfrac{\overline{X} - \mu_0}{\sigma/\sqrt{n}}$，$H_0$ 为真时，$U \sim N(0,1)$.

拒绝域为

$$U \leqslant -z_a.$$

对于显著性水平 $\alpha = 0.01$，

$$z_a = z_{0.01} = 2.33.$$

由已知条件可知

$$\overline{x} = 7.8, \quad \sigma = 0.5, \quad n = 50,$$

代入数据得

$$u = -2.828 < -2.33.$$

拒绝 H_0，接受 H_1，认为这批新的钓鱼线的平均切断力有显著降低.

4. 已知某炼铁厂的铁水含碳量(%)在正常情况下服从正态分布 $N(4.55, 0.11^2)$，今测得 5 炉铁水含碳量如下：

$$4.28, \quad 4.40, \quad 4.42, \quad 4.35, \quad 4.37.$$

若标准差不变，问铁水的含碳量是否有明显的降低？（$\alpha = 0.05$）

解 设铁水碳含量为 X，则 $X \sim N(4.55, 0.11^2)$，标准差不变.

检验问题 $H_0 : \mu = \mu_0 = 4.55$，$H_1 : \mu < 4.55$.

检验统计量为 $U = \dfrac{\overline{X} - \mu_0}{\sigma/\sqrt{n}}$，$H_0$ 为真时，$U \sim N(0,1)$.

拒绝域为

$$U \leqslant -z_a.$$

对于显著性水平 $\alpha = 0.05$

$$z_a = z_{0.05} = 1.645.$$

由已知条件可知

$$\overline{x} = 4.36, \quad \sigma^2 = 0.11^2, \quad n = 5,$$

代入数据得

$$u = -1.269 > -1.645.$$

接受 H_0，认为铁水的含碳量没有明显的降低.

5. 一般情况下单位面积小麦产量服从正态分布.某县在秋收时随机抽查了 20 个村的小麦产量(单位：kg)，平均单位面积产量为 981，标准差 $s = 50$，该县已达到单位面积小麦产量 1t 的结论是否成立？（$\alpha = 0.05$）

解 设 X 表示单位面积小麦产量，故 $X \sim N(\mu, \sigma^2)$，其中 μ, σ^2 都未知.

检验问题 $H_0 : \mu = \mu_0 = 1000$，$H_1 : \mu < \mu_0$.

由于 σ^2 未知，故选取检验统计量 $t = \dfrac{\overline{X} - \mu_0}{S/\sqrt{n}}$，当 H_0 为真时，$t \sim t(n-1)$.

H_0 的拒绝域为

$$t \leqslant -t_a(n-1).$$

由已知条件 $n = 20$，$\overline{x} = 981$，$s = 50$，$\alpha = 0.05$，故

$$\frac{\bar{x}-\mu_0}{s/\sqrt{n}} = \frac{(981-1000)}{50/\sqrt{20}} = -1.699.$$

查表

$$t_{0.05}(19) = 1.7291.$$

显然

$$-1.699 > -1.7291.$$

接受 H_0,认为该县已达到单位面积小麦产量 1t 的结论成立.

6. 某果园苹果树剪枝前平均每株产苹果 52(单位:kg),剪枝后任取 50 株单独采收,经核算平均株产量为 54,标准差 $s=8$,则剪枝是否提高了株产量? 分别取显著性水平 $\alpha = 0.05, \alpha = 0.025$.

解 设 X 表示产量,故 $X \sim N(\mu, \sigma^2)$,其中,μ, σ^2 都未知.

检验问题 $H_0: \mu = \mu_0 = 52, H_1: \mu > \mu_0$.

由于 σ^2 未知,故选取检验统计量 $t = \dfrac{\bar{X}-\mu_0}{S/\sqrt{n}}$,当 H_0 为真时,$t \sim t(n-1)$.

H_0 的拒绝域为

$$t \geqslant t_\alpha(n-1).$$

由已知条件 $n=50, \bar{x}=54, s=8, \alpha_1=0.05, \alpha_2=0.025$,故

$$\frac{\bar{x}-\mu_0}{s/\sqrt{n}} = \frac{(54-52)}{8/\sqrt{50}} = 1.7678.$$

查表,由 $n > 45$ 可得

$$t_{0.05}(49) = z_{0.05} = 1.645, \quad t_{0.025}(49) = z_{0.025} = 1.96.$$

显然

$$1.96 > 1.768 > 1.645.$$

故当 $\alpha_1 = 0.05$ 时,拒绝 H_0,认为剪枝提高了株产量;当 $\alpha_2 = 0.025$ 时,接受 H_0,认为剪枝没有提高株产量.

7. 甲、乙两种作物分别在两地种植,设管理条件相同,收获时得以下结果:

$$甲: n_1 = 400, \quad 平均产量 \bar{x} = 5030, \quad s_1 = 510;$$
$$乙: n_2 = 550, \quad 平均产量 \bar{y} = 5100, \quad s_2 = 500.$$

甲的产量是否比乙的低?($\alpha = 0.05$)

解 设甲、乙两种作物产量分别为 X, Y,则 $X \sim N(\mu_1, \sigma_1^2), Y \sim N(\mu_2, \sigma_2^2)$.

首先检验问题 $H_0: \sigma_1^2 = \sigma_2^2, H_1: \sigma_1^2 > \sigma_2^2$.

H_0 为真时,检验统计量

$$F = \frac{S_1^2}{S_2^2} \sim F(n_1-1, n_2-1).$$

拒绝域

$$F = \frac{S_1^2}{S_2^2} \geqslant F_\alpha(n_1-1, n_2-1).$$

由已知条件可知

$$s_1^2 = 510^2, \quad s_2^2 = 500^2, \quad n_1 = 400, \quad n_2 = 550, \quad \alpha = 0.05,$$

代入数据计算得

$$F = \frac{s_1^2}{s_2^2} = \frac{510^2}{500^2} = 1.0404.$$

查表得

$$F_{0.05}(399, 549) = 1.1643.$$

显然

$$1.0404 < 1.1643.$$

接受 H_0,即认为两种作物产量的方差相同.

其次检验问题 $H_0: \mu_1 = \mu_2$,$H_1: \mu_1 < \mu_2$.

H_0 为真时,检验统计量

$$t = \frac{\overline{X} - \overline{Y}}{S_w \sqrt{\frac{1}{n_1} + \frac{1}{n_2}}} \sim t(n_1 + n_2 - 2),$$

其中

$$S_w^2 = \frac{(n_1 - 1)S_1^2 + (n_2 - 1)S_2^2}{n_1 + n_2 - 2}.$$

拒绝域为

$$t \leqslant -t_a(n-1).$$

对于显著性水平 $\alpha = 0.05$,

$$t_a(n_1 + n_2 - 2) = t_{0.05}(948) = z_{0.05} = 1.645.$$

由已知条件可知

$$\overline{x} = 5030, \quad s_1^2 = 510^2, \quad n_1 = 400,$$

$$\overline{y} = 5100, \quad s_2^2 = 500^2, \quad n_2 = 550,$$

代入数据可求得

$$s_w = 504.23, \quad t = -2.113.$$

由于

$$t = -2.113 < -1.645,$$

故拒绝 H_0,即认为作物甲产量低于作物乙产量.

8. 某厂生产的电子元件,其电阻值服从正态分布,其平均电阻值 $\mu = 2.6$(单位: Ω),今该厂换了一种材料生产同类产品,从中抽查了 20 个,测得样本均值为 3.0,样本标准差 $s = 0.11$,则新材料生产的元件平均电阻较之原来的元件的平均电阻是否有明显的提高?($\alpha = 0.05$)

解 设 X 表示新材料生产的元件的电阻值,故 $X \sim N(\mu, \sigma^2)$,其中 μ, σ^2 都未知.

检验问题 $H_0: \mu = \mu_0 = 2.6$,$H_1: \mu > \mu_0$.

由于 σ^2 未知,故选取检验统计量 $t = \dfrac{\overline{X} - \mu_0}{S/\sqrt{n}}$,当 H_0 为真时,$t \sim t(n-1)$.

H_0 的拒绝域为

$$t \geqslant t_a(n-1),$$

由已知条件 $n = 20, \overline{x} = 3.0, s = 0.11, \alpha = 0.05$,故

$$\frac{\bar{x} - \mu_0}{s/\sqrt{n}} = \frac{3.0 - 2.6}{0.11/\sqrt{20}} = 16.262.$$

查表得 $t_{0.05}(19) = = 1.7291$,显然 $16.262 > 1.7291$.

故拒绝 H_0,即新材料生产的元件平均电阻较之原来的元件的平均电阻有明显提高.

9. 某项实验比较两种不同塑料材料的耐磨程度,对各块的磨损深度进行观察,取材料 1,样本容量 $n_1 = 12$,平均磨损深度 $\bar{x}_1 = 85$ 个单位,标准差 $s_1 = 4$;取材料 2,样本容量 $n_2 = 10$,平均磨损深度 $\bar{x}_2 = 81$ 个单位,标准差 $s_1 = 5$;在 $\alpha = 0.05$ 下,是否能推断材料 1 比材料 2 的磨损值超过 2 个单位? 假定两总体是方差相同的正态总体.

解　设材料 1、2 磨损值分别为 X, Y,则 $X \sim N(\mu_1, \sigma_1^2)$,$Y \sim N(\mu_2, \sigma_2^2)$.

检验假设 $H_0: \mu_1 - \mu_2 = 2$,$H_1: \mu_1 - \mu_2 > 2$.

H_0 为真时,检验统计量

$$t = \frac{\bar{X} - \bar{Y} - 2}{S_w \sqrt{\dfrac{1}{n_1} + \dfrac{1}{n_2}}} \sim t(n_1 + n_2 - 2),$$

其中

$$S_w^2 = \frac{(n_1 - 1)S_1^2 + (n_2 - 1)S_2^2}{n_1 + n_2 - 2}.$$

拒绝域为

$$t \geqslant t_\alpha(n_1 + n_2 - 2).$$

对于显著性水平 $\alpha = 0.05$,

$$t_\alpha(n_1 + n_2 - 2) = t_{0.05}(20) = 1.7247.$$

由已知条件可知

$$\bar{x} = 85, \quad s_1 = 4, \quad n_1 = 12,$$
$$\bar{y} = 81, \quad s_2 = 5, \quad n_2 = 10,$$

代入数据可求得

$$s_w = 4.4777, \quad t = 1.0432.$$

由于

$$t = 1.0432 < 1.7247,$$

故接受 H_0,认为材料 1 比材料 2 的磨损深度并未超过 2 个单位.

习题 8-4

1. 设需要对某一正态总体的均值进行假设检验

$$H_0: \mu = \mu_0 = 100, \quad H_1: \mu > 100.$$

已知 $\sigma = 25$,取 $\alpha = 0.05$,若要求当 H_1 中的 $\mu = 120$ 时犯第二类错误的概率不超过 $\beta = 0.01$,求所需的样本容量 n 和临界值 A.

解　由已知条件可知

$$\mu_0 = 100, \quad \mu_1 = 120, \quad z_\alpha = 1.645, \quad z_\beta = 2.326, \quad \sigma_0^2 = 625.$$

代入公式

$$n = \frac{(z_\alpha + z_\beta)^2 \sigma_0^2}{(\mu_1 - \mu_0)^2} = \frac{3.971^2 \times 625}{400} = 24.639.$$

临界值计算公式为

$$A = \frac{\mu_0 z_\beta - \mu_1 z_\alpha + 2\mu_0 z_\alpha}{z_\alpha + z_\beta}$$

$$= \frac{100 \times 2.326 - 120 \times 1.645 + 2 \times 100 \times 1.645}{1.645 + 2.326}$$

$$= 91.715.$$

故所需的样本容量 $n = 25$，临界值 $A = 91.715$。

2. 设 $X_1, X_2, \cdots, X_n$ 是取自正态总体 $N(\mu, 4)$ 的样本，对假设检验 $H_0: \mu = \mu_0 = 1$，$H_1: \mu \neq 1$，$\alpha = 0.05$，$n = 9$，求 $\mu = 0.5$ 时犯第二类错误的概率。

解 由已知条件得

$$\mu_0 = 1, \quad \mu_1 = 0.5, \quad z_{\alpha/2} = z_{0.025} = 1.96, \quad n = 9, \quad \sigma = 2.$$

代入公式

$$\lambda = \frac{\mu_1 - \mu}{\sigma/\sqrt{n}} = \frac{0.5 - 1}{2/3} = -0.75,$$

$$\beta = \Phi(z_{\alpha/2} - \lambda) + \Phi(z_{\alpha/2} + \lambda) - 1$$

$$= \Phi(1.96 - 0.75) + \Phi(1.96 + 0.75) - 1$$

$$= \Phi(1.21) + \Phi(2.71) - 1$$

$$= 0.8835.$$

当 $\mu = 0.5$ 时犯第二类错误的概率为 0.8835。

3. 设 $X_1, X_2, \cdots, X_n$ 是取自正态总体 $N(\mu, \sigma_0^2)$ 的样本，σ_0^2 已知，对假设检验 $H_0: \mu = \mu_0$，$H_1: \mu < \mu_0$，取拒绝域 $c = \{(x_1, x_2, \cdots, x_n) \mid \bar{x} \leqslant c_0\}$，求此检验犯第一类错误的概率为 α 时，犯第二类错误的概率 β，并讨论它们之间的关系。

解 在 H_0 成立的条件下，$\bar{X} \sim N\left(\mu_0, \frac{\sigma_0^2}{n}\right)$，标准化后，$\frac{\bar{X} - \mu_0}{\sigma_0/\sqrt{n}} \sim N(0, 1)$。

此时

$$\alpha = P\{\bar{X} \leqslant c_0\} = P\left\{\frac{\bar{X} - \mu_0}{\sigma_0/\sqrt{n}} \leqslant \frac{c_0 - \mu_0}{\sigma_0/\sqrt{n}}\right\},$$

所以，$\frac{c_0 - \mu_0}{\sigma_0/\sqrt{n}} = -z_\alpha$，由此式解出 $c_0 = \mu_0 - \frac{\sigma_0}{\sqrt{n}} z_\alpha$。

在 H_1 成立的条件下，$\bar{X} \sim N\left(\mu, \frac{\sigma_0^2}{n}\right)$，此时

$$\beta = P\{\bar{X} > c_0\} = P\left\{\frac{\bar{X} - \mu}{\sigma_0/\sqrt{n}} > \frac{c_0 - \mu}{\sigma_0/\sqrt{n}}\right\}$$

$$= 1 - \Phi\left(\frac{c_0 - \mu}{\sigma_0/\sqrt{n}}\right) = \Phi\left(-\frac{c_0 - \mu}{\sigma_0/\sqrt{n}}\right)$$

$$= \Phi\left(-\frac{\mu_0 - \frac{\sigma_0}{\sqrt{n}} z_\alpha - \mu}{\sigma_0/\sqrt{n}}\right)$$

$$= \Phi\left(z_\alpha + \frac{\mu - \mu_0}{\sigma_0}\sqrt{n}\right).$$

由此可知,当 α 增加时,z_α 减小,从而 β 减小;反之当 α 减少时,则 β 增加.

4. 某工厂生产一种螺钉,要求标准长度是68(单位:mm),实际生产的产品其长度服从正态分布 $N(\mu,3.6^2)$,考虑假设检验问题

$$H_0:\mu=68,\quad H_1:\mu\neq68.$$

记 $\overline{X}$ 为样本均值,按下列方式进行假设:当 $|\overline{X}-68|>1$ 时,拒绝假设 H_0;当 $|\overline{X}-68|\leqslant 1$ 时,接受假设 H_0. 当样本容量 $n=64$ 时,求:

(1) 犯第一类错误的概率 α;

(2) 犯第二类错误的概率 β(设 $\mu=70$).

解 (1) 在 H_0 成立的条件下,$\overline{X}\sim N\left(\mu_0,\dfrac{\sigma_0^2}{n}\right)$,标准化后,$\dfrac{\overline{X}-\mu_0}{\sigma_0/\sqrt{n}}\sim N(0,1)$.

$$\alpha=P\{|\overline{X}-68|>1\}=1-P\{|\overline{X}-68|\leqslant 1\}$$
$$=1-P\left\{-\frac{8}{3.6}\leqslant\frac{\overline{X}-68}{3.6/8}\leqslant\frac{8}{3.6}\right\}$$
$$=2-2\Phi\left(\frac{8}{3.6}\right)=0.264.$$

(2) 在 H_1 成立的条件下,$\overline{X}\sim N\left(\mu,\dfrac{\sigma_0^2}{n}\right)$,标准化后,$\dfrac{\overline{X}-\mu}{\sigma_0/\sqrt{n}}\sim N(0,1)$.

$$\beta=P\{|\overline{X}-68|\leqslant 1\}=P\{-1\leqslant\overline{X}-68\leqslant 1\}$$
$$=P\left\{-3\times\frac{8}{3.6}\leqslant\frac{\overline{X}-70}{3.6/8}\leqslant-1\times\frac{8}{3.6}\right\}$$
$$=\Phi(6.66)-\Phi(2.22)=0.0132.$$

总习题 8

1. 设总体 $X\sim N(\mu,1)$,$x_1,x_2,\cdots,x_{10}$ 是来自总体的样本值,若在显著性水平 $\alpha=0.05$ 下检验 $H_0:\mu=0,H_1:\mu\neq0$,拒绝域 $c=\{|\bar{x}|\geqslant c_0\}$.

(1) 求 c_0 的值;

(2) 当取 $c_0=1.15$ 时,求显著性水平 α.

解 (1) 总体 $X\sim N(\mu,1)$,检验问题 $H_0:\mu=\mu_0=0,H_1:\mu\neq\mu_0$.

检验统计量 $U=\dfrac{\overline{X}-\mu_0}{\sigma/\sqrt{n}}$,若 H_0 为真,则 $U\sim N(0,1)$.

H_0 的拒绝域 $|U|\geqslant z_{\alpha/2}$,从而 $|\overline{X}-\mu_0|\geqslant\dfrac{\sigma}{\sqrt{n}}z_{\alpha/2}$,因此有 $c_0=\dfrac{\sigma}{\sqrt{n}}z_{\alpha/2}$.

代入数据 $\sigma=1,n=10,\alpha=0.05$,$z_{\alpha/2}=z_{0.025}=1.96$,得 $c_0=0.62$.

(2) 由(1)得 $c_0=\dfrac{\sigma}{\sqrt{n}}z_{\alpha/2}$,$z_{\alpha/2}=c_0\times\dfrac{\sqrt{n}}{\sigma}$,代入数据得

$$z_{\alpha/2}=1.15\times\frac{\sqrt{10}}{1}=3.64,\quad\alpha=2(1-\Phi(z_{\alpha/2}))\approx0.0003.$$

2. 已知某车间生产铜丝,其折断力服从正态分布 $N(580,64)$,今换了一批原材料,折断力的方差不变,但不知折断力的大小有无差别,从新生产的铜丝中抽取 9 个样本,测得折断力为

$$572, \quad 580, \quad 568, \quad 572, \quad 571, \quad 570, \quad 572, \quad 595, \quad 575.$$

在显著性水平 0.05 下,铜丝折断力与原先有无差异?给出检验过程.

解 设铜丝折断力 X,则 $X \sim N(580, 8^2)$.

检验问题 $H_0: \mu = \mu_0 = 580, H_1: \mu \neq \mu_0$.

检验统计量 $U = \dfrac{\bar{X} - \mu_0}{\sigma/\sqrt{n}}$,若 H_0 为真,则 $U \sim N(0,1)$.

H_0 的拒绝域 $|U| \geq z_{\alpha/2}$,代入数据 $n=9, \alpha=0.05, \bar{x}=575, \mu_0=580, z_{\alpha/2}=z_{0.025}=1.96$,因而 $u=1.875 < 1.96$,从而接受 H_0,即铜丝折断力与原先无差异.

3. 根据统计报表的资料显示某地区人均月收入 $X \sim N(880, 6400)$,现进行 49 人的抽样调查,人均月收入为 920 元,能否认为人均月收入增加了?($\alpha=0.01$)

解 设该地区人均月收入 X,则 $X \sim N(880, 80^2)$.

检验问题 $H_0: \mu = \mu_0 = 880, H_1: \mu > \mu_0$.

检验统计量 $U = \dfrac{\bar{X} - \mu_0}{\sigma/\sqrt{n}}$,若 H_0 为真,则 $U \sim N(0,1)$.

H_0 的拒绝域 $U \geq z_\alpha$,代入数据 $n=49, \alpha=0.01, \bar{x}=920, \mu_0=880, z_\alpha=z_{0.005}=2.576$,因而 $u=3.5 > 2.576$,从而拒绝 H_0,即认为人均月收入增加了.

4. 抽查 10 瓶罐头食品的净重,得如下数据(单位:g):

$$495, \quad 510, \quad 505, \quad 498, \quad 503, \quad 492, \quad 502, \quad 512, \quad 496, \quad 506.$$

能否认为该批罐头食品的平均净重为 500?($\alpha=0.05$)

解 设该批罐头净重 X,则 $X \sim N(500, \sigma^2), \sigma^2$ 未知.

检验问题 $H_0: \mu = \mu_0 = 500, H_1: \mu \neq \mu_0$. 检验统计量 $t = \dfrac{\bar{X} - \mu_0}{S/\sqrt{n}}$.

如果假设 H_0 为真,则 $t \sim t(n-1), H_0$ 的拒绝域 $|t| \geq t_{\alpha/2}(n-1)$.

代入数据 $n=9, \bar{x}=501.9, \mu_0=500, \alpha=0.05$,故 $\dfrac{\alpha}{2}=0.025, t_{\alpha/2}(n-1)=t_{0.025}(9)=2.2622, s=5.7047$,而而 $t=0.999 < 2.2622$,从而接受 H_0,即该批罐头食品的平均净重为 500g.

5. 某工厂欲引入一台新机器,由于价格较高,故工程师认为只有在引入该机器能使产品的生产时间平均缩短大于 5.5% 方可采用,现随机进行 16 次试验,测得平均节约时间 5.74%,样本标准差为 0.32%,设新机器能使生产时间缩短的时数服从正态分布,问该厂是否引进这台新机器?($\alpha=0.05$)

解 设该台机器缩短时数 X,则 $X \sim N(\mu, \sigma^2), \sigma^2$ 未知.

检验问题 $H_0: \mu = \mu_0 = 5.5, H_1: \mu > \mu_0$.

检验统计量 $t = \dfrac{\bar{X} - \mu_0}{S/\sqrt{n}}$,如果假设 H_0 为真,则 $t \sim t(n-1)$.

H_0 的拒绝域 $t \geq t_\alpha(n-1)$.

代入数据 $n=16, \bar{x}=5.74, \mu_0=5.5, \alpha=0.05, t_\alpha(n-1)=t_{0.05}(15)=1.7531, s=0.32$,因而 $t=3 > 1.7531$,从而拒绝 H_0,即该厂应该引进这台新机器.

6. 4 名学生彼此独立地测量同一块土地,分别测量的面积为(单位:km^2)

$$1.27, \quad 1.24, \quad 1.21, \quad 1.28.$$

设测定值服从正态分布,试根据这些数据检验这块土地的面积是否不小于1.23? ($\alpha=0.05$)

解 设该块土地面积 X,则 $X \sim N(\mu, \sigma^2)$,σ^2 未知.

检验问题 $H_0: \mu = \mu_0 = 1.23, H_1: \mu < \mu_0$.

检验统计量 $t = \dfrac{\overline{X} - \mu_0}{S/\sqrt{n}}$,如果假设 H_0 为真,则 $t \sim t(n-1)$.

H_0 的拒绝域 $t \leqslant -t_\alpha(n-1)$.

代入数据 $n=4, \overline{x}=1.25, \mu_0=1.23, \alpha=0.05$,则 $t_\alpha(n-1)=t_{0.05}(3)=2.3534, s=0.0316$,因而 $t=1.2658 > -2.3534$,从而接受 H_0,即这块土地的面积不小于1.23.

7. 某厂生产的灯管,其寿命 X(单位:h)服从正态分布,均值为1500,今改用新工艺后,取25只灯管进行测试,得平均寿命为1585,标准差185,问新工艺是否提高了产品的平均寿命? ($\alpha=0.05$)

解 设新工艺后灯管寿命 X,则 $X \sim N(\mu, \sigma^2)$,σ^2 未知.

检验问题 $H_0: \mu = \mu_0 = 1500, H_1: \mu > \mu_0$.

检验统计量 $t = \dfrac{\overline{X} - \mu_0}{S/\sqrt{n}}$,如果假设 H_0 为真,则 $t \sim t(n-1)$.

H_0 的拒绝域 $t \geqslant t_\alpha(n-1)$.

代入数据 $n=25, \overline{x}=1585, \mu_0=1500, \alpha=0.05$,有 $t_\alpha(n-1)=t_{0.05}(24)=1.7109, s=185$,因而 $t=2.2973 > 1.7109$,从而拒绝 H_0,即新工艺提高了产品的平均寿命.

8. 某研究员为证实知识分子家庭的平均子女数低于工人家庭的平均子女数(2.5人),随机抽取了36户知识分子家庭进行调查,发现平均子女数为2.1人,标准差为1.1人,上述看法能否得以证实? ($\alpha=0.05$)

解 设知识分子家庭的平均子女数与工人家庭的平均子女数差为 X 人,则 $X \sim N(\mu, \sigma^2)$,σ^2 未知.

检验问题 $H_0: \mu = \mu_0 = 2.5, H_1: \mu < \mu_0$.

检验统计量 $t = \dfrac{\overline{X} - \mu_0}{S/\sqrt{n}}$,如果假设 H_0 为真,则 $t \sim t(n-1)$.

H_0 的拒绝域 $t \leqslant -t_\alpha(n-1)$.

代入数据 $n=36, \overline{x}=2.1, \mu_0=2.5, \alpha=0.05$,有 $t_\alpha(n-1)=t_{0.05}(35)=1.6896, s=1.1$,因而 $t=-2.1818 < -1.6896$,从而拒绝 H_0,上述看法能得以证实.

9. 已知某种溶液中水分含量 $X \sim N(\mu, \sigma^2)$,要求平均水分含量 μ 不低于0.5%,今测定该溶液9个样本,得到平均水分含量为0.451%,样本标准差 $s=0.039\%$,试在显著性水平 $\alpha=0.05$ 下,检验溶液水分含量是否合格?

解 设溶液水分含量 X,则 $X \sim N(\mu, \sigma^2)$,σ^2 未知.

检验问题 $H_0: \mu = \mu_0 = 0.5\%, H_1: \mu < \mu_0$.

检验统计量 $t = \dfrac{\overline{X} - \mu_0}{S/\sqrt{n}}$,如果假设 H_0 为真,则 $t \sim t(n-1)$.

H_0 的拒绝域 $t \leqslant -t_\alpha(n-1)$.

代入数据 $n=9, \overline{x}=0.451\%, \mu_0=0.5\%, \alpha=0.05$,则有 $t_\alpha(n-1)=t_{0.05}(8)=1.8595$,

$s=0.039\%$,因而 $t=-3.7692<-1.8595$,从而拒绝 H_0,即溶液水分含量不合格.

10. 在某机床上加工的一种零件的内径尺寸(单位:m),据以往经验服从正态分布,标准差为 $\sigma=0.033$,某日开工后,抽取 15 个零件测量内径,样本标准差 $s=0.025$,问这天加工的零件方差与以往有无显著减小?($\alpha=0.05$)

解 $H_0:\sigma^2=\sigma_0^2=0.033^2$,$H_1:\sigma^2<\sigma_0^2=0.033^2$.

选取检验统计量 $\chi^2=\dfrac{(n-1)S^2}{\sigma_0^2}$,如果假设 H_0 为真,则 $\chi^2\sim\chi^2(n-1)$.

拒绝域

$$\chi^2<\chi_{1-\alpha}^2(n-1).$$

由已知条件可知

$$s=0.025,\quad n=15,\quad \alpha=0.05,$$

代入数据计算得

$$\chi^2=\frac{(n-1)s^2}{\sigma_0^2}=\frac{14\times0.025^2}{0.033^2}=8.035.$$

对于显著性水平 $\alpha=0.05$ 有

$$\chi_{1-\alpha}^2(n-1)=\chi_{0.95}^2(14)=6.571,$$
$$8.035>6.571.$$

接受 H_0,拒绝 H_1,这天加工的零件方差与以往无显著减小.

11. 某车间生产铜丝,其中一个主要质量指标是折断力大小,用 X 表示该车间生产的铜丝的折断力,根据过去资料来看,可以认为 X 服从 $N(\mu,\sigma^2)$,$\mu_0=285\text{N}$,$\sigma=4\text{N}$,今换了一批原材料,从性能上看,估计折断力的方差不会有什么大变化,从现今产品中任取 10 根,测得折断力数据(单位:N)如下:

$$289,\quad 286,\quad 285,\quad 284,\quad 285,\quad 285,\quad 286,\quad 286,\quad 298,\quad 292.$$

试推断折断力的大小与原先有无差别.

解 设铜丝折断力 X,认为方差无变化,则 $X\sim N(285,4^2)$.

检验问题 $H_0:\mu=\mu_0=285$,$H_1:\mu\neq\mu_0$.

检验统计量 $U=\dfrac{\overline{X}-\mu_0}{\sigma/\sqrt{n}}$,若 H_0 为真,则 $U\sim N(0,1)$.

H_0 的拒绝域 $|U|\geqslant z_{\alpha/2}$. 代入数据 $n=10$,不妨取 $\alpha=0.05$,$\bar{x}=287.6$,$\mu_0=285$,$z_{\alpha/2}=z_{0.025}=1.96$,因而 $u=2.06>1.96$,从而拒绝 H_0,即铜丝折断力的大小与原先有差别.

12. 为了降低成本,想变更机件的材质,原来材质的零件外径标准差为 0.3mm,材质变更后,随机抽取 9 个零件,得外径尺寸的数据如下(单位:mm):

$$32.5,\quad 35.8,\quad 34.8,\quad 35.7,\quad 33.9,\quad 34.6,\quad 35.1,\quad 35.2,\quad 34.7.$$

试研究材质变化后,零件外径的方差是否增大了?($\alpha=0.05$)

解 $H_0:\sigma^2=\sigma_0^2=0.3^2$,$H_1:\sigma^2>\sigma_0^2$.

选取检验统计量 $\chi^2=\dfrac{(n-1)S^2}{\sigma_0^2}$,如果假设 H_0 为真,则 $\chi^2\sim\chi^2(n-1)$.

拒绝域

$$\chi^2>\chi_\alpha^2(n-1).$$

由已知条件可知

$$\bar{x} = 34.7, \quad s = 0.97, \quad n = 9, \quad \alpha = 0.05,$$

代入数据计算得

$$\chi^2 = \frac{(n-1)s^2}{\sigma_0^2} = \frac{8 \times 0.97^2}{0.3^2} = 83.6.$$

对于显著性水平 $\alpha = 0.05$ 有

$$\chi_\alpha^2(n-1) = \chi_{0.05}^2(8) = 15.5,$$
$$83.6 > 15.5.$$

从而拒绝 H_0,即认为材质变化后,零件外径的方差增大了.

13. 某种导线,要求其电阻的标准差不大于 0.005(单位:Ω),今在生产的一批导线中取样品 9 根,测得 $s = 0.003$,设该种导线的电阻服从正态分布,问在显著性水平 $\alpha = 0.05$ 下能否认为这批导线的电阻的标准差与额定标准差相比有显著的减小?

解 检验问题

$$H_0: \sigma^2 = \sigma_0^2 = 0.005^2, \quad H_1: \sigma^2 < \sigma_0^2.$$

选取检验统计量 $\chi^2 = \dfrac{(n-1)S^2}{\sigma_0^2}$,如果假设 H_0 为真,则 $\chi^2 \sim \chi^2(n-1)$.

拒绝域

$$\chi^2 < \chi_{1-\alpha}^2(n-1).$$

由已知条件可知

$$s = 0.003, \quad n = 9, \quad \alpha = 0.05,$$

代入数据计算得

$$\chi^2 = \frac{(n-1)s^2}{\sigma_0^2} = \frac{8 \times 0.003^2}{0.005^2} = 2.88.$$

对于显著性水平 $\alpha = 0.05$,有

$$\chi_{1-\alpha}^2(n-1) = \chi_{0.95}^2(8) = 2.733,$$
$$2.88 > 2.733.$$

接受 H_0,拒绝 H_1,认为这批导线的电阻的标准差与额定标准差相比没有显著的减小.

14. 用两种工艺生产的某种电子元件的抗击穿强度 X 和 Y 为随机变量,分别服从正态分布 $N(\mu_1, \sigma_1^2)$ 和 $N(\mu_2, \sigma_2^2)$(单位:V). 某日分别抽取 9 只和 6 只样品,测得抗击穿强度数据分别为 $x_1, \cdots, x_9$ 和 $y_1, \cdots, y_6$,并算得

$$\sum_{i=1}^{9} x_i = 370.80, \quad \sum_{i=1}^{9} x_i^2 = 15280.17,$$

$$\sum_{i=1}^{6} y_i = 204.60, \quad \sum_{i=1}^{6} y_i^2 = 6978.93.$$

(1) 检验 X 和 Y 的方差有无明显差异;(取 $\alpha = 0.05$)

(2) 利用(1)的结果,求 $\mu_1 - \mu_2$ 的置信度为 0.95 的置信区间.

解 (1) 检验问题

$$H_0: \sigma_1^2 = \sigma_2^2, \quad H_1: \sigma_1^2 \neq \sigma_2^2.$$

选取检验统计量 $F = \dfrac{S_1^2}{S_2^2}$,如果 H_0 为真,则 $F \sim F(n_1-1, n_2-1)$.

拒绝域

$$\left(\frac{S_1^2}{S_2^2} \leqslant F_{1-\alpha/2}(n_1-1,n_2-1)\right) \bigcup \left(\frac{S_1^2}{F_2^2} \geqslant F_{\alpha/2}(n_1-1,n_2-1)\right).$$

对于显著性水平 $\alpha = 0.05$,

$$F_{\alpha/2}(n_1-1,n_2-1) = F_{0.025}(8,5) = 4.82,$$

$$F_{1-\alpha/2}(n_1-1,n_2-1) = F_{0.975}(8,5) = \frac{1}{F_{0.025}(5,8)} = \frac{1}{6.76} = 0.1479.$$

又由 $S^2 = \frac{1}{n-1}\left[\sum_{i=1}^n X_i^2 - n\overline{X}^2\right]$, 得 $s_1^2 = 0.401, s_2^2 = 0.414$.

代入数据计算得

$$F = \frac{s_1^2}{s_2^2} = \frac{0.401}{0.414} = 0.97.$$

由于

$$F_{0.025}(8.5) > F > F_{0.975}(8.5),$$

所以接受 H_0, 即认为 X 和 Y 的方差无明显差异.

(2) 由(1)知 X 和 Y 的方差无明显差异, 所以 $\mu_1 - \mu_2$ 的置信水平为 0.95 的置信区间为

$$\left(\overline{X} - \overline{Y} \pm t_{\alpha/2}(n_1+n_2-2)S_w\sqrt{\frac{1}{n_1}+\frac{1}{n_2}}\right).$$

代入数据 $\overline{x} = 41.2, \overline{y} = 34.1$, 有

$$t_{\alpha/2}(n_1+n_2-2) = t_{0.025}(13) = 2.1604, \quad s_w^2 = \frac{8 \times 0.401 + 5 \times 0.414}{13} = 0.406,$$

置信区间为 $(7.1 \pm 0.73) = (6.37, 7.83)$.

15. 需要比较两种汽车用的燃料的辛烷值, 得数据:

燃料 A	80	84	79	76	82	83	84	80	79	82	81	79
燃料 B	76	74	78	79	80	79	82	76	81	79	82	78

燃料的辛烷值越高, 燃料质量越好, 因燃料 B 较燃料 A 总体价格便宜, 因此, 如果两种辛烷值相同时, 则使用燃料 B. 设两总体均服从正态分布, 而且两样本相互独立, 则应采用哪种燃料? (取 $\alpha = 0.1$)

解 设两种燃料的辛烷值分别为 X, Y, 则 $X \sim N(\mu_1, \sigma_1^2), Y \sim N(\mu_2, \sigma_2^2)$.

首先检验问题

$$H_0: \sigma_1^2 = \sigma_2^2, \quad H_1: \sigma_1^2 \neq \sigma_2^2.$$

选取检验统计量 $F = \frac{S_1^2}{S_2^2}$, 如果 H_0 为真, 则 $F \sim F(n_1-1, n_2-1)$.

拒绝域

$$\left(\frac{S_1^2}{S_2^2} \leqslant F_{1-\alpha/2}(n_1-1,n_2-1)\right) \bigcup \left(\frac{S_1^2}{F_2^2} \geqslant F_{\alpha/2}(n_1-1,n_2-1)\right).$$

对于显著性水平 $\alpha = 0.1$,

$$F_{\alpha/2}(n_1-1,n_2-1) = F_{0.05}(11,11) = 2.85,$$

$$F_{1-\alpha/2}(n_1-1,n_2-1) = F_{0.95}(11,11) = \frac{1}{F_{0.05}(11,11)} = \frac{1}{2.85} = 0.3509,$$

代入数据 $\bar{x}=80.75, \bar{y}=78.67, s_1^2=5.381, s_2^2=6.061, F=\dfrac{s_1^2}{s_2^2}=\dfrac{5.727}{6.061}=0.8878.$

由于

$$F_{0.05}(11,11) > F > F_{0.95}(11,11),$$

所以接受 H_0,即认为 X 和 Y 的方差无明显差异.

其次检验问题

$$H_0: \mu_1=\mu_2, \quad H_1: \mu_1 \neq \mu_2.$$

H_0 为真时,检验统计量

$$t=\frac{\bar{X}-\bar{Y}}{S_w\sqrt{\dfrac{1}{n_1}+\dfrac{1}{n_2}}} \sim t(n_1+n_2-2),$$

其中

$$S_w^2=\frac{(n_1-1)S_1^2+(n_2-1)S_2^2}{n_1+n_2-2}.$$

拒绝域为

$$|t| \geqslant t_{\alpha/2}(n_1+n_2-2).$$

对于显著性水平 $\alpha=0.1$,

$$t_{\alpha/2}(n_1+n_2-2)=t_{0.05}(22)=1.7171.$$

由数据

$$n_1=12, \quad n_2=12, \quad \bar{x}=80.75, \quad \bar{y}=78.67, \quad s_1^2=5.381, \quad s_2^2=6.061,$$

代入数据可求得

$$s_w=2.392, \quad t=1.846.$$

由于

$$t=1.846 > 1.7171,$$

因此拒绝 H_0,即认为两种燃料辛烷值不同. 应选择燃料 A.

16. 某卷烟厂生产甲、乙两种香烟,分别对它们的尼古丁含量(单位:mg)作了 6 次测定,得样本值为:

$$甲: 25, \quad 28, \quad 23, \quad 26, \quad 29, \quad 25;$$

$$乙: 20, \quad 23, \quad 28, \quad 25, \quad 21, \quad 27.$$

假定这两种烟的尼古丁含量都服从正态分布,且方差相等,问甲种香烟的尼古丁平均含量是否显著高于乙种? (显著水平 $\alpha=0.05$)

解 设两种香烟尼古丁含量分别为 X, Y,则 $X \sim N(\mu_1, \sigma^2), Y \sim N(\mu_2, \sigma^2)$.

检验问题

$$H_0: \mu_1=\mu_2, \quad H_1: \mu_1 > \mu_2.$$

H_0 为真时,检验统计量

$$t=\frac{\bar{X}-\bar{Y}}{S_w\sqrt{\dfrac{1}{n_1}+\dfrac{1}{n_2}}} \sim t(n_1+n_2-2),$$

其中

$$S_w^2=\frac{(n_1-1)S_1^2+(n_2-1)S_2^2}{n_1+n_2-2}.$$

拒绝域为

$$t \geqslant t_a(n_1 + n_2 - 2).$$

对于显著性水平 $\alpha = 0.05$,

$$t_a(n_1 + n_2 - 2) = t_{0.05}(10) = 1.8125.$$

由数据

$$\bar{x} = 26, \quad \bar{y} = 24, \quad s_1^2 = 4.8, \quad s_2^2 = 10.4, \quad n_1 = 6, \quad n_2 = 6,$$

代入数据可求得

$$s_w = 2.757, \quad t = 1.256.$$

由于

$$t = 1.256 < 1.8125,$$

因此接受 H_0,即甲种香烟的尼古丁平均含量没有显著高于乙种.

17. 为检验两架光测高温计所确定的温度读数之间有无显著差异,设计了一个试验,用两架仪器同时对一组白炽灯灯丝作观察,从第一架高温计测得 6 个温度读数的样本标准差 $s_1 = 42$,从第二架高温计测得 9 个温度读数的样本标准差 $s_2 = 36$,假设第一架和第二架高温计观察的结果都服从正态分布,试确定这两只高温计所确定的温度读数的方差有无显著差异?($\alpha = 0.05$)

解 设两种温度计读数分别为 X, Y,则 $X \sim N(\mu_1, \sigma_1^2), Y \sim N(\mu_2, \sigma_2^2)$.

检验问题

$$H_0: \sigma_1^2 = \sigma_2^2, \quad H_1: \sigma_1^2 \neq \sigma_2^2.$$

选取检验统计量 $F = \dfrac{S_1^2}{S_2^2}$,如果 H_0 为真,则 $F \sim F(n_1 - 1, n_2 - 1)$.

拒绝域

$$\left(\frac{S_1^2}{S_2^2} \leqslant F_{1-a/2}(n_1 - 1, n_2 - 1) \right) \cup \left(\frac{S_1^2}{F_2^2} \geqslant F_{a/2}(n_1 - 1, n_2 - 1) \right).$$

对于显著性水平 $\alpha = 0.05$,

$$F_{a/2}(n_1 - 1, n_2 - 1) = F_{0.025}(5, 8) = 4.82,$$

$$F_{1-a/2}(n_1 - 1, n_2 - 1) = F_{0.975}(5, 8) = \frac{1}{F_{0.025}(8, 5)} = \frac{1}{6.76} = 0.1479,$$

代入数据计算

$$S_1^2 = 42^2, \quad S_2^2 = 36^2, \quad F = \frac{S_1^2}{S_2^2} = \frac{42^2}{36^2} = 1.3611.$$

由于

$$F_{0.025}(5.8) > F > F_{0.975}(5.8),$$

所以接受 H_0,即认为这两只高温计所确定的温度读数的方差无显著差异.

18. 由累积资料知道甲、乙两煤矿的含灰率分别服从 $N(\mu_1, \sigma_1^2)$ 及 $N(\mu_2, \sigma_2^2)$.现从两矿各抽几个试件,分析其含灰率(单位:%)为

甲矿:24.3, 20.8, 23.7, 21.3, 17.4;

乙矿:18.2, 16.9, 20.2, 16.7.

甲、乙两矿所采煤的平均含灰率是否有显著差异?($\alpha = 0.05$)

解 设两种煤矿的含灰率分别为 X, Y,则 $X \sim N(\mu_1, \sigma_1^2), Y \sim N(\mu_2, \sigma_2^2)$.

首先检验问题

$$H_0 : \sigma_1^2 = \sigma_2^2, \quad H_1 : \sigma_1^2 \neq \sigma_2^2.$$

选取检验统计量 $F = \dfrac{S_1^2}{S_2^2}$，如果 H_0 为真，则 $F \sim F(n_1 - 1, n_2 - 1)$.

拒绝域

$$\left(\frac{S_1^2}{S_2^2} \leqslant F_{1-\alpha/2}(n_1 - 1, n_2 - 1) \right) \bigcup \left(\frac{S_1^2}{F_2^2} \geqslant F_{\alpha/2}(n_1 - 1, n_2 - 1) \right).$$

对于显著性水平 $\alpha = 0.05$，

$$F_{\alpha/2}(n_1 - 1, n_2 - 1) = F_{0.025}(4,3) = 15.10,$$

$$F_{1-\alpha/2}(n_1 - 1, n_2 - 1) = F_{0.975}(4,3) = \frac{1}{F_{0.025}(3,4)} = \frac{1}{9.98} = 0.1002,$$

代入数据计算 $\bar{x} = 21.5, \bar{y} = 18, s_1^2 = 7.505, s_2^2 = 2.593, F = \dfrac{s_1^2}{s_2^2} = \dfrac{7.505}{2.593} = 2.894.$

由于

$$F_{0.025}(4,3) > F > F_{0.975}(4,3),$$

所以接受 H_0，即认为 X 和 Y 的方差无明显差异.

其次检验问题

$$H_0 : \mu_1 = \mu_2, \quad H_1 : \mu_1 \neq \mu_2.$$

H_0 为真时，检验统计量

$$t = \frac{\overline{X} - \overline{Y}}{S_w \sqrt{\dfrac{1}{n_1} + \dfrac{1}{n_2}}} \sim t(n_1 + n_2 - 2),$$

其中

$$S_w^2 = \frac{(n_1 - 1)S_1^2 + (n_2 - 1)S_2^2}{n_1 + n_2 - 2}.$$

拒绝域为

$$|t| \geqslant t_{\alpha/2}(n_1 + n_2 - 2).$$

对于显著性水平 $\alpha = 0.05$，

$$t_{\alpha/2}(n_1 + n_2 - 2) = t_{0.025}(7) = 2.3646,$$

由数据

$$\bar{x} = 21.5, \quad \bar{y} = 18, \quad s_1^2 = 7.505, \quad s_2^2 = 2.593, \quad n_1 = 5, \quad n_2 = 4,$$

代入数据可求得

$$s_w = 2.3238, \quad t = 2.2452.$$

由于

$$t = 2.2452 < 2.3646,$$

因此接受 H_0，即认为甲、乙两矿所采煤的平均含灰率没有显著差异.

19. 同一种圆筒，由两厂生产，各抽 10 个，检查其内径(单位：mm)，得结果如下：

甲厂：$\bar{x} = 33.85, s_1 = 0.1$；

乙厂：$\bar{y} = 34.05, s_2 = 0.15$.

判断两厂产品内径的方差和均值有无显著差异. ($\alpha = 0.05$)

解 设两厂生产的圆筒内径分别为 X,Y，则

$$X \sim N(\mu_1,\sigma_1^2), \quad Y \sim N(\mu_2,\sigma_2^2).$$

首先检验问题

$$H_0:\sigma_1^2 = \sigma_2^2, \quad H_1:\sigma_1^2 \neq \sigma_2^2.$$

选取检验统计量 $F = \dfrac{S_1^2}{S_2^2}$，如果 H_0 为真，则 $F \sim F(n_1-1,n_2-1)$.

拒绝域

$$\left(\frac{S_1^2}{S_2^2} \leqslant F_{1-a/2}(n_1-1,n_2-1)\right) \bigcup \left(\frac{S_1^2}{F_2^2} \geqslant F_{a/2}(n_1-1,n_2-1)\right).$$

对于显著性水平 $\alpha = 0.05$，

$$F_{a/2}(n_1-1,n_2-1) = F_{0.025}(9,9) = 4.03,$$

$$F_{1-a/2}(n_1-1,n_2-1) = F_{0.975}(9,9) = \frac{1}{F_{0.025}(9,9)} = \frac{1}{4.03} = 0.2481,$$

代入数据计算 $\bar{x} = 33.85, \bar{y} = 34.05, s_1^2 = 0.1^2, s_2^2 = 0.15^2, F = \dfrac{s_1^2}{s_2^2} = \dfrac{0.1^2}{0.15^2} = 0.4444.$

由于

$$F_{0.025}(9,9) > F > F_{0.975}(9,9),$$

所以接受 H_0，即认为两厂产品内径的方差无显著差异.

其次检验问题

$$H_0: \mu_1 = \mu_2, \quad H_1:\mu_1 \neq \mu_2.$$

H_0 为真时，检验统计量

$$t = \frac{\overline{X} - \overline{Y}}{S_w \sqrt{\dfrac{1}{n_1} + \dfrac{1}{n_2}}} \sim t(n_1 + n_2 - 2),$$

其中

$$S_w^2 = \frac{(n_1-1)S_1^2 + (n_2-1)S_2^2}{n_1 + n_2 - 2}.$$

拒绝域为

$$|t| \geqslant t_{a/2}(n_1 + n_2 - 2).$$

对于显著性水平 $\alpha = 0.05$，

$$t_{a/2}(n_1 + n_2 - 2) = t_{0.025}(18) = 2.1009.$$

由数据

$$\bar{x} = 33.85, \quad \bar{y} = 34.05, \quad s_1^2 = 0.1^2, \quad s_2^2 = 0.15^2, \quad n_1 = 10, \quad n_2 = 10,$$

代入数据可求得

$$s_w = 0.1275, \quad t = 3.5076.$$

由于

$$t = 3.5076 > 2.1009,$$

拒绝 H_0，即认为两厂产品内径的均值有显著差异.

训　练　题

1. 某地九月份气温 $X \sim N(\mu, \sigma^2)$，观察 9 天，得 $\bar{x} = 30℃$，$s = 0.9℃$，能否依据此样本认为该地区九月份平均温度为 31.5℃？（$\alpha = 0.05$）

2. 根据环境保护条例，在排放的工业废水中，某有害物质含量（单位：‰）不得超过 0.5，现在取 5 份水样，测定该有害物质含量，得如下数据：
$$0.530, \quad 0.542, \quad 0.510, \quad 0.495, \quad 0.515,$$
问能否依据此抽样说明有害物质含量超过了规定？（$\alpha = 0.05$）

3. 从某锌矿的东、西两支矿脉中，各抽取样本容量分别为 9 与 8 的样本进行测试，得样本含锌平均数及样本方差如下：
$$东矿：\bar{x} = 0.230, \quad s_1^2 = 0.1337, \quad n_1 = 9;$$
$$西矿：\bar{y} = 0.269, \quad s_2^2 = 0.1736, \quad n_2 = 8.$$
若两支脉矿的含锌量都服从正态分布，则东、西两支矿脉含锌量的平均值是否可以看成一样？（$\alpha = 0.05$）

4. 假设某厂生产的缆绳，其抗拉强度 X 服从正态分布 $N(10600, 82^2)$，现在从改进工艺后生产的一批缆绳中随机抽取 10 根，测量其抗拉强度，算得样本均值 $\bar{x} = 10653$，方差 $s^2 = 6992$。当显著水平 $\alpha = 0.05$ 时，能否据此样本认为：
   (1) 新工艺生产的缆绳抗拉强度比过去生产的缆绳抗拉强度有显著提高；
   (2) 新工艺生产的缆绳抗拉强度，其方差有显著提高．

5. 假设随机变量 X 与 Y 相互独立，分别服从正态分布 $N(\mu_1, \sigma_1^2)$，$N(\mu_2, \sigma_2^2)$，μ_i, σ_i^2 均未知，$i = 1, 2$，已有 $\sum\limits_{i=1}^{16} x_i = 84$，$\sum\limits_{i=1}^{16} x_i^2 = 563$，$\sum\limits_{i=1}^{10} y_i = 18$，$\sum\limits_{i=1}^{10} y_i^2 = 72$．在显著水平 $\alpha = 0.05$ 下，检验 $H_0: \sigma_1^2 = \sigma_2^2$，$H_1: \sigma_1^2 > \sigma_2^2$．

6. 某装置的平均工作温度据制造商称不高于 190℃，今从 16 台装置构成的随机样本中测得工作温度的平均值和方差分别为 195℃ 和 8℃，根据这些数据能否说明工作温度比制造商所说的要高？设 $\alpha = 0.05$，假设工作温度近似服从正态分布．

答　　案

1. 不能据此样本认为九月份平均温度是 31.5℃．
2. 可据此抽样结果认为排放的废水中该有害物质含量已超过规定的标准．
3. 认为东、西两支矿脉含锌量的平均值可以看成一样．
4. (1) 新工艺生产的缆绳抗拉强度比过去生产的缆绳抗拉强度有显著提高；
   (2) 新工艺生产的缆绳抗拉强度的方差没有显著提高．
5. 认为 σ_1^2 不比 σ_2^2 大．
6. 能够说明工作温度比制造商所说的要高．

参 考 文 献

[1]　盛骤,谢式千,潘承毅.概率论与数理统计[M].4版.北京:高等教育出版社,2008.

[2]　吴赣昌.概率论与数理统计(理工类)[M].北京:中国人民大学出版社,2006.

[3]　赖虹建,郝志峰.Probability and Statistics[M].北京:高等教育出版社,2008.

[4]　马恩林.概率论与数理统计(理工)[M].北京:人民教育出版社,2006.

[5]　张艳,孙玉华,刘杰民.概率论及试验统计金牌辅导[M].2版.北京:中国建材工业出版社,2006.

[6]　鲍兰平.概率论与数理统计指导[M].北京:清华大学出版社,2005.

[7]　魏国强,胡满峰.概率论与数理统计习题课教程[M].南京:南京大学出版社,2006.

[8]　魏振军.概率论与数理统计三十三讲[M].北京:中国统计出版社,2003.

[9]　仇志余.概率论与数理统计分级讲练教程[M].北京:北京大学出版社,2006.

[10]　阎国辉.最新概率论与数理统计教与学参考[M].北京:中国致公出版社,2006.